普通高等教育“十四五”规划教材

新能源材料与器件专业实验教学指导书

姚婷珍　雷书宾　主编

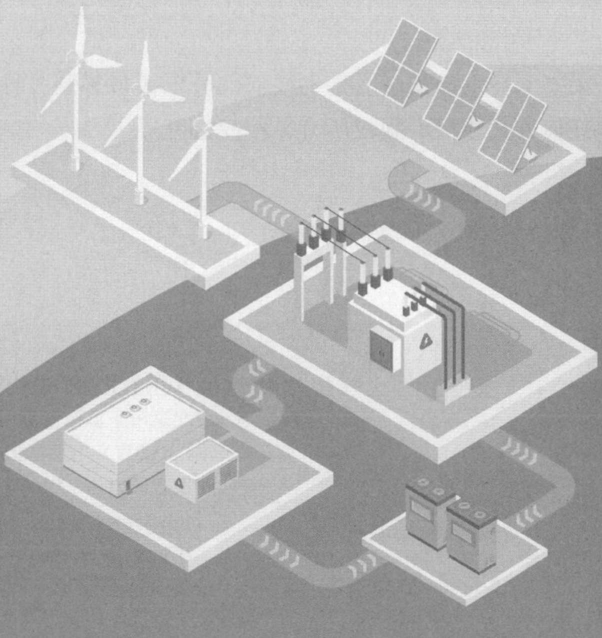

中国石化出版社
·北京·

内容提要

本书为新能源材料与器件专业实验教材，涵盖实验室安全规范、锂离子电池/燃料电池/钙钛矿电池等器件制备与性能测试、氧化锌电子传输层/钙钛矿薄膜等材料合成表征，以及扫描电镜等大型仪器操作，注重理论与实践融合，适用于新能源领域相关专业的本科生、研究生及科研技术人员实验教学与研发参考。

图书在版编目(CIP)数据

新能源材料与器件专业实验教学指导书 / 姚婷珍，雷书宾主编. --北京：中国石化出版社，2025. 6.

ISBN 978 -7 -5114 -8004 -0

Ⅰ. TK01 -33

中国国家版本馆 CIP 数据核字第 20259AE474 号

中国石化出版社出版发行

地址:北京市东城区安定门外大街 58 号

邮编:100011　电话:(010)57512500

发行部电话:(010)57512575

http://www. sinopec-press. com

E-mail:press@ sinopec. com

北京鑫益晖印刷有限公司印刷

全国各地新华书店经销

*

787 毫米×1092 毫米 16 开本 13. 5 印张 320 千字

2025 年 6 月第 1 版　2025 年 6 月第 1 次印刷

定价：48. 00 元

前　　言

近年来，传统石油石化行业的资源不可持续与诱发的环境问题引起人们的关注，加速开发新能源是实现碳中和、保障能源安全及推动经济绿色转型的重要举措。因此，新能源技术被认为是21世纪世界经济发展最具决定性影响的技术领域之一，也是世界各国竞争的重要领域，新能源材料的开发则是新能源技术发展的基础。

新能源材料与器件相关专业的人才培养是推动新能源和可再生能源技术的关键，实验教材是人才培养的重要保障。为了培养“厚基础、宽口径、强能力、重应用”的新能源材料与器件的技术人才，我们编写了本教材。

本书为新能源材料与器件专业实验教材，主要内容不仅有实验室水、气、热源等的安全使用与管理，还有金属的塑性变形、材料反射率和电化学性能测试等材料基础实验，也包含锂离子电池制备、超级电容器制备、钙钛矿太阳能电池制备、染料敏化太阳能电池制备、光催化制氢、燃料电池阴极等综合创新实验，还涵盖了X射线衍射仪、光谱分析、透射电镜、扫描电镜、能谱分析等大型设备操作等实验内容。

本书主要由西安石油大学新能源学院多位老师共同编写完成，其中姚婷珍编写了本教材第三章中的第四～七节综合创新实验（约71000字）、雷书宾编写了本教材的第一章、第二章和第三章的第一～三节的实验内容（约124000字），张阁编写了本教材第四章的实验内容（约112000字），李燕参与编写了部分第三章的实验内容。宋海洋教授和肖美霞教授对本教材的全部内容进行了审核，对本书的编写工作进行了指导。本教材的编写获得了西安石油大学教材建设项目的立项和资助。

由于作者水平有限，时间紧张，书中难免存在不足之处，敬请广大读者批评指正。

目　录

第一章　新能源实验室基础知识

第一节　实验室守则

为了保护实验人员的人身安全，提高实验风险防范意识，确保实验室安全、高效运行，同时保障实验结果的准确性，所有进入实验室的师生均须通过实验室安全知识培训，合格后方可进入实验室开展活动。新能源学科的实验尤其需注重实验过程中的安全问题，现详细介绍在开展实验前的基本要求。

一、实验前的准备工作

(1)实验课前需预习实验指导书，内容涵盖实验目的及原理、实验内容、实验步骤与注意事项、实验设备使用方法。

(2)熟悉实验室的安全规章制度，包括紧急疏散路线、灭火器使用方法、急救措施等，确保紧急情况下能够迅速采取正确应对措施。

(3)依据实验课程的要求，穿着合适的实验服(严禁穿短裤、拖鞋进入实验室)，除头部和手部外，皮肤不得裸露。实验服应保持干净、整洁，以保护皮肤免受化学物质的伤害，同时避免穿着过于宽松或易被卷入设备的衣物。

(4)根据实验具体需求，准备并佩戴适当个人防护装备，如安全眼镜、手套、口罩等，确保这些装备符合实验安全标准，并在实验过程中始终佩戴。

(5)实验课前，检查所需的实验材料(试剂、仪器、耗材等)是否齐全，确保其质量、数量与规格符合实验要求。

(6)提前了解并熟悉实验仪器操作方法，如果有条件，可在课前进行模拟操作，以深化对仪器使用的理解。

(7)对实验设备进行检查与通电测试，观察能否正常工作，经指导教师确认许可后，方可接通电源、气源等启动设备。

(8)进入实验室后，需在指定位置进行实验，保持室内整洁。随身携带的书包、水杯等物品需统一放置于指定位置，严禁在实验室内进食、饮水。

二、实验过程中的注意事项

(1)严格按实验步骤操作，不得随意更改实验条件或方法。在指导教师的指导下进行实验，遵守纪律，服从安排，遇到不懂的问题及时向指导教师询问。

(2)取用试剂时，瓶塞要倒放于洁净处，避免污染试剂，取用后立即盖好密封，防止试剂挥发或变质。

(3)实验剩余的药品既不能放回原瓶，也不能随意丢弃，应放入废液、废药处理瓶中。

(4)实验过程中，应注意规范用电，如出现异常情况，应立即切断电源停止实验，及时报告指导教师。

(5)实验过程中有易燃的可燃气体排放时，为防止室内可燃气体凝聚到一定浓度产生气体爆炸，需要开启排风系统强制通风。

(6)使用有毒及挥发性的试剂，应在通风橱中进行实验操作，避免将头伸入防爆玻璃窗内，切勿用头、手等身体任何部位或其他硬物碰撞玻璃窗。不做实验时，应将防爆玻璃窗降至最低位置。

(7)如有加热实验，加热台或炉子应有人值守。

(8)认真记录实验过程中的数据和观察结果，以便后续分析和总结。

三、实验后处理

(1)实验结束后，应按要求认真整理实验现场，将仪器归位，清理废弃物。

(2)确保实验室的清洁和卫生，为下一次实验创造良好的环境。

(3)实验结束后，应及时清洗所有用到的实验器具，回收实验材料，安全处理废弃药品。

(4)离开实验室前，应检查所有电源、水源、气源是否关闭，对实验室进行安全检查后方可离开实验室。

四、实验室开放管理

当教学实验室内无实验课而又不影响教师进行实验教学准备工作时，在工作时间段内，学生可以进入实验室做实验，为学生提供更多的实验机会，利于其熟练掌握实验操作技能。通过开放管理，也可以最大化地利用实验室的仪器设备、实验材料等资源，提高实验室的利用率和效益。实验人员须遵守上述实验室守则及以下相关规定。

(1)在实验室现有设备的条件下，允许学生重做实验结果不合格的实验，增做与实验内容有关的实验，也可选做一些与本课程内容相关的其他实验，但不允许增加新的化学试剂或另行领取仪器，且每次实验所消耗的试剂量不可过多。

(2)当学生进行实验预习时，如实验中需使用某些大、中型仪器设备，允许学生进入实验室参观，以便对照仪器设备，了解实验操作步骤和要点，提高预习的效果，做好实验准备。

(3)确定实验室的开放时间，包括日常开放时间和特殊节假日的开放时间，以满足不同学生的需求。

第二节　实验室安全管理

实验室安全是保障实验人员的基本前提，只有确保实验室安全，才能进入实验室进行实验、学习、活动等。所有进入实验室活动的人员均需要进行《高校实验室安全培训》课程学习，课程考核通过后方可进入实验室活动。以下为实验室安全管理的主要事项。

一、危化品安全

危化品，即危险化学品，是指具有易燃、易爆、有毒、有害和放射性等特性，在运输、装卸、储存、使用过程中，容易造成人身伤亡、财产损失或环境污染而需要特别防护的化学品。这些化学品由于其特殊的物理、化学性质，若管理不当或发生意外，可能会对人体健康、设施安全以及环境造成严重的危害。

危化品的种类繁多，包括但不限于爆炸品，压缩气体和液化气体，易燃液体，易燃固体、自燃物品和遇湿易燃物品，氧化剂和有机过氧化物，腐蚀性物质、毒害物质、放射性物质或放射源等。这些物品在特定的条件下，如高温、摩擦、撞击、接触空气或水等，可能引发燃烧、爆炸、泄漏等事故，从而对人员、设施和环境构成威胁。

(一)危化品分类

按照危险来源，可将危化物分为理化危险、健康危险、环境危险。涉及到新能源实验室的主要是理化危险，将这些理化危险化学品根据其主要的危险特性进行分类，常见的分类方式如下：

1. 爆炸物

爆炸物通常具有爆炸性强、敏感度高、破坏性大的特点。在外力作用下(如受热、撞击等)，会发生剧烈的化学反应，瞬时产生大量的气体和热量，使周围压力急骤上升，发生爆炸。实验室可能存在的爆炸品有高氯酸盐、有机高氯酸化合物、硝酸酯类、叠氮化合物等。

2. 易燃气体

易燃气体是在20℃和101.3kPa标准压力下，与空气有易燃范围的气体。实验室常见易燃气体有氢气、甲烷、乙炔、甲醚、氰化氢、二硫化碳等。

3. 易燃气溶胶

气溶胶是指气溶胶喷雾罐，系任何不可重新罐装的容器，该容器由金属、玻璃或塑料制成，内装强制压缩、液化或溶解的气体，包含或不包含液体、膏剂或粉末，配有释放装置，可使所装物质喷射出来，形成在气体中悬浮的固态或液态微粒或形成泡沫、膏剂或粉末或处于液态或气态。实验室中的喷雾喷漆(含苯类/酯类溶剂)等都属于易燃气溶胶。

4. 氧化性气体

氧化性气体是一般通过提供氧气，比空气更能导致或促使其他物质燃烧的任何气体。

5. 压力下气体

压力下气体是指高压气体在压力等于或大于200kPa(表压)下装人贮器的气体，或是液化气体或冷冻液化气体。压力下气体包括压缩气体、液化气体、溶解液体、冷冻液化气体。

6. 易燃液体

实验闪点不高于93℃的液体、液体混合物或含有固体物质的液体被称为易燃液体。实验室常见的易燃液体：乙醚、丙酮、乙醇、乙酸乙酯、甲醛、甲醇、异丙醇等。

7. 易燃固体

易燃固体是容易燃烧或通过摩擦可能引燃或助燃的固体。易于燃烧的固体为粉状、颗粒状或糊状物质，它们在与燃烧着的火柴等火源短暂接触即可点燃和火焰迅速蔓延的情况下，都非常危险。实验室常见易燃固体：氨基化钠、红磷、三硫化磷、铝粉等。

8. 自反应物质或混合物

自反应物质或混合物是即使没有氧（空气）也容易发生激烈放热分解的热不稳定液态或固态物质或者混合物。

9. 自燃液体

自燃液体是即使数量小也能在与空气接触后5分钟之内引燃的液体。

10. 自燃固体

自燃固体是即使数量小也能在与空气接触后5分钟之内引燃的液体。

11. 自热物质和混合物

自热物质是发火液体或固体以外，与空气反应不需要能源供应就能够自已发热的固体或液体物质或混合物；这类物质或混合物与发火液体或固体不同，因为这类物质只有数量很大（公斤级）并经过长时间（几小时或几天）才会燃烧。

12. 遇水放出易燃气体的物质或混合物

遇水放出易燃气体的物质或混合物是通过与水作用，容易具有自燃性或放出危险数量的易燃气体的固态或液态物质或混合物。

13. 氧化性液体

氧化性液体是本身未必燃烧，但通常因放出氧气可能引起或促使其他物质燃烧的液体。

14. 氧化性固体

氧化性固体是本身未必燃烧，但通常因放出氧气可能引起或促使其他物质燃烧的固体。

15. 有机过氧化物

有机过氧化物是含有二价 -0-0- 结构的液态或固态有机物质，可以看作是一个或两个氢原子被有机基替代的过氧化氢衍生物。该术语也包括有机过氧化物配方（混合物）。有机过氧化物是热不稳定物质或混合物，容易放热自加速分解。另外，它们可能具有的性质还包括：易于爆炸分解、迅速燃烧、对撞击或摩擦敏感、与其他物质发生危险反应。

16. 金属腐蚀剂

腐蚀金属的物质或混合物是通过化学作用显著损坏或毁坏金属的物质或混合物。实验室常见金属腐蚀剂有：硝酸、硫酸、盐酸、冰乙酸、高氯酸等。

（二）危化品的存放

在现代实验室管理中，危险化学品的储存是一项关乎实验室安全的重要任务。科学合理的储存方法不仅能够确保化学品的稳定性，更能有效预防安全事故的发生。

1. 存放原则

危险化学品的储存应当遵循严格的分级分类原则。根据化学品的危险特性，主要分为易燃易爆品、腐蚀性物质和有毒物质三大类。易燃易爆品如乙醇、乙醚等，必须储存在防爆型专用储存柜中，温度严格控制在20℃以下，且储存量不得超过50L。对于具有强腐蚀性的酸碱类物质，必须使用耐腐蚀材料特制的储存柜，并配备防泄漏托盘，同时注意将酸类与碱类分开存放，储存量控制在20L以内。剧毒化学品则需要实行更为严格的双人双锁管理制度，使用带排风装置的专用储存柜，储存量严格限制在5kg以下。

2. 存储要求

实验室应根据储存需求配置专业的储存设施。储存柜的选材必须符合防火、防腐蚀要求，配备自动关闭装置和醒目的警示标识。对于储存量较大的实验室，应设置专门的储存室，配备自动灭火系统、强制通风装置，地面需做防渗漏处理，并安装温湿度监控装置。所有储存容器必须粘贴规范的化学品安全标签，储存柜外应明确标明储存类别和主要危险特性。

3. 管理制度

在安全管理方面，实验室必须建立完善的出入库管理制度。实行双人收发制度，建立完整的出入库台账，定期进行库存盘点。对于超过储存期限的化学品，应及时按照规范进行处理。同时，实验室应配备必要的应急物资，如吸附材料、中和剂等，设置洗眼器、紧急淋浴器等应急设施，并制定详细的应急预案，定期组织演练。

4. 特殊储存

特殊化学品的储存需要采取额外的防护措施。易挥发、易燃的化学品应使用防爆型冰箱进行低温储存，温度控制在 $-20 \sim 4$℃，并定期检查冰箱运行状况。对易氧化物质应采用氮气保护，使用专用压力容器储存，定期检查气体压力。光敏物质则需使用棕色玻璃瓶储存，存放于避光的储存柜中，温度控制在25℃以下。

二、实验室用电安全

实验室用电安全是科研工作的重要保障。新能源实验室的大部分设备均有用电需求，所有实验室人员必须严格遵守用电安全规范，树立“安全第一，预防为主”的责任意识，也应具有相关电气知识，合理应对各种电气突发情况。

（一）安全用电基本规范

（1）实验设备使用前，操作人员须仔细检查电源线、插头等关键部位，确认无破损、老化现象。设备额定电压应与供电电压相符。高功率设备必须使用专用线路，严禁使用普通接线板转接。

（2）线路管理要求：实验室配电线路应保持整洁，禁止私拉乱接。临时用电线路使用时间不得超过24h，长期用电必须敷设正规线路。配电箱周围不得堆放任何物品，确保散热和操作空间。

（二）常见安全隐患及预防

1. 设备隐患

实验人员应定期检查设备绝缘状况，发现橡胶/塑料开裂、电线裸露等情况应立即停用。出现插头插座接触不良、设备表面温度异常升高等异常现象时须及时报修。

2. 线路隐患

实验室应建立用电负荷管理制度，单回路负载不得超过额定功率的80%。定期检查线路老化情况，发现铜线氧化发黑等异常应及时更换。所有电气设备必须可靠接地，接地电阻不得大于国标要求。

(三)应急处理规程

1. 触电急救

发现人员触电，应立即切断电源。使用绝缘工具分离触电者与带电体，切忌直接用手触碰。在确保安全的前提下，按照心肺复苏标准流程进行急救，并立即拨打急救电话。

2. 电气火灾处置

实验室应配备足量的干粉灭火器和二氧化碳灭火器。发生电气火灾时，首先切断电源，在确保安全距离的前提下进行灭火。严禁使用泡沫或水基灭火器扑救电气火灾。

三、实验室消防安全常识

(一)实验室火灾风险与防控体系

实验室作为科研活动的重要载体，其特殊的工作环境潜藏着多元化的火灾风险。化学试剂的挥发性、电气设备的复杂性以及高温实验的不可控性，共同构成了实验室火灾的三重隐患。实验人员须深刻认识，乙醇、丙酮等有机溶剂的蒸气与空气混合可形成爆炸性混合物，金属钠、钾遇水则剧烈反应释放氢气，而老化线路的绝缘层破损可能引发电弧放电。新能源实验室，尤其是电化学储能实验室要注意化学电池的火灾防控，这些潜在风险要求实验室必须建立系统化的火灾防控体系。对于存放易燃液体的防爆柜，需确保柜体接地电阻不大于10Ω，且储存量严格控制在3日用量以内，以防止过量囤积加剧风险。这些火灾隐患可具体分为以下4类。

(1)化学性火灾：易燃溶剂(如乙醇、丙酮)、活泼金属(如钠、钾)及氧化性物质(如高氯酸)的储存或使用不当等。

(2)电气火灾：设备过载、线路老化、短路或接触不良(如电热套、烘箱等大功率设备)等。

(3)物理性火灾：高温设备(马弗炉、热板)未及时关闭，或实验过程中放热反应失控等。

(4)人为因素：违规操作(如明火实验未隔离)、消防通道堵塞或消防器材失效等。

(二)火灾应急处置规程

1. 初期火灾扑救技术

当实验室发现火情时，实验人员应优先判断燃烧物质类别。

(1)A类火灾(固体物质)：使用水基灭火器或干粉灭火器，注意纸质档案需采用雾状水喷射以防飞溅。

(2)B类火灾(液体燃料)：二氧化碳灭火器可有效窒息火焰，但需注意避免直接冲击液面导致飞溅。

(3)C类火灾(气体泄漏)：应先关闭气源阀门，再用干粉灭火器扑灭明火。

(4)D类火灾(金属燃烧)：专用钠盐干粉灭火剂(如NaCl基)可覆盖熔融金属表面，隔绝氧气。

操作灭火器时需严格遵循“RACE”原则：移除危险物(Remove)、启动警报(Alarm)、控制火势(Contain)、疏散人员(Evacuate)。

2. 人员疏散与应急救援

实验室应设置声光报警联动系统，火灾确认后30s内自动播放疏散广播。疏散路线需避开危化品储存区，优先选择设有防火门的逃生路径。对于吸入有毒烟雾的伤员，应立即转移至通风区域，采用"仰头抬颏法"开放气道，并及时联系相关部门进行灾情处置。

(三)消防设备维护与人员培训

实验室中的灭火器压力表指针应始终处于绿色区域(1.2～1.5MPa)，每满五年需进行水压试验。烟感探测器每月需用专业烟雾剂测试响应灵敏度，确保报警延迟不超过10s。自动喷淋系统的末端试水装置需每季度放水检测，水流指示器动作时间应≤90s。新入职人员需掌握灭火器操作、危化品火灾扑救策略、疏散路线识别方法及紧急制动按钮位置，通过模拟火灾场景的VR考核后方可上岗。

四、实验室安全急救

实验室作为科学研究的重要场所，其工作环境中潜藏着多种安全风险，包括机械伤害、烫伤烧伤、化学灼伤以及其他突发性伤害。为了确保实验人员在意外发生时能够迅速采取正确的急救措施，最大限度地减少伤害，以下将详细介绍实验室常见伤害的急救处理方法。

(一)机械伤害的急救处理

机械伤害通常由实验设备、玻璃器皿或工具的不当使用引起，常见伤害包括切割伤、擦伤、穿刺伤等。

1. 切割伤与擦伤

(1)立即用干净的纱布或无菌敷料按压伤口止血，若出血量较大，需抬高受伤部位以减少血流。

(2)用生理盐水或清水冲洗伤口，清除污物和碎屑，避免使用酒精或碘伏直接接触伤口，以免刺激组织。

(3)使用无菌敷料覆盖伤口，并用绷带固定。若伤口较深或出血不止，需立即送医缝合。

2. 穿刺伤

(1)若伤口内有异物(如玻璃碎片)，切勿自行拔出，以免造成二次伤害或加重出血。

(2)用干净的敷料固定异物周围，避免其移动，并立即就医处理。

(3)若伤口无异物，可按切割伤处理方法进行初步处理，但需特别注意观察是否有感染迹象(如红肿、发热)。

(二)烫伤与烧伤的急救处理

实验室中常见的烫伤和烧伤多由高温设备(如加热板、烘箱、马弗炉等)或化学反应放热引起。根据伤害程度，可分为一度、二度和三度烧伤。

1. 一度烧伤(表皮层损伤)

(1)立即用流动的冷水冲洗伤处15～20min，以降低皮肤温度，减轻疼痛和肿胀。

(2)避免使用冰块直接敷于伤处，以免造成冻伤。

(3)涂抹烧伤膏或芦荟凝胶，并用无菌纱布覆盖保护。

2. 二度烧伤(伤及真皮层)

(1)同样用冷水冲洗伤处，但时间可延长至20～30min。

(2)切勿刺破水疱，以免增加感染风险。

(3)用干净的敷料覆盖伤处，并尽快就医。

3. 三度烧伤(伤及皮下组织)

(1)立即拨打急救电话，切勿自行处理伤口。

(2)用干净的敷料或无菌布覆盖伤处，避免粘连。

(3)若伤者出现休克症状(如面色苍白、脉搏微弱)，需保持其平卧，抬高双腿，并注意保暖。

(三)化学灼伤的急救处理

化学灼伤是实验室中较为常见的伤害类型，通常由强酸、强碱或其他腐蚀性物质引起。急救的关键在于迅速清除化学物质，减少其对皮肤的进一步损伤。

1. 强酸灼伤

(1)立即用大量清水冲洗伤处至少15min，以稀释并冲走化学物质。

(2)避免使用碱性物质(如小苏打)中和，以免产生放热反应加重伤害。

(3)冲洗后可用5%碳酸氢钠溶液湿敷，以中和残留酸性物质。

2. 强碱灼伤

(1)同样用大量清水冲洗伤处，时间不少于15min。

(2)避免使用酸性物质(如醋酸)中和，以免产生剧烈反应。

(3)冲洗后可用2%硼酸溶液湿敷，以中和残留碱性物质。

3. 眼部化学灼伤

(1)立即使用洗眼器冲洗眼睛，冲洗时间至少15min，确保眼睑充分翻开。

(2)冲洗时注意水流方向，避免直接冲击眼球。

(3)冲洗后立即就医，切勿延误治疗。

(四)其他常见伤害的急救处理

1. 电击伤害

(1)立即切断电源，使用绝缘工具分离伤者与电源。

(2)检查伤者呼吸和心跳，若停止则立即实施心肺复苏(CPR)。

(3)即使伤者意识恢复，也需送医检查，以防内伤或迟发性症状。

2. 中毒伤害

(1)若为吸入性中毒，立即将伤者移至空气新鲜处，保持呼吸道通畅。

(2)若为食入性中毒，切勿盲目催吐，需根据毒物性质采取相应措施(如饮用牛奶或活性炭)。

(3)立即拨打急救电话，并提供毒物相关信息(如化学品名称、接触方式)。

3. 低温冻伤

(1)将伤者移至温暖环境，避免直接加热冻伤部位。

(2)用温水(37～40℃)浸泡冻伤部位，直至皮肤恢复红润。

(3)切勿摩擦冻伤部位，以免损伤组织。

(五)急救设施与物资配置

实验人员应具备实验意外伤害紧急救护常识，为确保急救措施的有效实施，实验室需配备以下设施与物资。

(1)急救箱：内含无菌敷料、绷带、剪刀、镊子、烧伤膏、生理盐水等。

(2)洗眼器与紧急淋浴器：安装于危化品操作区，确保10s内可达。

(3)灭火器：根据实验室风险配置干粉、二氧化碳或泡沫灭火器。

(4)AED(自动体外除颤器)：适用于心脏骤停的紧急救治。

五、实验室废液、固体废物处理

新能源材料实验室的废液与废物种类繁多，主要包括有机溶剂、重金属废液、酸碱废液以及固态实验废弃物。根据废液与废物的化学性质，将其分为有机类、无机类、腐蚀性类及固态废弃物，分别使用专用容器收集。所有废液与废物容器必须粘贴明确的标签，注明废物名称、主要成分、危险特性及收集日期。另外，废液与废物应存放于指定区域，远离热源、明火及通风不良处，暂存时间不得超过90天。

(一)废液与固体废物分类

根据新能源材料实验室特性，结合《国家危险废物名录(2025年版)》及《实验室危险废物污染防治技术规范》(DB11/T 1368—2016)，将废液与废物分为以下类别。

1. 有机电解液废液

(1)锂离子电池电解液：含$LiPF_6$、碳酸酯类溶剂、DMF溶剂等。

(2)超级电容器电解液：如乙腈、四氟硼酸盐等。

(3)反溶剂：如IPA、氯苯等。

2. 重金属废液

(1)正极材料浸出液：含Ni、Co、Mn等过渡金属离子等。

(2)电镀废液：含Cu、Ag、Au等贵金属等。

3. 酸碱腐蚀性废液

(1)燃料电池质子膜处理废酸：如浓硫酸、硝酸等。

(2)硅基材料蚀刻废碱：如NaOH、KOH溶液等。

4. 固态危险废物

(1)废弃电极材料：如石墨负极、NCM三元正极碎片等。

(2)失效催化剂：如Pt/C、Pd基纳米颗粒等。

(3)含氟聚合物废弃物：如PVDF黏结剂、PTFE隔膜等。

5. 特殊危险废物

(1)钠/钾金属电池残留物需惰性气氛保存。

(2)钙钛矿光伏材料废料：含铅、卤素化合物等。

(二)废液处理的基本方法

1. 有机溶剂废液

有机溶剂废液(如碳酸酯类、乙腈等)是新能源材料实验室常见的废液类型，处理时需特别注意其易燃易爆特性。对于纯度较高的有机溶剂，可通过减压蒸馏装置进行回收。蒸馏过程中需控制温度低于溶剂的沸点，并使用防爆设备。无法回收的有机溶剂应集中收集，交由专业机构进行焚烧处理。实验室需确保废液容器密封良好，避免挥发造成环境污染。

2. 重金属废液

重金属废液(如含镍、钴、锰的溶液)具有毒性，需采取沉淀法进行处理。向废液中加入氢氧化钠溶液，调节 pH 值至 9 ~ 10，使重金属离子生成氢氧化物沉淀。再使用离心机或滤纸将沉淀物与上清液分离，沉淀物作为危险废物交由专业机构处理，上清液经检测达标后可排入废水系统。

3. 酸碱废液

酸碱废液(如硫酸、硝酸、氢氧化钠溶液)具有强腐蚀性，需进行中和处理。将酸性废液与碱性废液按比例缓慢混合，同时搅拌并监测 pH 值，最终调节至中性(pH 值 =6 ~ 8)。中和后的废液需检测重金属离子浓度，符合排放标准后方可排入废水系统。

(三)固态废弃物的处理方法

1. 废弃电极材料

废弃电极材料(如锂离子电池正负极材料)含有贵金属及有毒物质，需分类回收。可使用筛网或磁选装置分离金属集流体(如铝箔、铜箔)与活性物质。另外，也可采用化学法将活性物质浸入酸性溶液，提取有价值的金属离子，剩余残渣作为危险废物处理。

2. 含氟聚合物废弃物

在新能源实验中，很多具有含氟聚合物(如 PVDF 黏结剂)，其在高温下可能释放有毒气体，需采取安全处理措施。处理它们需要在通风橱内将废弃物破碎成小块，避免高温操作。收集后交由具备资质的机构进行高温裂解或填埋处理。

3. 失效催化剂

有些实验中的失效催化剂(如 Pt/C、Pd 基催化剂)含有贵金属，应优先考虑回收利用。先将失效催化剂装入密封容器，避免粉尘扩散。后联系专业回收机构提取贵金属，剩余残渣作为危险废物处理。

(四)安全防护与应急措施

在处理废液与废物时需穿戴防护服、手套、护目镜及口罩，必要时使用全面罩呼吸器。操作结束后及时清洗双手及暴露皮肤，避免化学物质残留。废液泄漏时，立即使用吸附材料(如沙土、蛭石)覆盖，收集后装入专用容器。发生火灾时，优先使用干粉灭火器扑救，并迅速疏散人员。

第三节　实验室水、气、热源使用与管理

一、实验用水

水作为新能源材料研究中的基础介质，其纯度与使用方式直接影响实验结果的可靠性。作为常用溶剂，实验用水的制备与管理，是实验成功与否的细节所在。

(一)水质分级与实验适配性

实验室用水需根据实验的灵敏度分级配置:

1. 超纯水(Type Ⅰ级)

通过反渗透(RO)、电去离子(EDI)及紫外线氧化(UV)三级联产技术制备，电阻率稳定在18.2MΩ·cm(25℃)，总有机碳(TOC)含量低于5 ppb。此类水专用于锂硫电池电解液配制、钙钛矿单晶生长等对杂质极度敏感的实验。

2. 去离子水(Type Ⅱ级)

采用阴阳离子交换树脂处理，电导率≤1μS/cm，微生物含量控制在100CFU/mL以下，适用于电极材料的超声波清洗、固态电解质浆料配制等常规操作。

3. 蒸馏水(Type Ⅲ级)

经石英蒸馏装置提纯，电导率≤5μS/cm，主要作为反应釜冷却循环系统、真空泵密封水等辅助用途。

(二)实验用水检验

实验用水的品质可以通过以下方式进行检验:

1. 电导率(或电阻率)的测定

水的纯度越高，杂质离子的含量越少，水的电导率越低。测定时应选用合适的电导率来测定。现市面上大多数超纯水机带电导率实时显示，可作为参考。

2. 水中杂质离子含量的测定

可根据具体实验需要测定纯水的某些杂质元素的含量。例如，取25mL实验用水，加1滴0.2%铬黑T指示剂和5mL pH值为10.0的氨水缓冲液，若水呈蓝色，说明Fe^{2+}、Zn^{2+}、Pb^{2+}、Ca^{2+}、Mg^{2+}等阳离子含量甚微，水质合格；若水呈紫红色，说明水样不合格。氯离子含量的测定可取10mL被检测水，用稀HNO_3酸化，加2滴1.0% $AgNO_3$溶液，摇匀后无沉淀出现，说明水中不含Cl^-。

二、实验用气

新能源实验室大多涉及氢气、氩气、氮气等特种气体，其安全管理需建立从储存、输配到监测的全流程控制机制。

(一)钢瓶储存的注意事项

1. 分区储存

根据气体性质划分独立储存区，可燃气体(如氢气)与氧化性气体(如氧气)间距≥10m，惰性气体(如N_2、Ar)单独存放于通风良好区域。储存区地面需进行防静电处理(表面电阻≤$1\times10^6\Omega$)，并设置防倾倒链式固定装置(承载能力≥2倍钢瓶重量)。

2. 环境要求

储存区温度应维持在15~25℃范围内，相对湿度≤60%。可燃气体储存柜内强制通风系统换气频率≥12次/h，排风口距地面高度≤0.3m，确保密度大于空气的气体有效排出。

3. 安全标识

钢瓶表面需清晰标注气体名称(中英文)、危险类别、充装压力(MPa)、使用状态及下次检验日期。储存区入口处设置气体性质指示牌与应急处理流程图。

(二)钢瓶的运输

1. 搬运工具选择

使用专用钢瓶推车，配备凹型固定卡槽与防震橡胶垫，推车行进速度≤1m/s。单次运输钢瓶数量≤2具，高度不得超过推车护栏。

2. 特殊气体运输

液化气体(如液氮、液氩)运输需使用真空绝热杜瓦罐，保持直立状态，压力释放阀朝向无人区域。毒性气体(如 Cl_2、NH_3)运输时应加装二次密闭保护罩。

(三)钢瓶的使用

(1)使用钢瓶中的气体时，需接减压阀后方可接入使用。可燃性气体(如氢气、乙炔)钢瓶的气门按逆时针拧紧。非可燃或助燃性气体钢瓶的气门按顺时针拧紧。各种气体的气压表不得混用。

(2)开启高压钢瓶时，操作者应站在侧面，即站在与气瓶口呈垂直方向的位置上，以防气流对人员造成伤害。操作时严禁敲打撞击钢瓶，并经常检查有无漏气以及压力表读数是否异常。

(3)使用时，在减压阀手柄拧松的状态下，打开钢瓶的启闭阀，将高压气体输入减压器的高压室，然后慢慢开启减压器的手柄，调节气体的流量。实验结束后，要及时关闭钢瓶的启闭阀，待减压器中气体排净后再旋紧减压器手柄。

三、实验室热源设备管理

实验室中有很多实验需要在加热状态下完成，涉及的加热实验主要有化学合成、材料制备、物理溶解等。所需要用到的热源设备众多，如各种加热炉、反应釜、水浴锅等。尤其是新能源实验室，经常涉及加热实验，因此有必要了解实验室热源的使用与管理。

(一)高温设备分类管理

根据加热方式，可分为封闭式加热源与开放式加热源。封闭式加热源常见的有各种加热炉，如热处理炉、反应釜、干燥箱、马弗炉、管式炉、热压炉等。这些热源往往被封闭在炉子的腔体内，实验时需注意严格按照设备的使用说明执行，避免误操作对设备带来损坏。开放式加热源有加热板、恒温水浴锅、带加热的电磁搅拌、井式电阻炉等。在使用开放式加热源时，需要做好隔热防护，戴好高温手套、护目镜等。必要时，穿戴隔热服与劳保鞋。

(二)使用热源的注意事项

对于封闭式加热源设备，需建立严格的热力学参数控制体系。以马弗炉为例，升温程序应遵循阶梯式设定：初始阶段以≤5℃/min 速率升至 300℃ 脱除有机物，随后以≤10℃/min 升至目标温度(如三元材料烧结常设为 800～900℃)，并在恒温阶段实时监控炉膛温度波动(±2℃以内)。处理高活性材料(如金属锂)时，须在惰性气体(氩气流量≥20L/min)保护下进行，且炉体需配备双通道压力释放阀(动作阈值设定为常压±5kPa)。对于管式炉内进行的化学气相沉积(CVD)实验，应安装尾气净化装置，确保分解产物(如

HF、NH_3)经两级碱液喷淋塔处理后方可排放。

开放式热源的操作需构建多维防护体系。使用恒温油浴锅时，硅油液位应维持在容积的2/3处，并加装防爆玻璃观察窗。电磁搅拌加热装置需确保搅拌子与容器底部留有≥3mm间隙，防止局部过热引发溶液暴沸。实验人员须佩戴符合EN166标准的防雾护目镜及Kevlar材质耐高温手套(可承受瞬间300℃接触)，操作区域设置耐高温围挡板(氧化铝陶瓷材质)。针对突发性过热事故，应在热源周边配置应急冷却单元——如磁性制冷装置可在30s内将200℃表面降温至80℃以下，显著降低热损伤风险。所有热源设备须每月进行红外热成像检测，重点排查接线端子温升(>环境温度40℃需立即检修)与隔热层完整性(热流密度>50W/m^2应更换材料)。

第二章　新能源材料基础实验

第一节　金相样品的制备实验

一、实验目的

(1)掌握金相试样的制备原理与方法。

(2)了解常用的金相显微组织腐蚀方法。

二、实验原理

材料的组织结构在很大程度上影响着材料的宏观性能，而金相显微组织观察是研究材料微观结构最常用的方法。金相显微组织分析大致上可以分为三个步骤：

(1)金相试样的制作。

(2)通过物理或化学的方法显示金相试样显微组织。

(3)采用光学显微镜或者电子显微镜对金相试样表面进行观察。

通过上述三个步骤，可以对金属材料表面进行显微组织分析。想要获得一张质量精良的金相显微组织照片，这三个步骤必须保证高质量完成。本节实验首先介绍如何获得一个高质量的金相试样，其工艺流程为：

取样→镶嵌或夹持→磨制→抛光→显微组织的显示→保存

(一)金相试样的取样

取样的首要原则是要有代表性。选取的试样部位能代表整个部件的材料的显微结构，以及选取的部位应是重点分析或者感兴趣的部位。比如对于失效分析材料，应在失效部位和完好部位分别取样，以便进行对比分析。对于铸件，应从表面到中心，从上部到下部观察其组织差异，以了解偏析情况。对于轧制型材或锻件，应考虑表层有无脱碳、折叠等缺陷，以及非金属夹杂物的鉴定，因此在横向和纵向上都要截取试样。对于热处理后的零件，由于其金相组织均匀，可以截取任一截面的试样，但表面化学热处理和镀层部件取样应垂直于表面。

根据材料的硬度选择合适的切割方法。对于软性材料，可以用锯、车、刨等方法。对于硬性材料，可以用砂轮切片机或电火花切割等方法。在截取过程中，应注意冷却，以减少受热引起的组织变化。截取后，应去除因截取而引起的变形层或烧损层。当试样材料获取成功后，接下来应确定磨面方向。磨面方向应与检验目的相一致。例如，横截面主要研究试样外层边缘到中心部位金相显微组织的变化，以及表层缺陷的检验；纵截面主要研究材料组织形态、非金属夹杂物以及晶粒生长等情况。

金相试样的大小和形状以便于握持、易于磨制为准。通常采用直径为 15 ~ 20mm、高为 15 ~ 20mm 的圆柱体或边长为 15 ~ 20mm 的立方体。如图 1 所示，为常见的圆柱形试样。对于形状特殊或尺寸细小不易握持的试样，如带、丝、片、管等，应进行镶嵌或机械夹持。

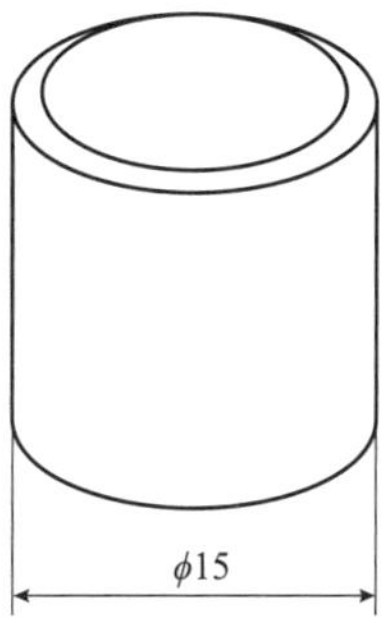

图 1　圆柱形金相试样

注意事项：

(1)避免组织变化。在取样过程中，应防止因温度升高而引起组织变化或因受力而产生塑性变形。例如，某些低熔点金属(如锡、锌等)因受热而使其再结晶；低碳钢、奥氏体钢和某些有色金属等因受力而引起塑性变形。

(2)取样代表性。所取试样应具有代表性，能够真实反映材料的组织结构和性能。因此，在取样时应注意取样部位、数量和磨面方向的选择。

(3)安全操作。在取样过程中，应遵守安全操作规程，佩戴好防护用品，防止切割工具对人体造成伤害。

(二)试样的镶嵌或夹持

当金相试样获取成功后，接下来便要考虑试样的镶嵌或夹持。金相试样的镶嵌与夹持是制备过程中非常重要的环节，目的是确保试样的稳定性和便于后续磨光、抛光及观察。有的工件尺寸较小或者形状不规则，无法获得圆柱或者方形试样，这时便可采取试样镶嵌的方法来达到试样具有良好握持与方便观察的目的。镶嵌主要分为热镶嵌和冷镶嵌两种。热镶嵌适用于大多数金属材料，通过加热镶嵌材料(如酚－甲醛树脂、酚－糠醛树脂等)至 150 ~ 200℃并施加压力，使试样与镶嵌料紧密结合，制得整体致密性和平行度较好的样品。冷镶嵌则适用于对温度及压力敏感的材料，使用环氧树脂、丙烯酸树脂等冷固化材料，在室温下进行固化，操作灵活性强，试样形状大小不受限。不管是热镶嵌还是冷镶嵌，其原则主要是不影响试样的显微组织，如不引起试样的相变、变形。还有镶嵌材料与被镶嵌材料的硬度与耐磨性应接近，否则后续磨制和抛光过程会受到很大影响。另外，镶嵌材料应具有一定的耐腐蚀性，否则在试样腐蚀时会造成试样受干扰，镶嵌设备如图 2 所示。

图 2　金相试样镶嵌机

夹持方面，根据试样的形状、大小和夹持保护的要求，可选用平板夹具、环形夹具或专用夹具。夹具应紧贴试样无空隙，硬度稍低于或等于试样以避免损伤，且不影响试样的化学侵蚀过程。在夹持前应对试样进行清洗，注意试样的位置和方向，并在夹持后编写上号码以避免混乱。通过合理的镶嵌与夹持，可以确保金相试样的质量和稳定性，为精准分析材料的组织结构提供基础。

(三)试样的磨制

金相试样的磨制是金相制备流程中一个极为精细且至关重要的环节，它直接关系到最终显微组织观察的清晰度和准确性。这一过程不仅要求操作者具备熟练的技能，还需要对材料特性和磨制原理有深入的理解。磨制总体可分为粗磨与细磨两个步骤。

1. 粗磨

由于在获取金相试样时，截取的试样表面通常很粗糙，如存在锯痕、切割痕等情况，并且很可能在试样表面存在变形层。这些表面材料已不适合做金相显微分析，因此需要通过粗磨将其去除。粗磨可以采用砂轮、机械磨平等方式进行。粗磨阶段，应选择粒度较大的砂轮或砂纸，以快速去除试样表面的不平整部分。砂轮或砂纸的材质和粒度应根据试样材料的硬度来确定。磨削时应保持适当的转速和压力，避免试样过热或产生过大的变形。同时，应使用冷却液(如水或专用的磨削液)来降低磨削温度，防止组织变化。最后，试样表面平整后，应及时进行清洗以避免将大的沙粒或磨屑带到细磨工序，防止产生较大划痕。

2. 细磨

粗磨结束后进入细磨环节，目的是消除试样表面粗大的划痕，细磨也称为磨光，为抛光前最后一道工序。细磨可通过手工细磨或者机械细磨完成，但不管用哪种方式，其根本原理都是采用不同粒度的砂纸，使得金相试样表面达到逐级变光的过程。常用的金相砂纸粒度从粗到细有80#、100#、120#、150#、180#、220#、280#、320#、400#、500#、600#、800#、1000#、1200#、1500#、2000#等。从功能上看，有干湿两用砂纸与水磨砂纸等。在对待不同材料时，根据材料表面硬度与耐磨性能，应选择不同粒度的砂纸组合。在磨制的过程中，也应及时注意材料表面划痕状态。下面就手工细磨与机械细磨分别介绍磨制工序与要点。

(1)手工细磨。手工细磨时，将粗砂纸放到玻璃板上，并检查玻璃板表面清洁度，避免杂质污染试样。将砂纸平铺在玻璃板上，确保砂纸平整无皱褶。然后将试样轻轻放置在砂纸上，确保磨面与砂纸充分接触。在磨制前，使用夹具或手指固定试样，防止在磨制过程中试样移动或脱落。磨制时的工艺与要点如下：

1)磨制时，采用“单程单向”的磨制方法，即试样在砂纸上向前推磨时用力均匀，回程时，提起试样，使得试样不与砂纸接触。

2)磨制时应适当施加压力，但避免压力过大导致试样变形或划伤。

3)当一道砂纸的磨痕被完全去除后，更换下一道更细的砂纸。在更换砂纸前，应清洁试样表面，去除残留的磨屑和杂质。

4)每次更换砂纸后，都应改变磨削方向，使试样旋转90°，以避免产生单向的研磨痕迹。

注意事项：

a. 随着砂纸粒度的逐渐细化，磨制时间应相应延长，以确保磨痕被完全去除。

b. 磨削速度应适中，避免过快导致试样过热或产生划痕。

c. 磨削压力应均匀且适中，避免过大导致试样变形或划伤。

d. 定期清洁试样表面和砂纸，去除残留的磨屑和杂质，以保持磨削效果。

e. 在磨制过程中，应随时观察试样表面的变化情况，如磨痕的去除情况、试样的变形情况等。

(2)机械细磨。机械细磨指的是在预磨机上完成细磨工序，即将不同粒度的水砂纸安装在预磨机上，然后手持或夹持试样在预磨机上细磨。机械细磨的特点是由于机器的转速稳定，且磨制的过程中不断有冷却液加入，使得材料表面能够迅速磨平，且不易产生变形层。机械细磨的金相样品质量稳定，磨制效率较高，但是换砂纸的过程较为烦琐，而且当夹持不稳时，极易使试样表面出现“斜坡”，造成样品损坏。

（四）试样的抛光

金相试样的抛光是金相制备过程中的关键步骤，其目的是去除磨制过程中最后留下的磨痕，使样品表面变得光滑无痕，以便于后续的观测和分析。试样经抛光后，理想的状态是呈现出镜面反射，表面平滑、无划痕、无浮雕、无变形层、无杂质。常用的抛光方法有机械抛光、电解抛光、化学抛光等。下面主要介绍机械抛光和电解抛光。

1. 机械抛光

（1）机械抛光原理。机械抛光指的是将试样夹持放置于抛光盘上方并与抛光布接触，在抛光盘快速的转动过程中达到将金相试样抛光的目的。在这个过程中，主要是抛光微粒与试样磨面相对作用的结果，可归结为抛光微粒的磨削作用及抛光过程中微粒的滚压作用。抛光微粒主要来自抛光剂中的陶瓷颗粒，它的磨削作用指的是抛光微粒在抛光前被添加到抛光布上，其处于抛光织物的间隙中，当抛光机旋转时和试样表面接触，抛光微粒就起到了对试样表面磨削的作用。这是因为，抛光微粒非常细小，在试样表面上产生的切削和划痕都要比磨制时细得多。微粒的滚压作用使抛光微粒很容易从抛光织物中脱出，甚至飞出抛光盘。这些脱出的微粒在抛光过程中夹在抛光织物与磨面之间，对磨面产生滚压作用，使试样表面凸起部分被辊压至凹陷处。此外，抛光织物与磨面之间的机械摩擦也有助于“金属的流动”，同时也起一定的抛光作用。需要注意的是，表面硬度较软的金属在抛光过程中如果压力过大、抛光时间过长，抛光后也会产生轻微变形层，这会使得抛光效果不理想，金相组织中有许多伪相存在，从而误导金相显微组织分析。

（2）抛光设备及材料。常用的抛光设备有手动抛光机、半自动抛光机、全自动抛光机这三种。随着自动化程度越来越高，所制备的金相试样质量也趋于完美，图 3 为手动抛光机。实验室常用的也是最理想的抛光磨料为氧化铝粉末（Al_2O_3），根据粒度可分为 M1 ~ M10，M1 最细，M10 最粗。对于金属材料，一般粗抛用 M5 ~ M7 粒度，精抛用 M1 ~ M3 粒度。实验室常用的抛光材料还有氧化镁（MgO）、金刚石研磨膏、金刚石喷雾研磨剂等。它们的特点都是表面硬度非常高以达到磨削的作用，另外，作为抛光材料，其颗粒尺寸必须≤28μm，且整体尺寸均匀、无较大差异。

图 3　手动抛光机

（3）抛光操作。金相试样抛光工序一般分为粗抛、中抛与精抛三道工序。较软的合金试样一般不经粗抛而直接进行精抛，或者采用其他抛光技术，以免造成严重的变形层，图 4 为手动抛光示意。

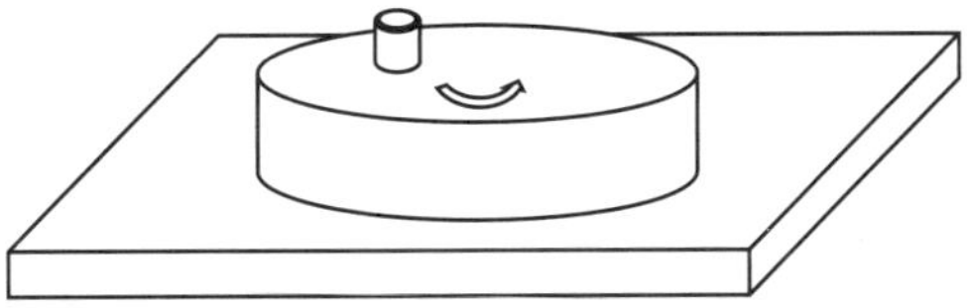

图 4　手动抛光示意

1)粗抛：粗抛的目的是去除试样表面的粗磨痕和不平整部分。使用帆布、粗呢、法兰绒与粒度较粗的抛光磨料，以较高的转速和适当的压力进行抛光。粗抛过程中要时刻观察试样表面的变化，避免过度抛光导致试样变形或产生新的划痕。同时，要定期更换抛光布和抛光剂，以保持抛光效果。

2)中抛：中抛是为了进一步细化试样表面，去除粗抛过程中产生的细小划痕。使用较细的抛光布和粒度适中的抛光剂，以适中的转速和压力进行抛光。抛光时应保持抛光布湿润，并适当延长抛光时间。中抛过程中要注意抛光压力和转速的控制，避免对试样表面造成不必要的损伤。同时，要定期清理抛光布上的磨屑和杂质，以保持抛光效果。

3)精抛：最后采用精抛使试样表面达到镜面效果，去除所有划痕和瑕疵。使用柔软的抛光布(如细绒布)和粒度较小的抛光剂，以较低的转速和微小的压力进行抛光。抛光时应保持抛光布湿润，并轻轻晃动试样以避免产生曳尾现象。精抛过程中要非常小心，避免对试样表面造成任何损伤。同时，要保持抛光布的湿润和抛光剂的均匀分布。抛光完成后，应立即用清水冲洗试样表面，去除残留的抛光剂和磨屑。

(4)抛光检查。完成抛光程序的试样应及时进行清洗和检查。

1)宏观观察。将试样的抛光面置于明亮光线下，用人眼或放大镜仔细观察抛光面。观察时，旋转试样，使得试样在不同角度下转动，每个角度都应保证有高质量的试样表面。合格的抛光面应当具有平整、光洁、反射性好、无污染、无斑点、无划痕、无麻点等特点。

2)显微镜检查。采用光学显微镜对试样进行初步观察，从 50 倍一直放大到 400 倍，观察不同倍率下，金相显微组织质量。对于需要拍照分析的试样应符合以下要求：无妨碍金相拍照的划痕、无组织及夹杂物曳尾现象、无污点、无因磨料嵌入而引起的黑点等。

2. 电解抛光

电解抛光，也称阳极抛光，是一种利用电化学原理使试样表面变得平滑光亮的抛光方法。在电解抛光过程中，试样作为阳极，不锈钢或铝板等金属作为阴极，两极置于电解液中并接通电源。在适当的电解条件下，试样的金属离子在溶液中发生溶解，使得试样表面微凸部分的溶解速度比凹陷处快，从而逐渐使试样表面由粗糙变得平坦光亮。这一过程中，试样表面上会形成一层厚薄不均的黏性薄膜，该薄膜具有很高的电阻，并且凸起部分的薄膜厚度比凹陷处要薄，因此凸起部分电流密度大，溶解速度快，最终形成光滑表面。电解抛光与机械抛光相比，其优点是：电解抛光容易得到一个无擦划残痕的磨面，也不产生附加的表面变形，易消除表面变形扰动层。对于较硬的金属材料用电解抛光法比机械抛光快得多。而且，电解抛光能够抛光多面的或非平面异形试样。尽管电解抛光有很多优点，但是由于电解抛光对金属材料成分的不均匀性及显微偏析特别敏感，所以对具有偏析的金属材料难以进行良好的电解抛光，甚至不能进行电解抛光。含有夹杂物的金属材料，如果夹杂物受电解侵蚀，则夹杂物会被全部抛掉；如果夹杂物不被电解侵蚀，那么抛光后夹杂物会在试样表面凸起，形成浮雕。想要得到一个抛光质量良好的试样，需要对电解抛光的电解液配方、电压、电流等影响因素进行实验和探索，这需要一定的经验和总结。

（五）金相显微组织的显示

金相试样经抛光后，表面光亮如镜面一样，这是因为大多数金属材料在抛光后呈现镜面，对光线有着强烈的反射作用。此时在显微镜下，金相显微组织很难被观察到。但有些有着明显衬度差异的相，在抛光后也可被直接观察到。如金属中的陶瓷颗粒、非金属夹杂、孔洞等。为了完全显示金属显微组织，需要对抛光后的金相材料进行显示处理。通常，金相显微组织的显示方法有化学法和物理法两种。物理法是通过把金相试样放在反射光中，把肉眼无法分辨的光学信息转换成可见衬度的方法。它利用试样中各组成相及其边界对光的反射能力或偏振状态的差异，通过显微镜上的特殊附件（如偏振光、相衬、微差干涉衬度等）来实现组织的显示。这种方法不需要对试样进行侵蚀处理，因此避免了侵蚀过程中可能引起的假象。化学法为利用试样各组成相之间的物理、化学性质不同，使试样表面产生选择性的腐蚀，从而使试样表面的微观起伏与其内部组织相对应，显示出组织特征。常用的化学显示方法有化学侵蚀、电解侵蚀等。本实验主要采用化学侵蚀。

将抛光好的试样磨面浸入化学试剂中，或者用化学试剂擦拭试样的磨面，使其显示出显微组织。化学侵蚀实际上是一个电化学反应过程，由于试样中各相在电解溶液中具有不同的电极电位，形成许多微电池，从而导致选择性的侵蚀。化学侵蚀剂通常由电解质、溶剂、络合剂及添加剂组成，选择适当的侵蚀剂对于清晰显示合金组织至关重要。

化学侵蚀剂中有多种化学试剂，归结起来有酸类、碱类、盐类，常用的溶剂有水、酒精、甘油等。化学侵蚀中酸用得最多，如硝酸酒精溶液、苦味酸酒精溶液，可侵蚀普通的碳钢、低碳钢。硝酸酒精溶液能显示铁素体晶界，但不能显示金相组织细节部分，而且不太均匀，不能显示碳化物。苦味酸酒精溶液显示组织均匀，且能很好地显示和区分金相组织中相的细微部分，如马氏体和碳化物，但腐蚀速度较慢。化学侵蚀剂的应用与金属组织显示的程度，对在显微镜下观察鉴定、研究组织以及拍照质量都有密切的关系，所以必须正确、恰当地选择化学侵蚀剂。

除了正确选择腐蚀剂，还应严格控制侵蚀时间。侵蚀时间受多方面的因素影响，如试样的材质、热处理状态、试剂性质和温度等，主要依效果而定。侵蚀剂的成分不同，侵蚀时间是不同的。再者，检验的目的和所需的放大倍数不同，所用的侵蚀时间也不同。一般放大倍数越高，侵蚀应越浅，放大倍数越小，侵蚀应越深。通常，一个合格的侵蚀样品，应当是在显微镜下能够清晰地显示各个组织、边界清晰，没有过深的沟壑与发暗的组织。在宏观上看，肉眼看上去经侵蚀后的抛光面应当是刚刚失去反光光泽，像是蒙上了一层薄的雾气一样。如样品侵蚀达到了上述要求，应当将样品立即用清水冲洗干净，再用酒精冲洗，吹风机吹干，便可保存进行观察和显微镜分析。如显微镜下的观察效果较差，出现了很多过度腐蚀的迹象，那么应当重新进行抛光，再重复侵蚀步骤。

（六）金相试样的保存

金相试样制备成功后，应当及时保存以备后续的研究和观察。首先，存储环境需保持干燥、避光，且温度控制在约 20℃，相对湿度不超过 60%。这样的条件有助于防止金相试样因潮湿、光照等导致的化学变化。同时，存储环境中应避免存在腐蚀性物质，以保护金相试样不受损害。其次，包装材料的选择同样关键。应使用具有良好密封性的包装材料，如塑料袋、铝箔袋或玻璃瓶等，以防止空气、湿气等外部因素对金相试样造成影响。此外，包装材料还应具有一定的防护性，如铝箔袋就具有很好的抗氧化、防水汽隔离性。在包装内加入干燥剂可以进一步降低湿度，确保金相试样保持干燥。金相试样储存一般不超过6个月。在存储期间，应定期检查其状态，以确保质量。如需长期保存，应使用干燥密闭容器，并定期检查容器的密封性和干燥剂的状态。金相试样的标识应清晰明确，包含样品名称、存储日期、保质期、存放位置、制备者等必要信息。对于具有放射性、毒性等特殊性质的金相试样，应在标识上明确注明，以提醒相关人员注意。此外，对于易生锈的金相试样，应特别注意存储环境，并使用抛光蜡或润滑油进行保护。对于特殊材料的金相试样，如高温合金、钛合金等，可能需要采用特殊的存储方法和包装材料，如真空包装或惰性气体保护包装。

三、实验设备与材料

(1)实验设备：预磨机、抛光机、金相显微镜、吹风机等。

(2)实验材料：金相砂纸、腐蚀剂、抛光膏、抛光布、玻璃板、镊子、20#钢等。

四、实验内容与步骤

本次实验主要内容为制备一个合格的金相试样，材料为20#钢。具体实验步骤如下所示：

(1)每人领取一个20#钢试样与一套金相砂纸。

(2)用手工磨制法将试样从粗到细进行磨光。

(3)采用机械抛光法进行抛光，使用抛光膏作为抛光磨料，在抛光机启动前，加入抛光膏和清水。

(4)一段时间后，将试样抛光至镜面，后用清水和酒精进行清洗，吹干。

(5)在侵蚀之前，先在显微镜下观察抛光的磨面状况，如无明显划痕，则可进行侵蚀。

(6)用镊子将试样浸到腐蚀液表面，使得抛光面与腐蚀液接触，一段时间后取出，如达到了侵蚀要求，立即用清水与酒精进行清洗，吹干。

(7)用显微镜观察试样，分析组织，后保存试样。

(8)实验完毕后清理仪器设备，清洁工作台卫生。

五、思考与分析

金相试样作为材料研究的重要对象，是材料研究的基础。学会金相试样的制备则是每位材料学生的基本能力。根据本节实验过程，请回答：

(1)金相试样手工磨光的方法与注意事项有哪些？并写出你的操作心得。

(2)金相试样的变形层是怎么形成的？如何消除变形层？

(3)化学侵蚀的原理是什么？并写出你在侵蚀过程中的心得。

第二节　晶体模型观察与堆垛实验

一、实验目的

(1)熟悉面心立方、体心立方和密排六方典型金属晶体结构中的晶面、晶向、原子排列方式。

(2)理解三种晶体结构中的四面体间隙和八面体间隙的位置和分布。

(3)掌握面心立方和密排六方晶体结构中最密排面的堆垛顺序，理解这些堆垛方式对晶体性能的影响。

二、实验原理

(一)晶体

原子、分子或它们的集团按一定规则呈周期性重复排列，即构成晶体。自然界中存在80多种金属元素，金属晶体也是由大量金属原子在三维空间中规则、周期性排列而成的。这种排列方式形成了特定的晶体结构，其中主要有面心立方(FCC)、体心立方(BCC)和密排六方(HCP)三种典型晶体结构，其结构示意分别如图1所示。

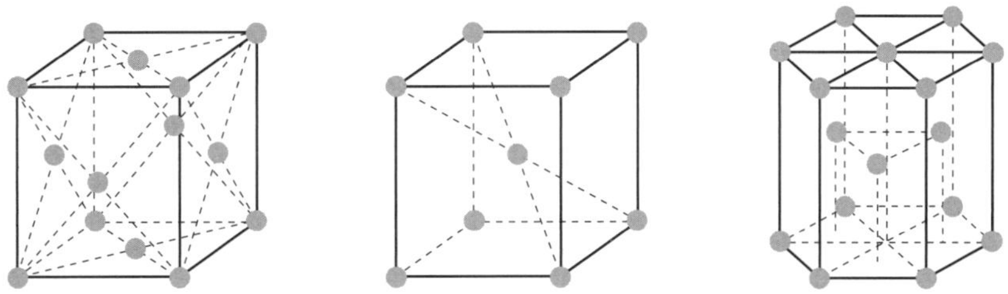

(a)FCC　(b)BCC　(c)HCP

图1　常见金属晶体结构示意

(二)晶面

在晶体中，一系列原子同处于一个平面中即构成晶面。晶面指数是晶面在三个晶轴上的截距系数的倒数比，当化为整数比后，所得出的三个整数称为该晶面的米勒指数(Miller indices)，记为$(h\ k\ l)$。对于六方和三方晶系晶体，当选取四个晶轴时，晶面指数由四个截距系数的倒数比得出。任一晶面指数不仅代表某一晶面，而且代表一组晶体中所有平行的晶面。不同指数的晶面空间方位、原子排列方式和原子面密度不同。立方晶体结构中常用晶面的方位和原子排列如图2所示。

(三)晶向

晶向用于表示晶格中穿过两个以上结点的任一直线的方向。晶列通过坐标系原点的直线上任取一格点，把该格点指数化为最小整数，称为晶向指数，表示为$[u\ v\ w]$，晶向指数代表了一组相互平行、方向一致的晶向。并且，通过晶向指数，可以方便地描述晶体中原子排列的方向和规律。立方晶体结构中常见晶向指数如图3所示。

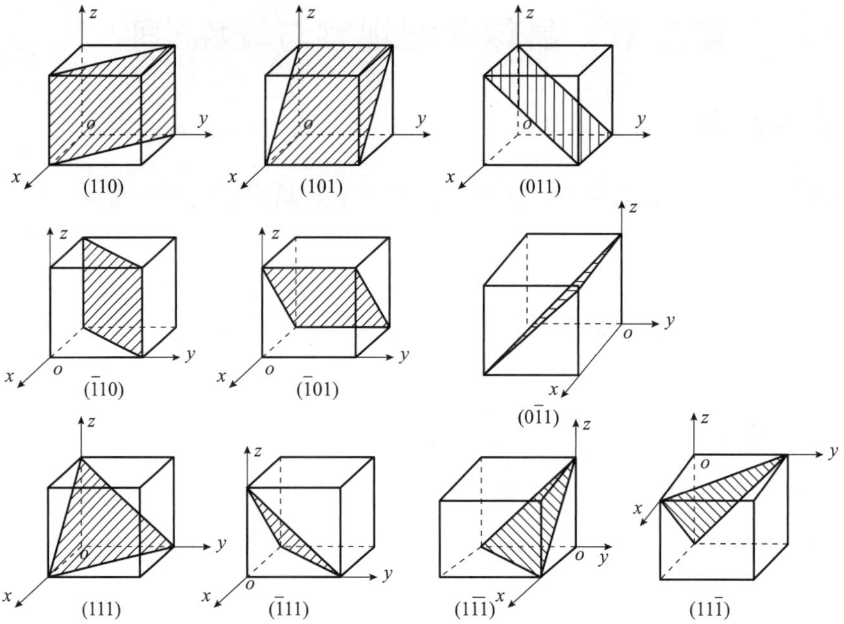

图 2　立方晶体结构中常用晶面的方位和原子排列

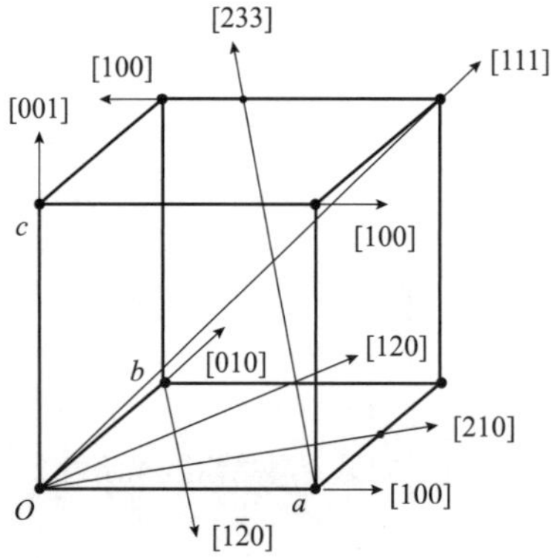

图 3　立方晶体结构中常见晶向指数

(四)原子的堆积原理

原子、离子、分子的排布总是趋向于配位数高，空间利用率大的紧密堆积结构方式，最紧密的堆积往往是最稳定的结构。这是因为紧密堆积能够降低系统的能量，使晶体更加稳定。在堆积过程中，原子会按照特定的顺序和方式排列，形成特定的堆垛序列。其中，配位数为一个原子周围最邻近的原子的数目。而紧密堆积指的是有限的原子、离子或分子尽量占取较小的空间的堆积。在金属晶体中，原子之间会形成一定的间隙。这些间隙分为四面体间隙和八面体间隙。四面体间隙是由四个相邻原子所形成的空隙，而八面体间隙则是由六个相邻原子所形成的空隙。配位数则是指一个原子周围最邻近的原子数目。在紧密堆积结构中，配位数通常较高，如面心立方结构的配位数为 12。

首先，从一维与二维平面上理解致密排列，图 4 所示为一维致密列。图 5 为二维的非致密层堆积与致密层堆积。

图 4　一维致密列

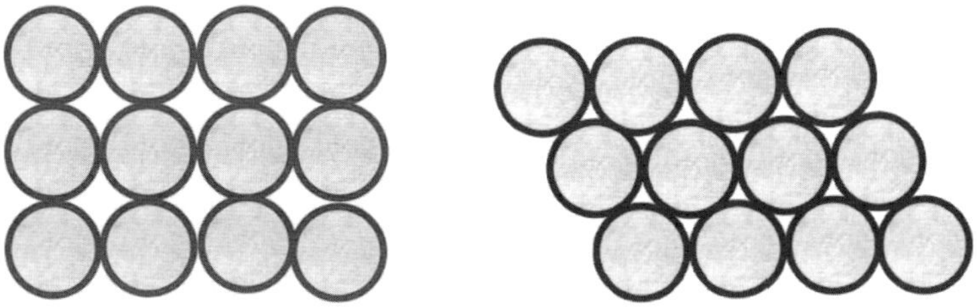

(a)二维非致密层堆积　　(b)二维致密层堆积

图 5　二维堆积

在二维堆积的基础上往上堆积，可以形成金属晶体多种堆积形式。如以二维非致密层堆积为基础可形成简单立方堆积晶体与体心立方堆积晶体等。以二维致密层堆积为基础的可形成面心立方、密排六方等。图 6 所示为从二维非致密层堆积到简单立方堆积与体心立方堆积，如 α－Fe 等。

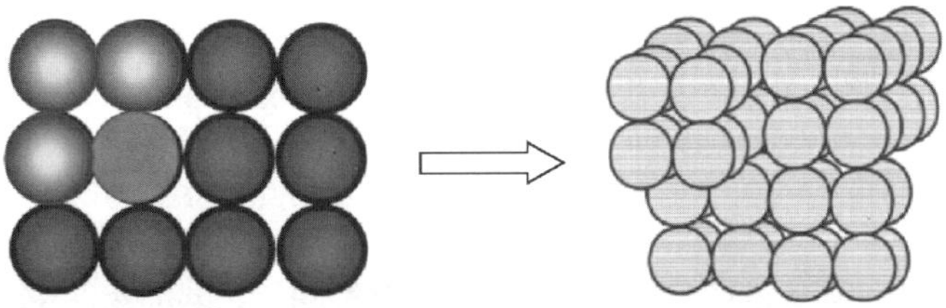

(a)从二维非致密层堆积到简单立方堆积

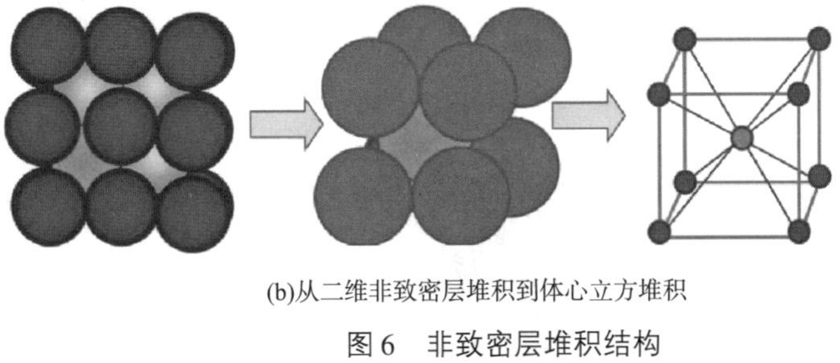

(b)从二维非致密层堆积到体心立方堆积

图 6　非致密层堆积结构

图 7 所示为致密层堆积结构，即面心立方与密排六方结构。它们具有相似的堆积和排列，区别在第三层。如图 7 所示，在排列堆积第二层时，对第一层来讲最紧密的堆积方式是将球对准 1、3、5 位(或对准 2、4、6 位)。但堆积第三层时，则有两种不同的堆积方式，如图 8 所示为其中一种方式，即将第三层球对准第一层的球堆积。于是每两层形成一个周期，即 AB、AB 堆积方式，形成密排六方堆积晶胞，原子配位数为 12，常见金属如 Mg、Ti、Zn 等为密排六方堆积。

图 7　致密层第二层堆积

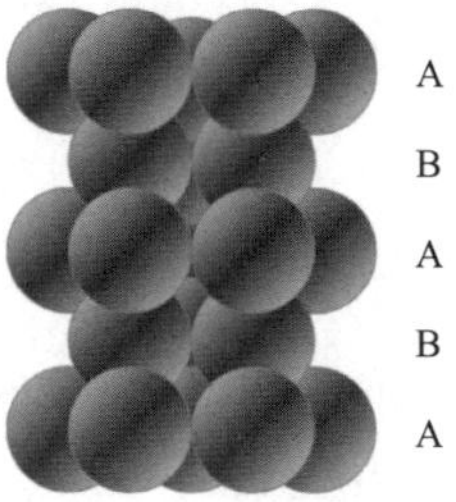

图 8　密排六方堆积

第三层还有一种堆积方式，将球对准第一层的 2、4、6 位，这样形成了在竖直方向上不同于 AB 两层的位置，即是 C 层。如图 9 所示，前两层与密排六方完全一致，但是在第三层和第四层再排 A，于是形成 A B C、A B C 三层一个周期。这种堆积方式可划分出面心立方晶胞，配位数为 12，常见金属如 Al、Cu、Au 等为面心立方堆积。

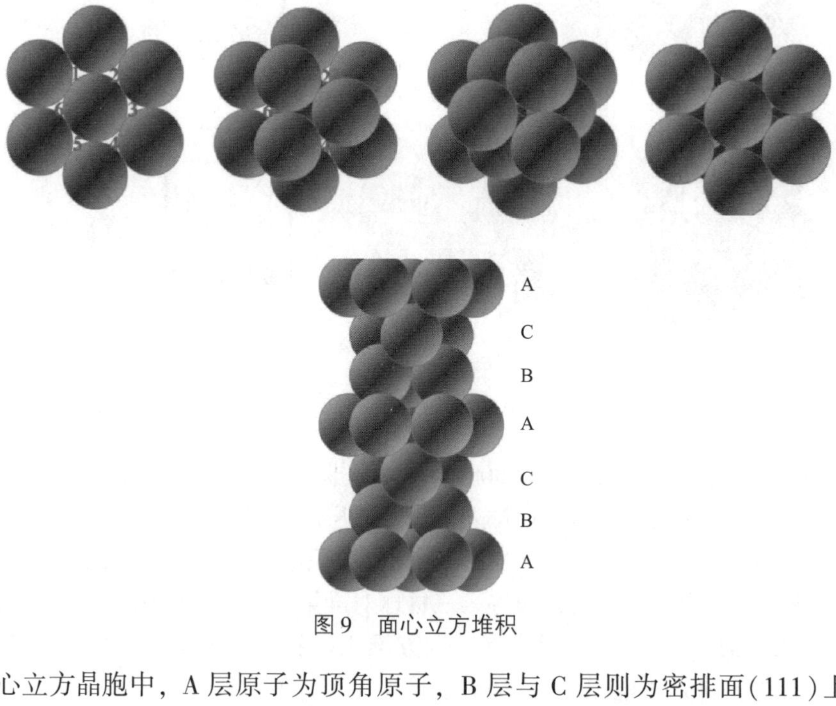

图 9　面心立方堆积

在面心立方晶胞中，A 层原子为顶角原子，B 层与 C 层则为密排面(111)上的原子，即顶角原子与面心原子，这样便构成了面心立方晶胞，如图 10 所示。

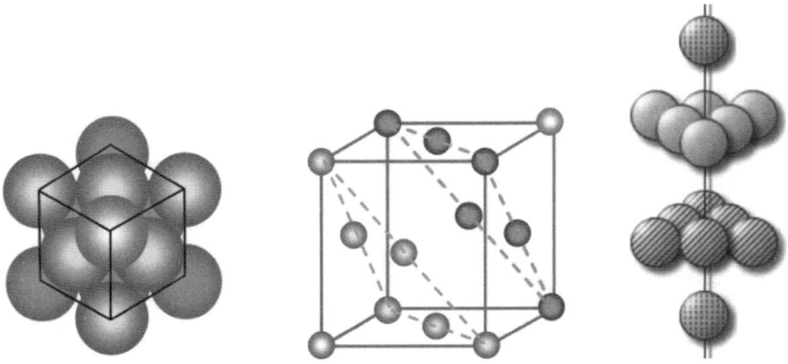

图10　面心立方晶胞结构

三、实验设备和材料

实验设备和材料主要有：晶体模型、原子模型小球、镊子、托盘、凡士林等。

四、实验内容及步骤

本实验主要为观察金属晶体结构模型并分析晶面中原子排列与晶向；进行原子模型堆垛实验，堆出常见晶体结构，如简单立方、体心立方、面心立方和密排六方。本节实验步骤为：

(1)观察简单立方、体心立方、面心立方和密排六方四种晶体模型，并标记几处晶面指数、晶向指数。

(2)按照简单立方、体心立方、面心立方和密排六方等晶体结构的特征，将模型球放在玻璃板上，堆出常见特定晶面(100)、(110)、(111)等。

(3)仔细观察堆垛出的晶面，记录其原子排列方式和堆垛顺序。

(4)利用原子小球堆垛出简单立方、体心立方、面心立方和密排六方四种晶体结构。

(5)在堆垛过程中，注意寻找并指出四面体间隙和八面体间隙的位置和分布。

注意事项：

(1)在实验过程中要细心观察，确保数据的准确性和可靠性。

(2)注意安全，避免使用尖锐物品划伤手部或损坏模型。

(3)实验结束后要整理好实验器材和桌面，保持实验室的整洁和有序。

五、思考与分析

金属晶体堆垛实验通过模拟金属原子的排列和堆垛过程，有助于理解金属晶体的微观结构和性质。实验过程中可以观察到不同晶体结构的特征、堆垛顺序以及间隙位置和配位数的变化。根据本节实验内容，请回答：

(1)画出面心立方和体心立方晶体结构的(110)、(111)和(112)晶面的原子分布图。

(2)指出体心立方、面心立方和密排六方三种晶体结构的最密排晶面和最密排晶向。

(3)不同的金属晶体结构对金属的物理性质有何影响？请举例说明。

第三节 沉淀法制备纳米氧化锌颗粒实验

一、实验目的

(1)掌握沉淀法制备纳米氧化锌(ZnO)的基本原理及操作流程。

(2)理解纳米材料合成中反应条件(pH 值、温度、浓度)对产物形貌和性能的影响。

二、实验原理

氧化锌是一种重要的无机化合物，通常为白色至浅黄色的粉末，无毒无味，难溶于水及有机溶剂，但可溶于酸和强碱，是一种两性氧化物。氧化锌具有较高的热稳定性和化学稳定性，熔点约为1975℃，沸点高达2360℃。氧化锌的晶体结构多样，其中最常见的是六方纤锌矿结构，这种结构赋予了氧化锌优异的电学、光学和压电性能。

纳米氧化锌是一种多功能性的新型无机材料，其颗粒大小在1～100nm。由于晶粒的纳米化，其表面电子结构和晶体结构发生变化，产生了宏观物体所不具有的表面效应、体积效应、量子尺寸效应和宏观隧道效应以及高透明度、高分散性等特点。近年来发现它在催化、光学、磁学、力学等方面展现出许多特殊功能，使其在陶瓷、化工、电子、光学、生物、医药等许多领域有重要的应用价值，具有普通氧化锌所无法比较的特殊性和用途。纳米氧化锌在纺织、涂料等领域可用于紫外光遮蔽材料、抗菌剂、荧光材料、光催化材料等。由于纳米氧化锌一系列的优异性和十分诱人的应用前景，因此研发纳米氧化锌已成为许多科技人员关注的焦点。图1为改性后的线性氧化锌形貌。

图1　改性后的线性氧化锌形貌

制备纳米氧化锌的主要方法为液相法、气相法、固相法、电化学制备等。本节实验采用液相法制备纳米氧化锌颗粒，液相法除能够准确控制粒子的化学组成外，与其他化学制备技术相比还具有设备简单、批量大、原料易得、粒子大小集中、晶相结构及形状容易控制、产物活性好、成本低等特点。液相法可以分为沉淀法、溶胶－凝胶法、微乳液法、水热合成法、溶剂蒸发等。

本节实验采用沉淀法制造纳米氧化锌，该过程是直接混合制备氧化锌的锌盐与沉淀剂溶液的方法，特点是条件易于控制，操作简单，适于大批量制备粉体材料，其缺点是副产物离子的洗涤较困难，且产物粒径分布较宽，干燥过程中粒子易于团聚。通过控制溶液中金属离子与沉淀剂的反应条件（如 pH 值、温度、浓度），可控制沉淀的前驱体质量，再经洗涤、干燥和煅烧得到纳米材料产物。

本实验以硝酸锌[$Zn(NO_3)_2 \cdot 6H_2O$]和氢氧化钠（NaOH）为原料，发生如下反应：

$$Zn^{2+} + 2OH^- \longrightarrow Zn(OH)^2 \downarrow \xrightarrow{\Delta} ZnO + H_2O$$

通过调节 pH 值控制 $Zn(OH)_2$的生成，高温煅烧后脱水得到纳米氧化锌颗粒。反应条件（如 pH 值、煅烧温度、乙醇浓度等）直接影响产物的晶型、尺寸和分散性。具体的影响因素有：

（1）反应物浓度。

当反应物浓度较低时，溶液中过饱和度较小，需要较长时间才能反应完全，颗粒粒径较大；当反应物浓度过高时，容易出现团聚现象。因此，六水合硝酸锌浓度选取必须适宜。

（2）溶剂浓度。

无水乙醇能提高体系黏度，缩短成胶时间，提高胶体稳定性。当体系的黏度增大时，质点生长速率放慢，有时间生成更多的晶核，得到更多的质点。因此，溶剂用量必须适宜，需要经过实验调整得出规律。

（3）反应温度、时间。

反应温度过低、时间过短，不利于水解反应进行，且成胶时间过长；反应温度过高、时间过长，溶剂挥发过快，溶液黏度降低，易引起团聚。因此，反应温度、时间必须适宜，一般取反应温度为 60～80℃、时间为 0.5～1h。

（4）干燥温度、时间。

实验表明，干燥温度过低时产物不稳定。干燥温度过高时，产物颜色变黑，性质不稳定。因此，干燥温度、时间必须适宜，合适的干燥温度为 80～100℃、时间为 2h～4h。

（5）煅烧温度、时间。

煅烧温度过高，前驱体容易产生硬团聚体，产物颗粒粒度较大；煅烧温度过低，反应不完全。煅烧时间过短，会导致分解不完全，所得产物纯度不够，色泽不好；煅烧时间过长，分散的粒子会产生硬团聚体。因此，在保证前驱体分解完全的基础上，煅烧温度越低、煅烧时间越短越好，最佳煅烧温度为 400℃、时间为 2h。

（6）其他因素。

在沉淀法制备纳米氧化锌过程中，反应体系的 pH 值、搅拌速率、搅拌时间等也会影响反应进程和产物品质。当体系 pH 值适宜时，六水合硝酸锌水解速率加快，水解充分，有利于反应充分进行。在配制溶液及反应过程中，快速搅拌可以使反应均匀、充分进行。

三、实验设备及材料

本节实验主要设备及材料如下。

（1）实验设备：电子天平（精度 0.001g）、磁力搅拌器及聚四氟乙烯搅拌子、恒温水浴锅（控温范围：25～100℃）、真空抽滤装置（含布氏漏斗、滤纸）、烘箱（最高温度 300℃）、马弗炉(最高温度1000℃)、pH计、XRD、SEM(实验后表征使用)。

(2)实验材料：六水合硝酸锌[$Zn(NO_3)_2 \cdot 6H_2O$，AR]、氢氧化钠(NaOH，AR)、无水乙醇、去离子水。

四、实验内容与步骤

(一) 溶液配制

(1)配置50mL乙醇水溶液，其中醇的体积含量分别为0、20%、60%、100%。

(2)配置A液：称取2.97g $Zn(NO_3)_2 \cdot 6H_2O$(0.01mol)，溶于100mL去离子水中。

(3)配置B液：称取0.80g NaOH(0.02mol)，溶于100mL去离子水中。

(二)沉淀反应

(1)将A液倒入250mL烧杯中，并取一定体积的乙醇溶液于烧杯中，采用磁力搅拌器搅拌，置于60℃恒温水浴，开启磁力搅拌(500rpm)。

(2)逐滴加入B液至A液中，调节pH值至8~9(使用pH计监测)。

(3)继续搅拌1h，得到白色胶状沉淀。

(三)后处理

(1)将沉淀液静置30min，真空抽滤，用去离子水和无水乙醇交替洗涤3次。

(2)滤饼置于烘箱中，80℃干燥2h，得到前驱体$Zn(OH)_2$。

(四)煅烧

(1)将干燥后的前驱体研磨成粉末，转移至氧化铝坩埚。

(2)在马弗炉中以3℃/min升温至400℃，恒温煅烧2h。

(3)自然冷却至室温，得到纳米ZnO粉末。

注意事项：

(1)在操作浓碱(NaOH)时需佩戴护目镜和耐酸碱手套，防止灼伤。

(2)pH值过高(>10)可能导致$Zn(OH)_2$溶解生成$[Zn(OH)_4]^{2-}$，影响产率。

(3)在加热过程中，需要将马弗炉的升温程序调慢，避免温度骤变导致坩埚破裂。

(4)生成纳米ZnO后应注意保存，ZnO易吸潮，需密封储存于干燥器中。

五、纳米材料分析与表征

(1)XRD分析：从X射线衍射结果可以确定材料晶体的物相、晶格常数、尺寸。具体为比对标准PDF卡片(ZnO，JCPDS 36-1451)，计算晶粒尺寸(Scherrer公式)。

(2)SEM观察：拍摄纳米颗粒形貌，观察ZnO薄膜的表面形貌，观察ZnO晶粒形貌，统计粒径分布。

六、思考与分析

根据本节实验内容，请回答：

(1)沉淀法中为何需严格控制pH值？pH值过高或过低对产物有何影响？

(2)煅烧温度如何影响ZnO的晶粒尺寸和结晶度？

第四节　原子力显微镜观察分析材料表面实验

一、实验目的

(1)了解原子力显微镜的工作原理。

(2)掌握原子力显微镜的操作和调试过程，并以之来观察样品的表面形貌。

二、实验原理

(一)扫描探针显微镜的发展

1982年，IBM公司苏黎世实验室的G. Binnig和H. Rohrer发明了扫描隧道显微镜，它的分辨率达到0.01nm。扫描隧道显微镜的诞生，使人类第一次在实空间观测到了原子，并能够在超高真空超低温的状态下操纵原子。因为这两项重大的意义，这两位科学家荣获了1986年的诺贝尔物理学奖。在扫描隧道显微镜的基础上，又发明了原子力显微镜(atomic force microscope，AFM)、磁力显微镜、近场光学显微镜等等，这些显微镜都统称扫描探针显微镜。因为它们都是靠一根原子线度的极细针尖在被研究物质的表面上方扫描，检测采集针尖和样品间的不同物理量，以此得到样品表面的形貌图像和一些有关的电化学特性。例如，扫描隧道显微镜检测的是隧道电流，原子力显微镜测试的是原子间相互作用力等，其原理如图1所示。

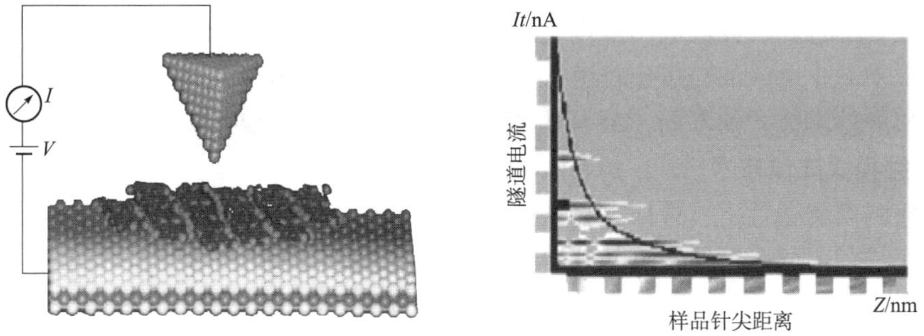

(a)针尖对样品做二维扫描　　(b)隧道电流与针尖样品的关系

图1　扫描探针显微镜使用原理

光学显微镜和电子显微镜都称为远场显微镜，因为相对来说样品离成像系统有比较远的距离。成像的图像好坏基本取决于仪器的质量。而扫描探针显微镜的工作原理是基于微观或介观范围的各种物理特性，探针和样品之间只有2～3Å的距离，会产生相互作用，是一种相互影响的耦合体系。我们称它为近场显微镜。它的成像质量不单单取决于显微镜本身，在很大程度上受样品本身和针尖状态的影响。

(二)AFM成像原理

1986年，Binnig、Quate和Gerber发明了原子力显微镜。AFM的基本原理与STM类似，在AFM中，对力敏感的易弯曲的悬臂上的尖端对样品表面作扫描。尖端与样品表面的相互作用力使得悬臂产生微小的弯曲，检测这种弯曲的信号并用作反馈。通过保持力的恒定，可以获得恒定力状态下的样品表面的形貌图像。

相对于 STM 只能用于良导体和半导体材料的研究而言，AFM 既可用于导电样品，也可用于非导电样品，因而 AFM 极大地扩展了应用范围，特别是应用于生物样品，可以进行活性的动态研究，几乎无须进行样品制备。

在 AFM 里，有一个灵敏的弹性悬臂，其悬臂长 100 ~ 200μm，针尖安装在悬臂的自由端，针尖和样品之间的任何相互作用力都会导致悬臂的弯曲，这种微偏转可用光学方法检测，通过位移敏感监测器(PSD：四象限接收器)转换成电子学信号。如图 2 所示，当弯曲很小时，其与作用力成正比。

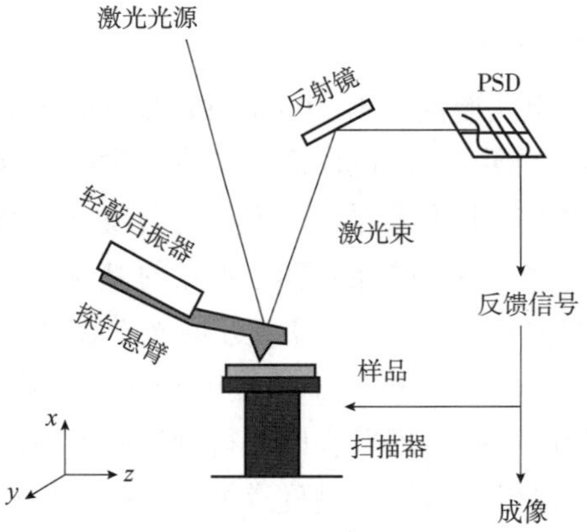

图 2　AFM 成像原理

对于激光的选择，我们选用聚焦光束。主要原因：一方面，保证光强；另一方面，四象限接收器对几个毫米的光斑比较敏感，而悬臂梁的宽度只有几十微米。按照针尖和样品间作用力以及检测方式的不同，AFM 可以分为接触模式和轻敲模式。

1. 接触模式成像技术

在理想的实验条件下，譬如在高真空下，当针尖接近样品表面，针尖和样品的距离接近于几十个埃的时候，范德华力就开始作用于针尖，在几个埃的时候，它们之间开始有相互排斥力。在常温常压下，样品表面和针尖表面都会吸附一层水膜，当针尖逼近样品表面的时候，毛细管力开始作用于它们之间，样品表面的水膜会将针尖吸到样品上，使它们之间的作用力达到平衡。

在样品和针尖之间的弹性作用会经常出现，这些作用力可以是吸引力，也可以是排斥力，范德瓦尔力是吸引力，毛细管作用，静电力和排斥力同时作用于针尖和样品接触的这一点上，而且这些力和变形的悬臂互相作用达到平衡。在接触模式的扫描过程中，针尖和样品之间的作用力是排斥的作用力，在扫描的过程当中，同时可以获得测试样品的其他一些性能。譬如，如果针尖是导电的，那么样品的电阻也是可以测得的；如果扫描的时候，扫描方向是垂直于悬臂的 x 轴方向，那么样品和针尖之间的摩擦力会引起悬臂的扭曲，通过测试悬臂的扭曲，就可以测得样品表面的摩擦力分布的情况。

在接触模式中，扫描过程中悬臂的偏转反映了样品加载于针尖上的排斥力，根据虎克定律，排斥力 F 和悬臂的偏转值 X 的关系为：

$$F = -KX$$

式中，K 是悬臂的弹性系数。不同的悬臂的弹性系数为 0.01 到几个 N/M，原子力显微镜的扫描原理如图 3 所示。

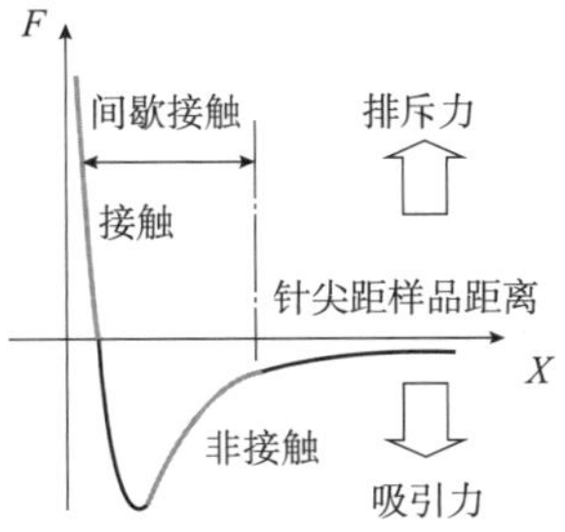

(a)原子间相互作用力变化情况

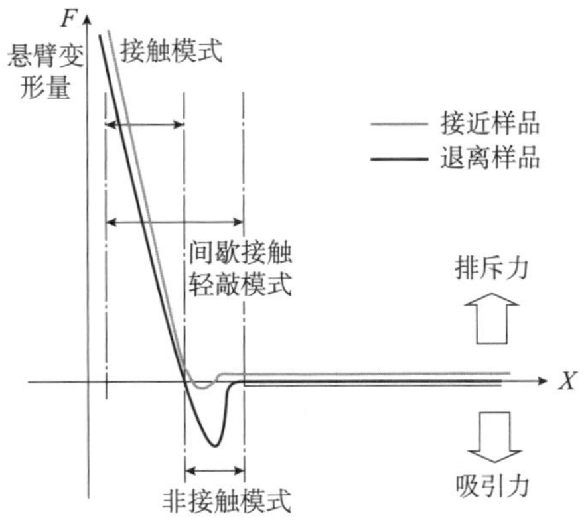

(b)悬臂变形曲线

图 3　原子力显微镜扫描原理

对于接触模式可以简单地理解为“瞎子摸象”，同时记录压电陶瓷的抬起和下降的高度，记录这些数据，即可得到样品的形貌图。当然，压电陶瓷的抬起和下降主要是靠反馈系统的调节。但是，由于针尖很尖，对于样品的局部压强会很大，因此很容易造成样品破碎，同时针尖也极易损坏，故限制了它的发展。

2. 轻敲模式成像技术

原子力显微镜的轻敲模式（又称间歇接触模式）是一种通过探针周期性轻触样品表面来获取高分辨率形貌信息的技术。该模式通过避免持续接触，显著减少对柔软或粘弹性样品的损伤，同时保持高灵敏度和分辨率。微悬臂末端带有尖锐探针，其固有共振频率通常在几十千赫兹至几百千赫兹范围内。通过压电陶瓷驱动器，悬臂在其共振频率附近被激发，产生周期性振荡（振幅通常为几十纳米至几百纳米）。当探针接近样品表面时（距离约几纳米至数十纳米），探针尖端与样品间的范德华力、毛细力等短程相互作用力会改变悬臂的振动特性，见图 3(b)。此时，悬臂的有效共振频率降低，振幅随之减小。

通过激光反射系统实时监测悬臂振幅：激光束聚焦于悬臂背面，反射光由四象限光电探测器接收。振幅变化被转化为电信号，反馈系统通过调节压电扫描器的 z 轴位置，维持悬臂振幅恒定（设定为自由振幅的 70% ~90%）。扫描过程中，压电扫描器控制样品在 $x-y$ 平面移动，反馈系统记录的 z 轴位移量即为样品表面高度变化。通过逐点扫描，最终构建三维表面形貌图像。

通过原子力显微镜观察电极材料表面，可以分析材料表面特性及表面电化学活性等情况，还可以得到关于表面形貌、粗糙度、高度和厚度、表面电性能、局部电流分布以及力学性能等多方面的信息。这些信息对于深入理解电极材料的性能和行为，以及优化其设计和制备工艺具有重要意义。

三、实验设备及材料

本节实验主要设备及材料如下。

(1)实验设备：扫描隧道显微系统(原子力显微镜)、原理演示模块等。

(2)实验材料：磷酸铁锂电极片、无水乙醇、镊子等。

四、实验内容和步骤

本节实验的主要内容为利用原子力显微镜的原理演示仪器理解原子力显微镜的工作原理，掌握原子力显微镜的操作和调试过程，并使用原子力显微镜观察电极表面样品得到扫描照片。以下是详细的操作步骤：

(1)打开计算机主机、显示器；打开扫描隧道显微系统控制器；打开显微镜头部电源。

(2)选择原子力显微镜模块与对应的探针并安装探针到头部主机上。

(3)打开配套软件，选择原子力显微镜模式，进入光路条件。

(4)打开激光器，将激光打在悬臂前端，并打开光学辅助系统。

(5)仔细调整检测器位置使得探针满足检测要求。

(6)将样品升起。

(7)进入实验选择界面，根据方案，选择实验方案与扫描模式，设置扫描范围等关键参数。

(8)开始扫描样品，如照片合适，保存照片，进入分析。

五、思考与分析

(1)原子力显微镜的工作原理是什么？

(2)原子力显微镜常用的扫描模式有哪几种？各有什么特点？

第五节　金属的塑性变形与回复再结晶实验

一、实验目的

(1)了解冷塑性变形后对金属的组织与性能变化。

(2)了解不同变形程度对再结晶后晶粒大小的影响。

(3)掌握金属回复与再结晶的概念及其对组织与性能的影响。

二、实验原理

(一)金属的塑性变形

具有一定塑性的金属材料在外力的作用下会发生变形，变形随着金属内部应力的增加而由弹性变形进入弹性－塑性变形。随着外力的去除，弹性变形部分消失，塑性变形部分被保留下来，这就是金属的塑性变形。相较弹性变形而言，塑性变形为不可逆变形，在宏观尺寸与微观组织上都发生了变化。主要原因是金属晶粒在外力的作用下产生变形，此时金属的晶体结构会发生变化，如滑移和孪生等，这些变化是塑性变形的基础。金属的变形实际上就是组成金属的晶粒的变形。

塑性变形的主要机制有两种，即滑移和孪生。滑移是金属塑性变形的主要机制，它发生在晶体中原子密排面上，并沿着密排方向进行。在滑移过程中，晶体的一部分相对于另一部分发生移动，导致宏观上的塑性变形，滑移机制示意如图 1 所示。

(a)滑移线低倍率照片

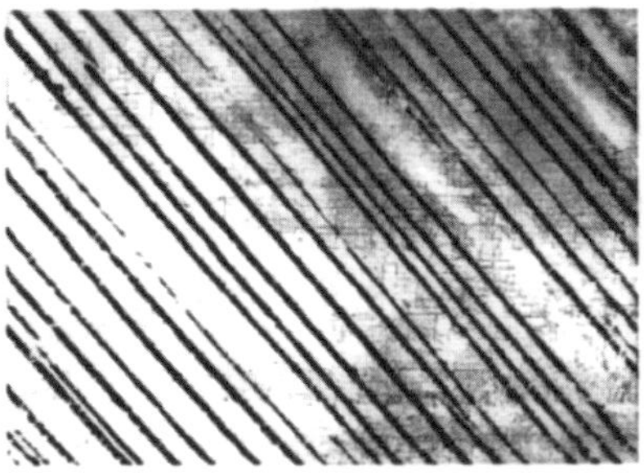

(b)滑移线高倍率照片

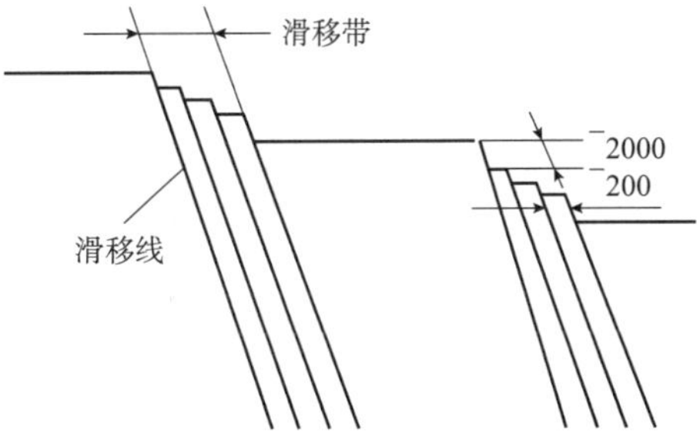

(c)滑移线示意

图 1　金属滑移机制示意

孪生是另一种塑性变形机制，它发生在某些具有特定晶体结构的金属中，如大多数具有密排六方结构的金属(钛、锌、镁等)。在孪生过程中，晶体的一部分相对于另一部分发生均匀的切变，形成镜像对称的孪晶。另外，层错能是影响金属孪生变形能力的重要因素。具有低层错能的金属(如铜)，在变形过程中更容易形成孪晶，如图 2 所示。这是因为垛层错能意味着在晶体中形成层错的能量较低，有利于孪生变形的发生。图 2 中箭头所示为铜合金因变形产生的孪晶。

金属在冷塑性变形时，随着变形程度的增加，会发生强度和硬度提高而塑性和韧性下降，这种现象被称为冷变形强化，又称加工硬化。图 3 所示为低碳钢的力学性能随冷变形程度增加而变化的情形。

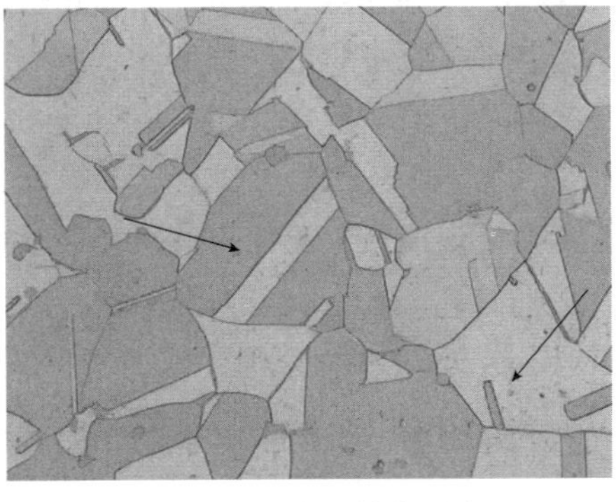

图 2　铜合金产生的变形孪晶

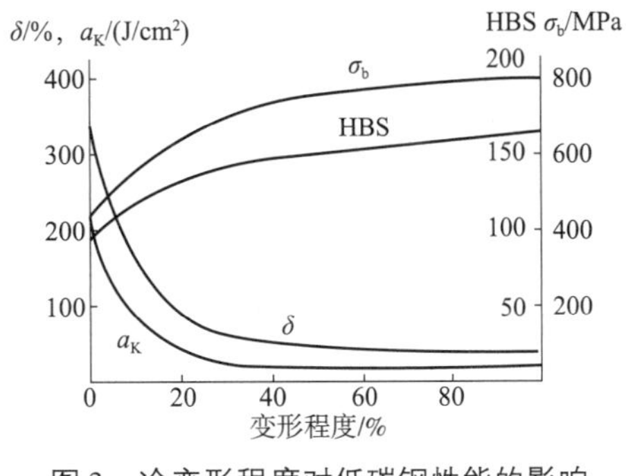

图 3　冷变形程度对低碳钢性能的影响

晶体的塑性变形与回复再结晶如图4所示。产生冷变形强化的原因是在塑性变形过程中，滑移面附近的晶格发生畸变产生纤维化，甚至产生晶粒破碎现象[图4(a)~图4(b)]，从而大大增加了继续滑移的阻力，使继续变形越来越困难。如要继续变形，则要施加更大的变形力，这样又易导致金属的断裂。这就表现为随着塑性变形程度的增加，金属的强度和硬度越来越高，而塑性和韧性越来越低。另外，在塑性变形过程中，金属内部的晶粒会发生滑移，导致位错(晶体中的一种线缺陷)的产生和增殖。随着变形的进行，位错密度不断增加，位错间的相互作用加剧，形成位错缠结、割阶等障碍，使得位错运动的阻力增大。这种位错运动的受阻，直接导致了金属在继续变形时需要更大的外力，即变形抗力增加，从而提高了金属的强度和硬度。

冷变形强化现象对金属的冷变形加工造成了不利影响，加工硬化会降低金属的塑性和韧性，给其进一步加工带来困难。例如，在冷轧钢板的过程中，随着轧制次数的增加，钢板会变得越来越硬，最终导致轧不动。但是，它也是强化金属材料的重要方法之一，尤其是一些不能通过热处理方法强化的金属，如纯金属、某些铜合金、形变铝合金等，可以通过冷轧、冷挤压、冷拔和冷冲压等方法，在变形的同时提高其强度、硬度和耐磨性，使其满足特定的使用要求。

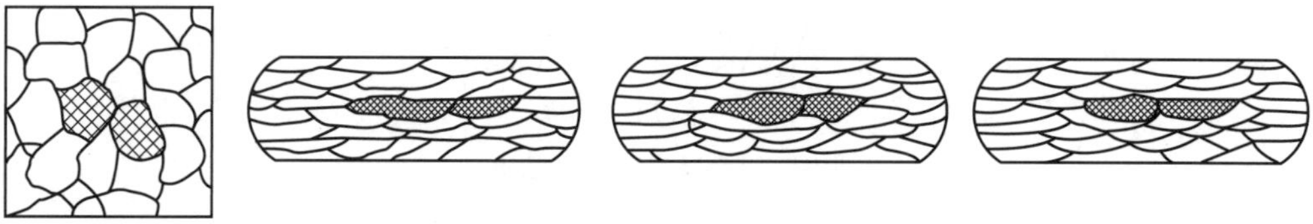

(a)变形前　(b)变形后　(c)回复　(d)再结晶

图4　晶体的塑性变形与回复再结晶

(二)回复与再结晶

金属的回复与再结晶是金属在加热过程中发生的两个重要物理过程，它们对金属的组织和性能产生显著影响。当塑性变形使畸变的金属晶格处于高势能的不稳定状态时，金属原子有恢复到晶格畸变前稳定状态的自发趋势。但是，在常温下绝大多数金属的原子扩散能力都很低，这种不稳定状态能够长期维持而不发生明显的变化。如果将变形后的金属加热(较低温度)，增强其原子扩散能力，原子就能比较容易地恢复到规则化的排列，从而使晶格畸变大大减轻[图4(c)]，使冷变形强化现象得到一定的缓解，同时，冷变形引起的内应力也大大下降，这一过程称为回复。使晶格畸变基本消除的最低温度称为回复温度。在生产中常采用回复处理(又称低温退火)使已冷变形强化的金属在维持较高强度的同时，适当改善其塑性和韧性，并基本消除内应力。例如，将冷拔钢丝卷成弹簧后，采用250~300℃的低温退火，可保持其高弹性；将精密机器零件低温退火，可保持其尺寸稳定性。

如将变形金属加热到更高温度，使原子具有更强的扩散能力，就能以滑移面上的破碎晶粒或其他质点为晶核，成长出与变形前晶格结构相同的新的等轴晶粒，这个过程称为再结晶[图4(d)]。在特定保温时间内能够完成再结晶过程的最低温度称为再结晶温度。再结晶可以完全消除塑性变形所引起的硬化现象，并使晶粒得到细化，力学性能甚至比塑性变形前更好。

在生产中常在多个冷变形工序之间安排中间退火，以消除冷变形强化现象，使变形易于继续进行，这种中间退火即为再结晶退火。根据变形温度和变形后的组织不同，通常把在再结晶温度以下进行的变形称为冷变形，在再结晶温度以上进行的变形称为热变形。冷变形的金属表现出加工硬化现象，热变形金属的加工硬化现象随即被再结晶所消除。

（三）回复与再结晶后的组织与性能变化

冷变形的金属材料经回复退火工艺后，显微组织几乎看不出明显变化，晶粒仍保持伸长的纤维状。力学性能方面，金属的强度、硬度稍有降低，塑性、韧性略有提高。内应力大部分消除，抗腐蚀能力也基本恢复至变形前的水平。电阻率显著降低，密度增大，这些变化主要是由于点缺陷和位错的减少。因此，回复退火工艺的主要目的是保留加工硬化效果，消除内应力，稳定工件尺寸，防止工件变形。

冷变形的金属材料经再结晶退火工艺后，从微观上看晶粒变化，其由破碎的晶粒变成完整的晶粒，由拉长的纤维状晶粒转变成等轴晶粒。这种变化经历了两个阶段，即先在畸变晶粒边界上形成无畸变晶核，然后无畸变晶核长大，直到全部转化为无畸变的等轴晶粒。金属的强度和硬度进一步降低，塑性和韧性显著提高。加工硬化现象逐渐消失，金属的性能重新恢复至冷塑性变形之前的状态。这主要是因为晶粒经过重新成长，组织回到了原始状态，这个过程中组织结构主导了力学性能的变化。另外，由于变形产生的内应力也完全消除，无应力集中。

（四）影响再结晶后晶粒大小的因素

根据霍尔佩奇公式，晶粒尺寸较大程度地影响着材料的性能，因此在进行再结晶退火工艺时需要考虑退火后的晶粒生长。变形程度、退火温度、保温时间和原始晶粒大小均是影响再结晶后晶粒生长的主要因素，其中变形程度的影响最大。在其他条件相同的情况下，变形程度越大，则晶粒越细。变形程度与再结晶后晶粒大小的关系如图 5 所示。

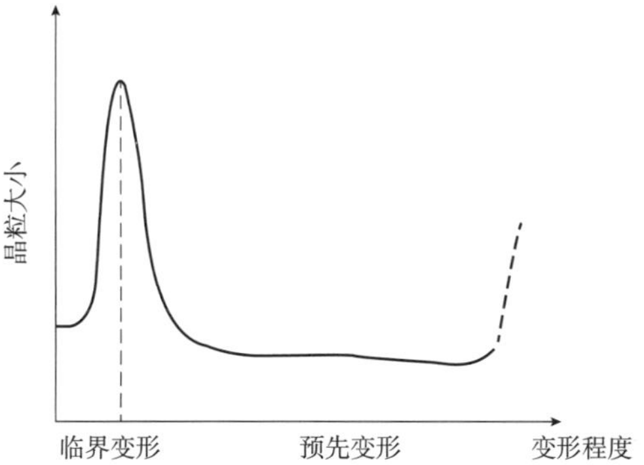

图 5　变形程度与再结晶后晶粒大小的关系

由图 5 可知，当变形程度很小时，晶粒大小没有多大变化。但当变形程度增加到一定数值（一般为 2% ~ 10%）时晶粒尺寸达到最大值，此变形程度值称为临界变形度。在临界变形度进行冷变形时，形核率较小而晶核长大速率相对较大，导致晶粒粗化。临界变形度因金属材料的不同而异，铁的临界变形度为 5% ~ 6%，钢为 5% ~ 10%，铜及黄铜约为 5%，铝为 1% ~ 3%。随着变形程度的增加，晶粒度下降并到达一定稳定值附近，此时有一定的晶粒细化效果。这是因为变形量的增大导致储存能增加，再结晶的驱动力增大，同时形核率也增大，使得再结晶后的晶粒更加细小。但当变形量太大时，在曲线上又出现第二个高峰，一般认为这是由变形织构造成的。

另外，影响晶粒生长的其他因素有：退火加热温度越高，保温时间越长，晶粒就越粗大，加热温度越高，影响越明显；原始晶粒越细，则再结晶后的晶粒越细，这是因为细晶粒的晶界多，再结晶时形核的地方也多。

本节实验为综合实验，包含对金属材料塑性变形以及回复再结晶知识体系的认识。实验可分为两部分进行，第一部分探究金属的塑性变形对材料的组织与性能影响，第二部分探究金属在不同变形度后对再结晶晶粒度的影响。实验涉及知识点较多，内容丰富，实验现象明显，可以充分调动学生对材料学科的研究兴趣。

三、实验设备及材料

本节实验主要设备及材料如下。

(1)实验设备：万能试验机、箱式电阻炉、金相显微镜、硬度计、电阻率测试仪、游标卡尺、划线笔、镊子、丁腈手套等。

(2)实验材料：冷塑性变形前后及再结晶退火后的纯铜试样若干、20mm × 150mm 纯铝带若干、凯乐试剂等。

四、实验内容及步骤

(1)纯铜试样的塑性变形与回复再结晶对组织与性能影响。

1)用金相显微镜观察纯铜试样冷塑性变形前、后及再结晶退火后组织的变化情况，并画出示意图。

2)使用硬度计、电阻率测试仪测量纯铜试样冷塑性变形前、后及再结晶退火后的硬度、电阻率变化情况，并记录数据。

(2)测定纯铝片经不同变形度变形后在相同退火温度下再结晶晶粒的大小，具体操作步骤如下：

1)用划线笔、游标卡尺按图 6 的尺寸在纯铝片上划线。

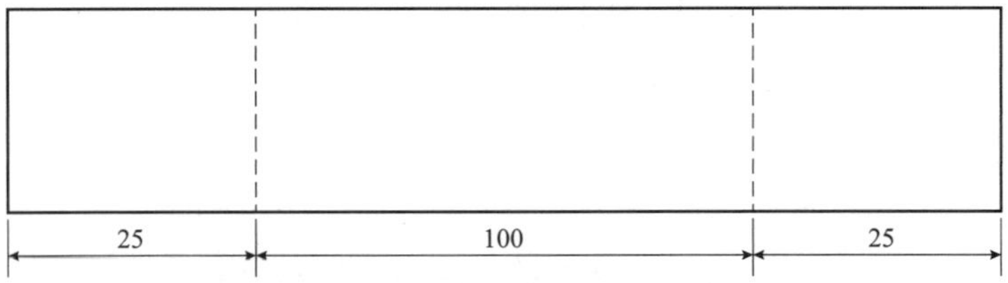

图 6　纯铝片试样划线示意

2)将铝片夹于万能试验机，两端预留的 25mm 部分压紧在压头下，使用万能试验机对金属试样进行拉伸实验，使其发生塑性变形。

3)设定铝片拉伸变形到指定的变形度(指定的变形度分别为 0、1%、2%、3%、4%、5%、7%、8%、10%、12%、14%)。如预定变形度为 ε，试样拉伸后计算长度则为 $L =$

50(1 + ε)mm。实际操作时，将拉伸机的拉伸速率设低，准确卡好变形长度，应注意尽量使变形度准确，尤其是变形度较小的试样(ε = 1% ~ 5%)。

4)在铝片试样预留部分做好编号，然后将其放入炉温为580℃的箱式电炉中保温40min后取出空冷，即再结晶退火。

5)戴好丁腈手套，用镊子夹紧再结晶后的纯铝片。将凯乐试剂($HF : HNO_3 : HCl : H_2O$ = 15 : 15 : 45 : 25)用塑料滴管滴到铝片表面进行侵蚀(一般不超过20s)，经腐蚀反应，铝片表面会清晰地显现出晶粒，最后快速地用清水将材料冲洗干净。

6)晶粒度尺寸估算。在已显示出晶粒的纯铝片上画一个边长为1cm的正方形线框，数出其中的晶粒数，得到一个单位面积内的晶粒数。当晶粒大小差别较大时，则可多画几个正方形线框，数出其中的晶粒数，取其平均值。若晶粒粗大，也可画大一些的线框，如1cm×2cm或2cm×2cm等，数出其中的晶粒数，然后除以线框的面积，也可得到一个单位面积内的晶粒数。需要指出的是，位于线框边缘仅部分处在线框内的晶粒，可以根据实际情况将几个不完整的晶粒合计为一个晶粒计入。最后，取一个单位面积内晶粒数的倒数即为单个晶粒的面积值。注意数据记录，将两项数据均填入表1中。

表1　纯铝片变形程度与再结晶后晶粒大小关系实验数据

变形程度/%	0	1	2	3	4	5	7	8	10	12	14
晶粒数/个											
晶粒面积/cm^2											

7)以变形程度为横坐标、晶粒大小为纵坐标建立直角坐标系，以实验数据为坐标点进行连线，即得到变形程度与再结晶后晶粒大小的关系曲线。

注意事项：

(1)铝片在进行拉伸前，应进行退火处理以消除出厂状态的影响。

(2)在进行热处理实验时，注意防止高温烫伤。

(3)在对铝片进行腐蚀时，应在通风处进行，避免吸入腐蚀烟气。

五、思考与分析

金属材料的塑性变形与回复再结晶等特性对材料应用有着重要的意义，它们通过改变金属的组织和性能，为后续的加工和使用提供了良好的基础。根据本节实验内容，请回答：

(1)绘制纯铜试样冷塑性变形前、后及再结晶退火后组织变化的示意图。

(2)列出纯铜试样冷塑性变形前、后及再结晶退火后的硬度、电阻率变化情况表。

(3)列出实验数据表，绘制变形程度与再结晶后晶粒大小的关系曲线。

(4)试举例说明加工硬化现象在工业生产中的应用。

第六节　太阳能电池的户外伏安特性曲线测试实验

一、实验目的

(1)了解太阳能电池的工作原理。

(2)掌握太阳能电池的户外伏安特性曲线测试方法。

二、实验原理

太阳能电池工作的核心原理是光伏效应。当太阳光照射到半导体材料(如硅)上时，光子被材料吸收并激发出电子－空穴对。在太阳能电池内部，由于P－N结的存在，这些电子和空穴在内建电场的作用下被分离并分别向P－N结的两侧移动，从而在外部电路中形成电流，这一过程将太阳光的能量直接转化为电能，如图1所示。

具体来说，当入射光能量大于导体材料的禁带宽度时，光子在表面一定深度的范围内被吸收，并在结区及其附近的空间激发电子－空穴对。此时，空间电荷区内的光生电子和空穴分离，P－N结附近扩散长度范围内的光生载流子扩散到空间电荷区。P区的电子在电场作用下漂移到N区，N区的空穴漂移到P区，产生光生电流。光生载流子的漂移并堆积形成与结电场方向相反的电场及正向结电流。当光生电流和正向结电流相等时，P－N结建立稳定的电势差，即光生电压。

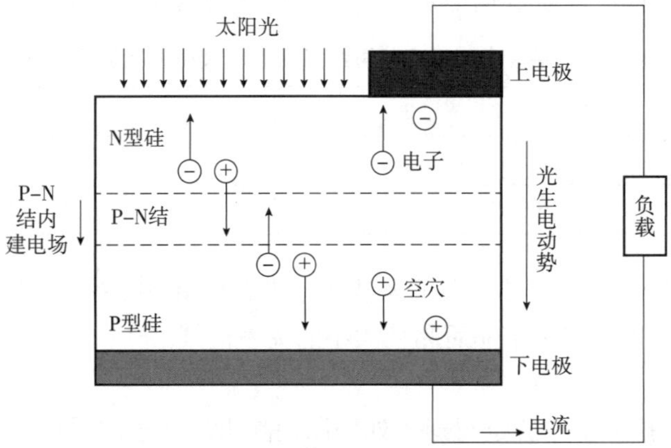

图1　太阳能电池工作原理示意

伏安特性曲线是描述太阳能电池随负载变化，电压与电流变化情况的曲线，又称为负载特性曲线。该曲线的横坐标代表太阳能电池的输出电压(V)，纵坐标代表对应的输出电流(I)。通过测量并绘制这一曲线，可以直观地了解太阳能电池的电学性能。测试方法为构造等效电路，将太阳能电池与可变电阻器接通到回路，可变电阻作为负载不断改变从而测量连续变化的电流、电压值，即可得到太阳能电池电流电压特性曲线，如图2所示。根据伏安特性曲线的数据，可以计算出太阳能电池性能的重要参数，包括开路电压、短路电流、最大输出功率、填充因子等。

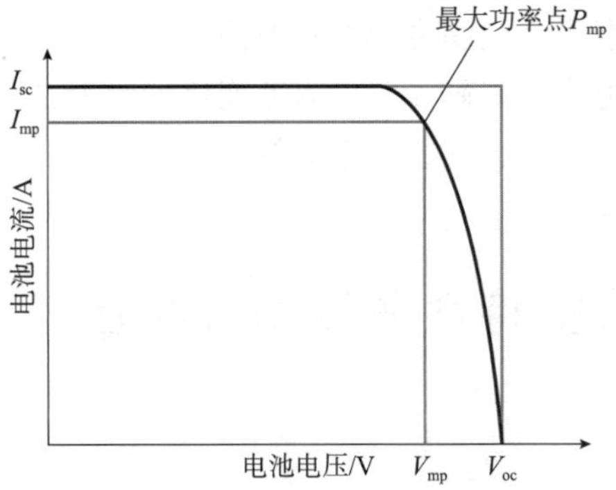

图2　太阳能电池 $I-V$ 曲线特性

开路电压 V_{oc}：当太阳能电池不接负载时，即电路处于开路状态，电池两端的电压达到最大值，称为开路电压。开路电压是太阳能电池所能输出的最高电压，也是伏安特性曲线在纵坐标上的截距。也就是伏安曲线中 $I=0$ 时，太阳能电池所输出的电压值。

短路电流 I_{sc}：当太阳能电池两端短路时，即电路中的负载电阻为零，通过电池的电流达到最大值，称为短路电流。短路电流是太阳能电池在最大光照条件下能够提供的最大电流，也是伏安特性曲线在横坐标为零处的纵坐标值。即在标准条件下，当 $V=0$ 时，太阳能电池由光电流所提供的电流值。

最大输出功率 P_{mp}：在特性曲线上，当负载变化到某一工作点，使得该工作点的电压值与电流值的乘积最大时，这个乘积就是太阳能电池的最大输出功率。此时的输出电压和电流分别称为最佳输出电压和最佳输出电流，用 V_{mp} 和 I_{mp} 表示。最大功率点则是评价太阳能电池性能优劣的重要指标之一。

填充因子 FF：填充因子是太阳能电池的一个重要参数，为最大输出功率与开路电压和短路电流乘积之比。即矩形 $I_{mp}V_{mp}$ 与矩形 $I_{sc}V_{oc}$ 的面积比作为填充因子，表示为：

$$FF=\frac{I_{mp}V_{mp}}{I_{sc}V_{oc}}$$

在理想情况下 FF 的值为 1，实际生产的太阳能电池 FF 恒小于 1，填充因子是评价太阳能电池性能优劣的重要指标之一，它直接反映了电池的转换效率。

图 3 所示为本节实验的测试电路，S 为太阳能在受光照时符号，R 为可变电阻。

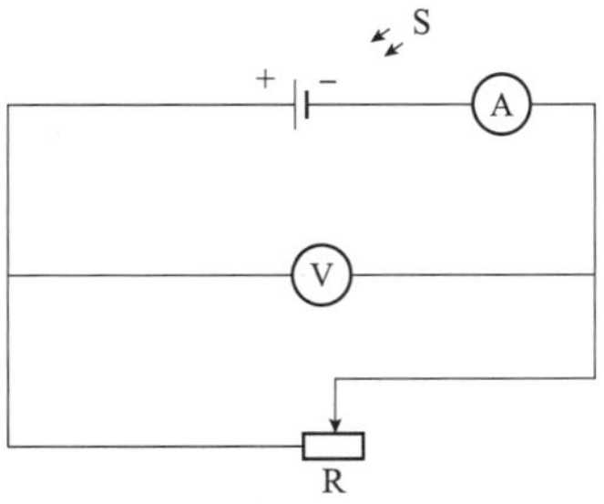

图 3　实验测试电路

三、实验设备

实验设备：太阳能电池板、可变电阻箱(阻值 0 ~ 9999.9Ω)、万用表、导线若干。

图 4 所示为万用表，现介绍本节实验中涉及的万用表操作说明。

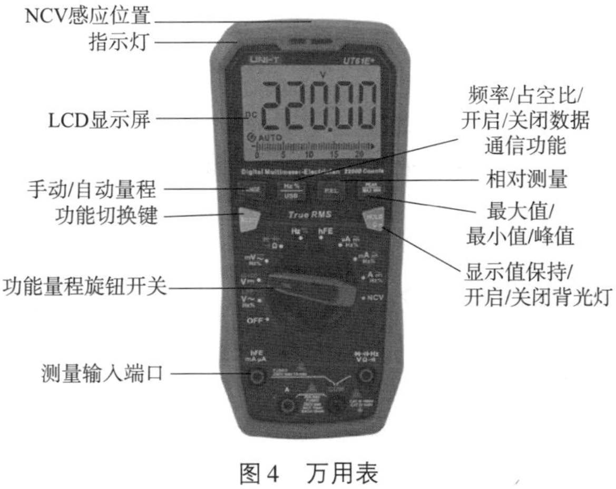

图 4　万用表

(一)直流电压测量

(1)将黑色笔插入 COM 插孔，红色笔插入“V”插孔。

(2)将功能开关置于“V = 量程”，并将测试表笔接到待测线路上，读出电压示数。

(二)直流电流测量

(1)将黑表笔插入 COM 插孔，当测量最大值为 200mA 以下的电流时，红表笔插入“mA”插孔。当测量最大值为 20A 的电流时，红表笔插入“A”插孔。

(2)将功能开关置于“A = 量程”，并将测试表笔串联接入待测回路里，读出电流值。

四、实验内容与步骤

本节实验主要内容为测量太阳能电池板的户外性能，得到太阳能电池的伏安特性曲线。将实验设备按图 3 电路连接，安装实验测试电路。以下为详细实验步骤：

(1)选择晴朗的天气进行测试，确保太阳能电池板能够接收到稳定且足够的光照，实验前对太阳能电池板表面进行清洁。

(2)用导线连接太阳能电池、电池电阻箱、万用表，构造实验测试电路，确保太阳能电池上方无遮挡。

(3)在接通太阳能电池前，将电阻箱的阻值调至最大，测量开路电压。

(4)通过改变可变负载的阻值，记录不同负载下太阳能电池的输出电压和电流值。从开路状态开始逐渐减小负载直至短路状态。

(5)记录实验数据，得到 $I-V$ 曲线。

(6)计算相关实验参数。

五、注意事项

(1)测试过程中应注意控制太阳能电池板的温度，温度会影响其电学性能。

(2)确保测试期间光照条件稳定且足够强，以减少测量误差。

(3)在户外测试时应注意防晒、防雨和防电击等安全措施。

六、思考与分析

根据本节实验内容，请回答：

(1)将记录的电流、电压变化值做成 $I-V$ 曲线，并得到开路电压 V_{oc}、短路电流 I_{sc}。

(2)计算最大输出功率 P_{mp} 及其对应的最佳输出电压 V_{mp} 和最佳输出电流 I_{mp}。

(3)计算填充因子 FF 等值，评估太阳能电池的转换效率。

第七节　金属腐蚀的电化学测试

一、实验目的及要求

(1)了解金属电化学腐蚀的原理。

(2)掌握金属腐蚀电位与极化曲线的测试方法。

二、实验原理

金属腐蚀按腐蚀机理可分为化学腐蚀和电化学腐蚀两类。电化学腐蚀是指金属表面与电解质溶液发生电化学反应而引起的破坏。其特点是反应过程中金属构成电极，整个系统有阳极失去电子和阴极获得电子及电子流动的产生。电化学腐蚀服从电化学动力学的基本规律。

当金属浸入电解质溶液时，由于水分子极性的静电作用，或由于金属电子的吸附作用。在两相界面的两侧将形成由电子层与正离子层组成的双电层。由于双电层的存在而产生的电位差称为金属—溶液体系的电极电位。不同的金属在不同的溶液体系中有不同的电极电位。

至今还没有可靠的方法可以测定金属电极电位的绝对值，但可以求其相对值。通常是指定某一电位稳定的电极为基准电极，也叫参比电极或参考电极，人为规定其电位值；再把它与被研究电极组成原电池；测定出原电池的电动势，则被研究电极的电极电位就被测出。通常采用的参比电极是标准氢电极，但在实际工作中常常采用更方便、更结实的参比电极，如甘汞电极，银－氯化银电极等。

实际上，金属大多是含有杂质的或者以合金的形态存在。因此，金属浸入电解质溶液后，其界面不是存在单一电极而是存在着几个电极，测得的电位是其混合值，金属与电解质溶液接触一定时间后，达到的稳定电位值称为该金属在该电解质溶液中的腐蚀电位或称自然腐蚀电位、混合电位。也就是说，腐蚀电位是在没有外加电流的情况下，金属在电解质溶液中达到一个稳定腐蚀状态时所测得的电位。在实验时，为了确定腐蚀电位，需要在开路电位的基础上施加微小的电位扰动。这个扰动会打破原有的电化学平衡状态，导致阳极反应和阴极反应的速率发生变化。通过观察电流响应的变化，可以判断何时达到新的平衡状态，即腐蚀电位。

腐蚀电位决定于金属材料的成分，金相组织结构，表面状态以及电解质溶液的成分，浓度，温度和 pH 值等。腐蚀电位的大小与金属腐蚀速度之间没有简单的对应关系，但其可以大致指出金属的耐腐蚀性。腐蚀电位越负，金属被介质腐蚀的趋势越大；反之，腐蚀电位越正，金属在该介质中越稳定，受腐蚀倾向越小。特别是腐蚀电位随时间变化的 $E_k - t$ 曲线常常能说明金属表面保护膜的形成过程和稳定性，以及腐蚀速度是否恒定，是否出现局部腐蚀等。所以，测定腐蚀电位及 $E_k - t$ 曲线对于研究腐蚀机理和控制过程有很大意义。

金属腐蚀电位越负，腐蚀倾向越大，但腐蚀的可能性大，并不等于腐蚀速度大，因为腐蚀速度的大小除与金属腐蚀电位有关外，还与金属极化现象有关。处于热力学平衡状态的电极体系(可逆电极)，电极上无电流通过，即外电流等于零。此时电极电位为平衡电位。当电极上有电流通过时，则有净反应发生，表明电极失去了平衡状态。此时电极电位因此而偏离平衡电位。这种有电流通过时电极电位偏离平衡电位的现象叫作电极的极化。实验表明，发生电极极化时，阴极的电极电位总是变得比平衡电位更负(向负方向移动)，阳极的电极电位总是变得比平衡电位更正(向正方向移动)。

外加电流可加剧原电池的极化，给某一金属电极通以阳极电流，则该金属电极的电流强度 I 与其相对应的电极电位 E 之间的变化关系曲线—— $I - E$ 曲线，或表示为 $\log I - E$ 曲线，叫极化曲线，如图 1 所示。根据极化时金属电极电位与电流强度的关系，可以把极化曲线分为三个区域：微极化区、弱极化区、强极化区。在微极化区，施加的是微量级极化电流，ΔE 很小时(约 ±10mv)，$I - E$ 极化曲线呈线性关系，故此区又称线性极化区，直线的斜率称为极化电阻 R_P。

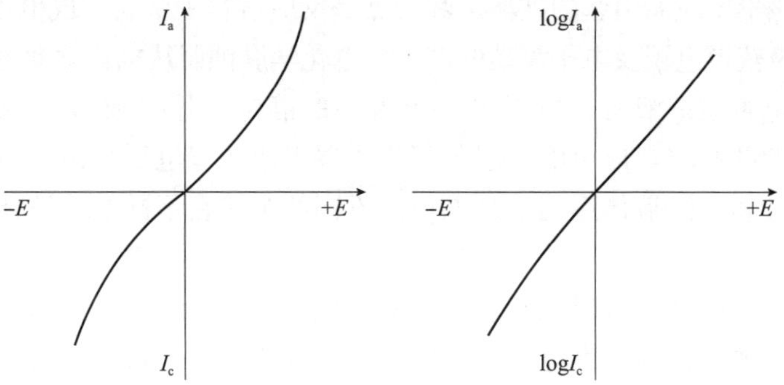

图1　$I-E$ 曲线与 $\log I-E$ 曲线

$$R_P = \frac{\Delta E}{\Delta I}$$

$$I_K = \frac{b_a \times b_c}{20303(b_a + b_c)} \times \frac{1}{R_P}$$

式中，b_a、b_c分别为阳极和阴极过程的 Tafel 常数。

此式为线性极化方程式，也称 Stern - gcazy 方程式，它表明金属的腐蚀速度与其极化阻力成反比，通过比较 R_P可以定性地判断腐蚀体系的耐腐蚀性能。R_P越大，耐腐蚀性越强，腐蚀速度越慢。

强极化区也称塔菲尔（Tafel）区，此强极化区外加极化电势 ΔE 较大（$\Delta E > \frac{100}{n}mv$），$E_K$—$\log I$ 呈直线关系，可用强极化曲线相交法测定腐蚀速度和 Tafel 常数，如图 2 所示。

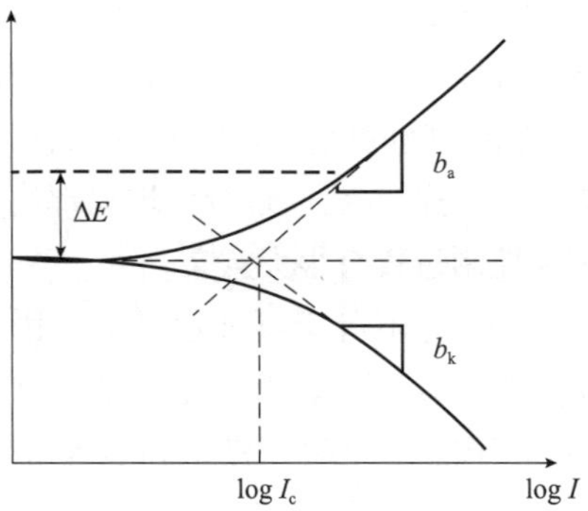

图2　塔菲尔曲线

强极化区阴、阳极极化曲线的直线斜率即 b_a和 b_k，两直线延长线相交点坐标为（E_K，$\log I_c$）。通过比较 I_c值大小，可定性判断腐蚀体系的大小，I_K越大，则该体系腐蚀速度越高，耐腐蚀性越差，强极化测试法是一种经典的腐蚀速度测试法，较为简单。但因其测试时间长，对被测试金属表面状态影响大，测试精度较差。

微极化区由于 ΔE 小，相应的 ΔI 也小，因此测试条件苛刻，对测试仪器的要求高。强极化区外加 ΔE 较大，会破坏电极表面状态，故极化值介于两者之间的弱极化区的测试技术发展很快。其测试结果未对金属腐蚀动力学方程式做任何近似处理，极化电位范围也较为适中。因此，理论上说该区测试所得的腐蚀速度接近于实际腐蚀情况。

测出外加电流的金属腐蚀极化曲线，再对其进行分析、比较，将有助于了解金属腐蚀规律和机理，计算腐蚀速度，了解金属表面有无钝化现象，以及探讨腐蚀控制的途径等。因此，极化曲线是研究金属腐蚀与防护的重要工具。

综上所述，金属腐蚀电位测试实验的原理基于电化学腐蚀的基本原理和极化曲线的分析。通过测量开路电位、施加电位扰动并观察电流响应的变化，可以确定金属的腐蚀电位，并进一步估算其腐蚀速率，因此电化学法可以有效地研究金属电化学腐蚀规律，得到金属电化学腐蚀机理。

三、实验设备及材料

本节实验主要内容设备及材料如下。

(1)实验设备：电化学工作站、计算机、三电极系统(研究电极、试样参比电极：甘汞、辅助电极、铂电极)、五口瓶、玻璃盐桥等。

(2)实验材料：碳钢电化学试样、不锈钢电化学试样、砂纸、电解质溶液、氯化钾等。

四、实验内容与步骤

本节实验主要为利用电化学工作站，测量金属电极的腐蚀电位与极化曲线，并根据得到的实验数据判断金属腐蚀速度。具体实验步骤如下：

(一)准备工作

(1)用砂纸对测试试样的表面打磨除锈，露出新鲜金属表面。

(2)用氯化钾及蒸馏水配置过饱和的氯化钾溶液，倒入玻璃盐桥管中，制作盐桥。

(3)将参比电极插入玻璃盐桥管中。

(4)向五口瓶中倒入电解质溶液 800mL。

(5)按图 3 所示将参比电极、辅助电极和工作电极放于五口瓶腐蚀池内，用电化学工作站传输线对应的导线夹子夹住参比电极、辅助电极和工作电极，传输线的黄/绿双线接工作电极，红线接辅助电极，蓝线接参比电极。接好后，调整盐桥使盐桥底端面对准工作电极的腐蚀面，并使距离为 1 ~ 5mm。

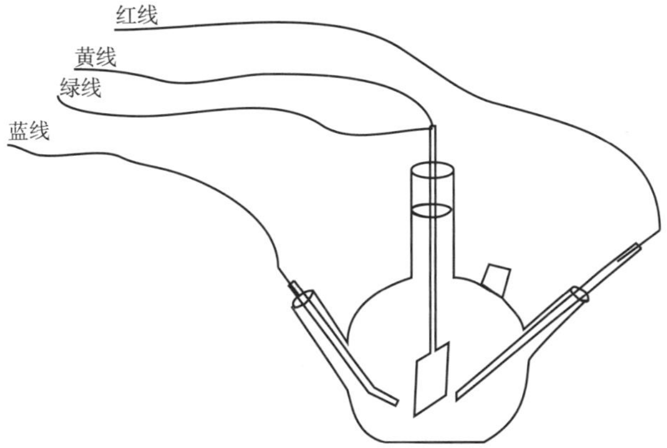

图 3　电化学实验五口瓶接线

(二)启动电化学工作站

(1)安装好测试系统的连线后，打开电化学工作站的电源开关，观察电化学工作站数显面板上的开路电位，若其数值显示正常，则可用计算机进行数据的采集。

(2)打开电化学测试软件，使用自腐蚀电位(或开路电位)测试功能，设定采集时间 30min 与文件名称。启动软件，软件则自动采集数据，采集完后实验自动停止。

(3)重新灌装自来水至五口瓶中，并打磨金属电极试样表面，重新连接工作电极接线。

(4)打开电化学测试软件，使用极化曲线测试功能，设定实验参数如扫描速率、电位范围、参考电位等与文件名称。启动软件，软件则自动采集数据，采集完后实验自动停止，并绘制图线。

注意事项：

(1)请勿将盐桥中的饱和氯化钾溶液灌太满，防止参比电极插入时溶液外漏至腐蚀池内影响实验结果。

(2)观察各个电极表面，如有腐蚀情况，应用砂纸磨掉。

五、思考与分析

根据本节实验内容，请回答：

(1)请说明本实验中的各电极在体系中的作用以及自腐蚀电位的意义。

(2)绘制碳钢和不锈钢在溶液水中的 E_k-t 曲线，$I-E$ 曲线，得出每种材料的自腐蚀电位与腐蚀速率。

第八节　材料反射率的测试与分析实验

一、实验目的

(1)理解材料的反射率与光折射率、消光系数的关系，掌握用反射率估算材料光折射率的原理和方法。

(2)理解减反射的原理和方法。

(3)掌握用紫外－可见光分光光度计积分球附件测试材料漫反射率的方法。

二、实验原理

光通过固体材料时，当光的频率与固体中电子(或原子)的振动频率发生共振时，就会发生光的吸收。研究固体中的光吸收，可以揭示光子与固体中的电子、原子相互作用的光学过程，进而直接获得有关电子的能带结构、杂质缺陷和原子振动等多方面的信息。

分光光度计的工作原理主要是基于朗伯－比尔定律，此定律的物理意义是：当一束平行的单色光通过某一均匀的有色溶液时，溶液的吸光度与溶液的浓度和光程的乘积成正比，这是光度分析中定量分析的依据，也是光度计的基本原理。它的公式表述如下，可对紫外区、可见区、近红外区等的样品进行定性和定量分析。

$$A=\log I_0/I=kbc$$

式中，A 为待测物质溶液的吸光度；I_0 为入射单色光强度，cd；I 为透射光强度，cd；k 为溶液的吸光系数；b 为液体的厚度，cm；c 为待测物质溶液的浓度，mol/L。

(一)固体光吸收定律

如图 1 所示，当光从一种介质射向另一种介质的交界面时，一部分光返回到原来介质中，称为光反射，其中，反射光强 I_R 与入射光强 I_0 的比值称为反射率，一般用 R 表示。另一部分则透过介质，透射光强与入射光强 I_0 的比值称为透过率，一般用 T 表示。在介质中如果不存在吸收和散射，$R+T=1$。除了光的反射与透射，光在介质中传播具有衰减现象，即产生光的吸收。

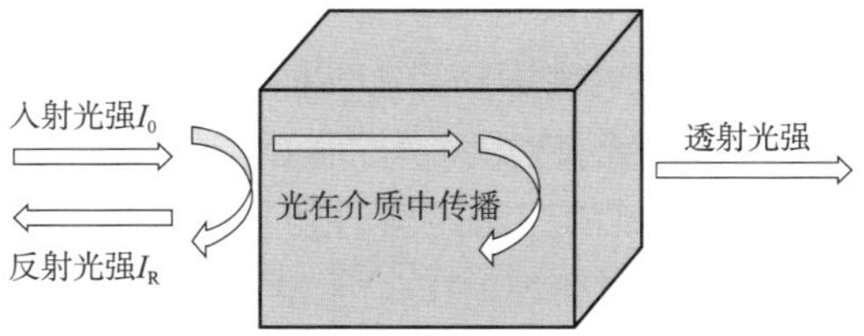

图 1　光在介质中的反射、传播和透过

（二）表面结构化与材料的光反射

有效的表面结构可以使得入射光在材料表面多次反射和折射，增加光吸收率，从而降低光反射率，如图 2 所示。

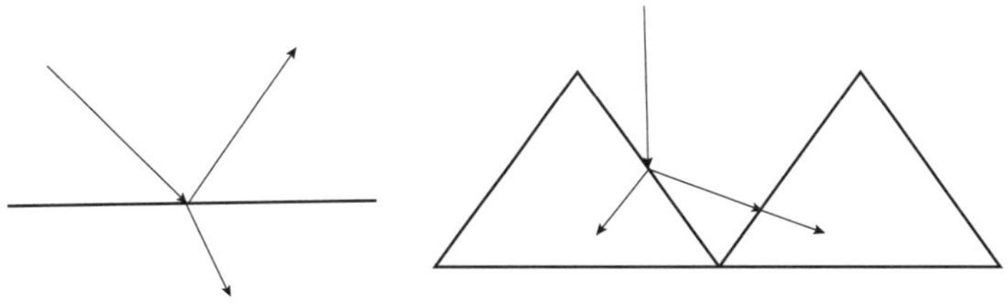

(a)光在光滑表面的反射、折射　　(b)光在不光滑表面的多次反射、折射

图 2　光在光滑与不光滑表面的反射和折射

（三）表面镀膜处理与材料的光反射

不同材料具有不同的反射率，光照射到物体表面一般都会被反射，当光从媒质 1 垂直入射媒质 2 时，两种媒质的界面对光的反射率由下式决定

$$R=\frac{(n_2-n_1)^2+(k_2-k_1)^2}{(n_2+n_1)^2+(k_2+k_1)^2}$$

式中，n_1 和 n_2 分别是媒质 1 和媒质 2 的折射率；k_1 和 k_2 分别是媒质 1 和媒质 2 的吸光系数。

当光在空气中对折射率 $N=N-ik$ 的媒质入射时，由于空气的消光系数近似为 0 而折射率近似为 1，因此，此种情况下的反射率可表示为

$$R=\frac{(n-1)^2+k^2}{(n+1)^2+k^2}$$

对于吸收性很弱的材料，其消光系数 k 很小，可以忽略。这时，反射率 $R=\dfrac{(n-1)^2}{n+1}$，其大小决定于媒质与空气的折射率之差。与空气折射率相近的媒质反射率较小，如石英玻璃对可见光的反射率只有 3% 左右。大多数半导体的折射率比空气折射率大很多，所以反射率较大。例如，Si 在可见光范围的 n 大致等于 3.4，按消光系数为零计算，其反射率接近 30%。所以，Si 太阳能电池表面一定要做减反射处理或镀覆一层折射率较低的氧化物或碳化物。

（四）积分球测材料的漫反射

当一束平行的入射光线射到粗糙的表面时，表面会把光线向着四面八方反射，入射光

线虽然互相平行，但由于各点的法线方向不一致，反射光线向不同方向无规则地反射。这种反射称为“漫反射”或“漫射”(diffuse reflection)。这种反射的光称为漫射光。很多物体，如植物、墙壁、衣服等，其表面粗看起来似乎是平滑的。但用放大镜仔细观察，就会看到其表面是凹凸不平的。平行的太阳光被这些表面反射后，弥漫地射向不同方向。积分球(integrating sphere)是具有高反射性内表面的空心球体，是用来收集处于球内或放在球外并靠近某个窗口处的试样对光的散射或发射的一种高效率器件。图 3 所示为测试样品光反射率的光路示意，图 3 中经过 M3 棱镜的光路为照射到参比样品(reference，一般用 $BaSO_4$ 粉末压片，其在可见光范围对光的反射率为 100%)上的参比光，不经过 M3 的光路为与入射参比光相同的光照射到待测样品(reflectance sample)上，通过对比待测样品和参比样品对光的反射效果，确定待测样品的光反射率。

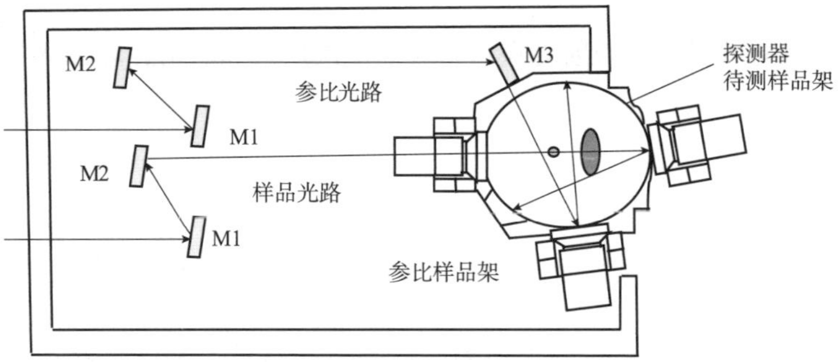

图 3　积分球测样品反射率的光路示意

降低光的反射，提高光的吸收是提高太阳能电池效率的有效途径。图 4 所示为一种典型的单晶硅 PERL 电池结构。单晶硅太阳能电池的生产工艺中含有“表面制绒”，目的是利用表面有序的结构(倒金字塔状)来降低光的反射率，且采用等离子体增强化学气相沉积(PECVD)等方法在 Si 表面制备一层特定厚度的折射率低的氧化硅或氮化硅、二氧化钛减反射层来进一步降低光的反射率。

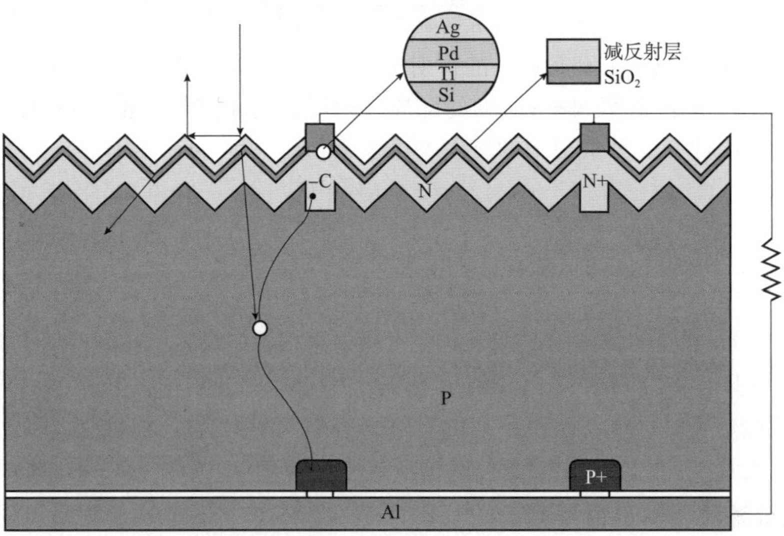

图 4　新南威尔士大学 PERL 电池结构

三、实验仪器与材料

(1)实验仪器：紫外可见分光光度计(带积分球)。

(2)实验材料：$BaSO_4$白板和黑板、普通玻璃片等。

四、实验内容与步骤

(1)打开紫外可见分光光度计，预热20min。

(2)安装积分球附件，设定实验参数。测试类型：R(%)。扫描范围：190～1100nm。扫描速度：快速。

(3)测试试样：白板、黑板和普通玻璃的吸光度 *A* 和透光度 *T*，填入表1～表3中。

(4)波长设置：紫外区190～390nm，可见光区390～780nm，近红外区780～1100nm。

表1　黑板在各个光区的吸光度和透光度

黑板	
吸光度 *A*	透光度 *T*

表2　白板在各个光区的吸光度和透光度

白板	
吸光度 *A*	透光度 *T*

表3　普通玻璃在各个光区的吸光度和透光度

玻璃	
吸光度 *A*	透光度 *T*

五、注意事项

(1)严禁用手直接摸硫酸钡薄膜的表面，不能用湿布擦拭硫酸钡表面，手上的油脂附在薄膜表面不易擦去，且影响实验结果，可用专用毛刷清除硫酸钡表面的杂质。

(2)实验测试结果会受到实验室杂散光的影响，使用中尽量保持较暗的测试环境。

(3)如果实验室电压波动较大，请加稳压电源后使用本仪器。

六、实验报告内容

(1)阐述吸光度、透光度的测试原理。

(2)阐述吸光度、透光度与反射率的关系，并根据定点测试的吸光度、透光度计算反射率。

(3)完成表1～表3。

七、思考与分析

太阳能材料表面的反射率对太阳能的转化效率有何影响？如何减小太阳能材料的反射率？

第三章　新能源材料创新实验

第一节　锂离子电池制备综合创新实验

一、实验目的

(1)了解锂离子电池工作的实验原理。

(2)掌握锂离子电池正负电极制备的基本方法。

(3)掌握锂离子电池的组装工艺。

(4)学会锂离子电池一般性能的测试方法。

二、实验原理

锂离子电池主要由正极、负极、电解液和隔膜等几个部分组成。锂离子电池的工作原理主要基于锂离子在正极和负极之间的嵌入和脱嵌过程。这是一个高度可逆的氧化还原反应系统，通过这个过程实现了电能和化学能之间的相互转换。在充电过程中，锂离子从正极材料(如钴酸锂 $LiCoO_2$)中脱出，同时正极材料失去电子，电子通过外部电路从正极流向负极，以维持电荷平衡。脱出的锂离子通过电解液进行迁移，并穿过隔膜。而后锂离子嵌入负极材料(如石墨)的层间，到达负极的电子与嵌入负极的锂离子结合，形成相对稳定的嵌锂石墨结构。此时，负极处于富锂状态，正极处于贫锂状态。在放电过程中，锂离子从负极材料中脱出，再次通过锂离子电解液迁移，并穿过隔膜回到正极。锂离子重新嵌入正极材料中，同时，电子通过外部电路从负极流向正极，形成电流供外部设备使用。此时，正极处于富锂状态，负极处于贫锂状态。整个过程以钴酸锂为正极、石墨为负极的锂离子电池为例，其充放电过程的总反应方程式可以表示为：

充电时：

$$LiCoO_2 \longrightarrow Li_{1-x}CoO_2 + xLi^+ + xe^- \quad (正极)$$

$$6C + xLi^+ + xe^- \longrightarrow Li_xC_6 \quad (负极)$$

放电时：

$$Li_{1-x}CoO_2 + xLi^+ + xe^- \longrightarrow LiCoO_2 \quad (正极)$$

$$Li_xC_6 \longrightarrow 6C + xLi^+ + xe^- \quad (负极)$$

锂离子电池的工作原理可以形象地称为“摇椅电池”，因为锂离子在充放电过程中在正负极之间往返嵌入和脱嵌。

目前商用的锂离子电池正极材料主要是磷酸铁锂、钴酸锂、锰酸锂和三元材料等；负极商用材料多为碳材料组成，如中间相碳微球、石墨等；隔膜采用具有微细孔的有机高分子隔膜，以聚烯烃类隔膜为主；电解液由有机溶剂和导电盐组成，有机溶剂采用碳酸乙烯酯、碳酸二甲酯等，导电盐多采用六氟磷酸锂（$LiPF_6$）、四氟硼酸锂（$LiBF_4$）等。正极的集流体为铝箔，负极的集流体为铜箔。以上材料组成了电池的基本结构，锂离子电池示意如图 1 所示。图 1(a) 为圆柱电池，图 1(b) 为软包电池，从原理上看，它们的结构基本一致。

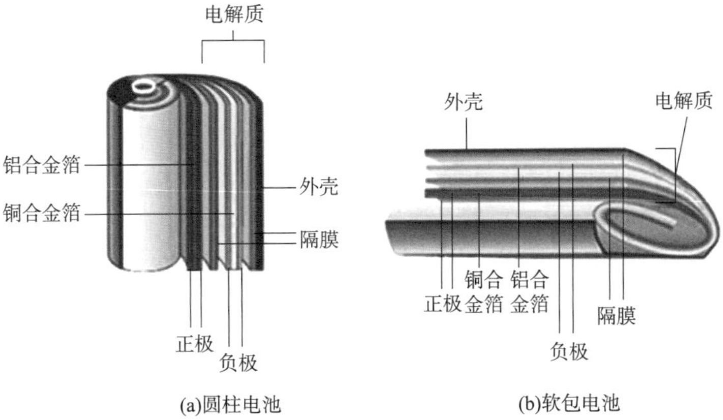

图 1　二次锂离子电池结构示意

由于锂离子电池具有输出电压高、能量密度高、循环寿命长、自放电率较低、工作温度范围宽等优点，其作为一种重要的能源存储设备，在现代社会中发挥着重要作用。广泛用于电动汽车、消费电子产品、能源储存、航空航天、医疗等领域。但锂离子电池也存在着安全性问题，以及低温性能差、成本高等制约发展因素，仍需要研究人员进行不断探索与发展。

本节实验属于综合创新型实验，包括锂离子电池正负电极制作、锂离子电池的组装、锂离子电池的性能与评价等多个实验。内容涉及锂离子电池材料制备、锂离子电池相关实验设备的使用等知识点。通过本课程的训练，学生能够掌握锂离子电池的材料与制作工艺对锂离子电池性能的影响，深入理解新能源材料和器件的关系。

三、实验内容

(一) 锂离子电池正负极的制备

锂离子电池电极材料在电池性能中起着至关重要的作用，它们直接决定了电池的能量密度、功率密度、循环性能以及安全性能。常见的正极材料包括层状钴酸锂（$LiCoO_2$）、三元层状氧化物 $LiNi_xCo_yMn_{1-x-y}O_{2y}$（NCM 镍钴锰三元材料）、$LiNi_xCo_yAl_{1-x-y}O_{2y}$（NCA 镍钴铝三元材料）、橄榄石型磷酸铁锂（$LiFePO_4$）和尖晶石型 $LiMn_2O_4$ 等。这些材料各有优缺点，例如钴酸锂具有高能量密度和良好的导电性，但成本较高且循环性能一般；磷酸铁锂则具有低成本、高安全性和良好的循环性能，但能量密度相对较低；三元层状氧化物材料结合了几种结构的优点，且减少了有毒且昂贵的钴元素的使用，目前被大多数车用动力电池厂商所采用。

目前商业化程度最高的锂离子电池负极材料是石墨类材料，包括天然石墨和人造石墨。石墨具有层状结构，层间可嵌入锂离子形成锂－石墨层间化合物(Li－GIC)，具有良好的导电性和稳定的充放电平台。此外，硅基负极材料因其极高的理论比容量而受到广泛关注，但存在体积膨胀大、循环稳定性差等问题，尚未大规模商业化应用。以上材料均可成为锂离子电池的活性材料，但要制备出锂离子电池，还需要导电剂、黏结剂以及溶剂作为辅料进行混合。常用的导电剂为导电炭黑，正极黏结剂一般用高温氟碳酸酯(PVDF)，负极黏结剂一般用羧甲基纤维素钠(CMC)。正极溶剂一般选用 N－甲基吡咯烷酮(NMP)，负极用去离子水。

1. 实验设备和材料

(1)实验设备：玛瑙研钵、真空烘箱、刮刀、玻璃板、分析天平、巴氏吸管等。

(2)实验材料：钴酸锂、磷酸铁锂、镍钴锰三元材料等正极材料、导电炭黑、PVDF、NMP、铝箔、石墨、CMC、去离子水、铜箔等。

图 2 所示为真空干燥箱，其中 1～7 为真空干燥箱的主要部分。除了这部分，还有气压平衡孔、真空抽气口等部位。

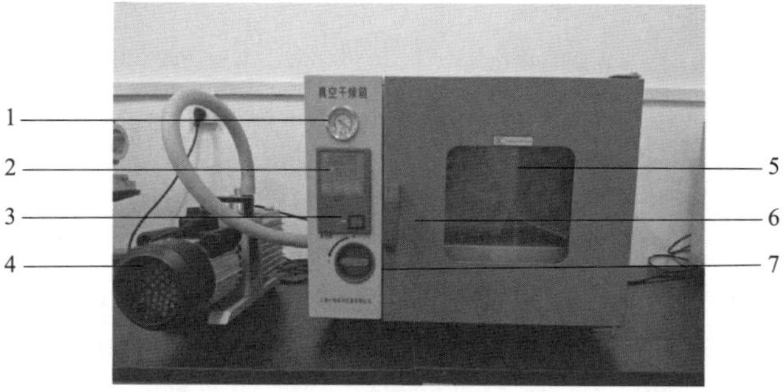

图 2　真空干燥箱

1—真空表；2—控温仪；3—电源开关；4—真空泵；
5—观察窗；6—门把手；7—真空阀旋钮

2. 真空干燥箱的温度及时间设定操作

(1)将需要真空干燥的材料放置在腔室内，打开电源开关，使干燥箱处于工作状态。

(2)在工作模式下，点按一下“SET”键，PV 屏显示“SP”字符，按“△”或“▽”键，使 SV 屏显示为所需要的温度值。

(3)再点按一下“SET”键，PV 屏显示“SE”字符，按“△”或“▽”键，使 SV 屏显示为所需要的时间值。

(4)当 SE 设置为 0 时，控制器取消定时功能，控制器一直运行；当 SE 设置不为 0 时，控制器才有定时功能，当控制器的运行时间到，SV 屏显示“END”，蜂鸣器鸣叫，控制器停止工作，按任意键可消音，同时按“△”键和“SET”键 4s 可重新启动。

(5)当控制器在工作模式时，只要点按“▽”键，PV 屏就会显示“TIME”，SV 屏显示控制器所运行的时间，再按移位键，控制器返回到工作模式。定时状态再按一下“SET”键，回到工作模式，进入工作状态。

3. 抽真空步骤

（1）将真空阀旋拧至“开”处。

（2）打开真空泵开关，观察真空仪表盘示数，当真空度示数抽至 -0.1MPa 时，将真空阀旋拧至“关”。

（3）关闭真空泵开关。

（4）待到保温结束后，打开气压平衡孔，恢复腔室气压，一段时间后即可打开舱门。

4. 正极片制作实验步骤

（1）称量材料，将正极材料、PVDF 和导电炭黑严格按照质量比为 8∶1∶1 的组分称量。以活性物质总质量为 0.3g 为例，量取 0.24g 正极材料、0.03g 导电剂 PVDF、0.03g 导电炭黑。

（2）将称量好的正极材料与导电炭黑放入玛瑙研钵中，研磨 10min。

（3）完成上述步骤后加入 PVDF，继续研磨 20min。

（4）所有固体研磨好后，使用 1mL 的巴氏吸管加入 20～30 滴 NMP，充分搅拌并研磨 10min，调整浆料黏度，使得浆料处于流动与不可流动的临界状态。

（5）将铝箔粘贴在玻璃板上，调整刮刀的刮出厚度，把浆料倒在铝箔上，使用刮刀将混合浆料刮成 100μm 的薄电极。

（6）将含浆料的薄电极样品放入真空烘箱，关闭箱门，打开真空阀，使用真空泵将真空度抽至 -0.1MPa，关闭真空泵和阀门。电极样品在 120℃温度下干燥 6～8h，备用。

注意事项：

（1）称量物料时，正极材料、PVDF 和导电炭黑严格按照质量比为 8∶1∶1 的组分比混合，在研钵中研磨均匀，否则在涂覆薄电极时，溶液中可能会存在溶质大颗粒，影响电极的性能。

（2）刮涂电极时，刮刀不宜运刀过快，否则制成的薄膜电极在烘干后容易龟裂。

（3）使用烘箱时需要注意用电安全与佩戴高温手套。

（4）NMP 是微毒有机溶剂，加入 NMP 的步骤请在通风橱内进行。

5. 负极片制作实验步骤

（1）称量材料，将石墨、导电炭黑和 CMC 严格按照质量比为 8∶1∶1 的组分称量。以活性物质总质量为 0.3g 为例，量取 0.24g 石墨、0.03g 导电炭黑、0.03g CMC。

（2）将称量好的石墨与导电炭黑放入玛瑙研钵中，研磨 10min。

（3）完成上述步骤后加入 CMC，继续研磨 30min。

（4）所有固体研磨好后，使用 1mL 的巴氏吸管加入 20～30 滴去离子水，充分搅拌并研磨 10min，调整黏度，使得浆料处于流动与不可流动的临界状态。

（5）将铜箔粘贴在玻璃板上，调整刮刀的刮出厚度，使用刮刀将混合浆料刮成 100μm 的薄电极。

（6）将电极样品放入真空烘箱，关闭箱门，打开真空阀，使用真空泵将真空度抽至 -0.1MPa，关闭真空泵和阀门。电极样品在 80℃温度下干燥 6～8h，备用。

注意事项：

（1）称量物料时，石墨、CMC 和导电炭黑严格按照质量比为 8∶1∶1 的组分混合，在研钵中研磨均匀，否则在涂覆薄电极时，溶液中可能会存在溶质大颗粒，影响电极的性能。

（2）刮涂电极时，刮刀不宜运刀过快，否则制成的薄膜电极在烘干后容易龟裂。

（3）使用烘箱时需要注意用电安全与佩戴高温手套。

6. 思考与分析

实验过程中每个小组应做好本小组的实验记录，如实验材料、质量、研磨时间、加入溶剂的量、调整浆料黏度的照片或者视频，以便后续对比分析和实验调整。根据本节实验内容，请回答：

（1）为什么需要控制活性材料颗粒的大小和均匀性？

（2）为什么在锂离子电池的正极和负极配料中，活性物质、导电剂和黏结剂的比例需要严格控制？不同比例对电池性能有何具体影响？

（二）锂离子电池的组装

锂离子电池的组装工艺为将制备好的锂片、电解液、隔膜、正极片、垫片、弹片依次加入电池底壳中，然后使用封口机对扣式电池进行封装。为了确保电池的性能与安全，锂离子电池的组装应在无水无氧环境下完成。通常情况下，锂离子电池在手套箱中进行组装，因此在实验前需进行使用手套箱培训与练习。本节实验以纽扣电池为例，详细列举扣式锂离子电池单体组装工艺。值得注意的是，锂离子电池的组装是一个复杂而精细的过程，涉及多个步骤和关键环节，需要严格遵守规范和流程进行操作。

1. 实验设备和材料

（1）实验设备：手套箱（用于提供一个无氧、无水分的环境，以防止锂片和其他材料在组装过程中被氧化或受潮）、电极片切片机（如图 3 所示）、纽扣电池封口机（如图 4 所示）、镊子、移液枪、无尘布等。

（2）实验材料：正极壳、负极壳、锂电池正负极的制备实验中制成的电池极片、锂片、隔膜、垫片、弹簧片、电解液等。

图 3　电极片切片机

图 4　纽扣电池封口机

2. 扣式电池的组装

(1)用切片机将实验1所制备的电极片切成直径14mm的圆片。切割完成后，使用分析天平测量自制的极片重量与相应大小的集流体薄片(铝圆片与铜圆片)重量，二者之差即为该电池活性物质的重量(最后乘上活性物质的占比，本实验为0.8)。测量完成后将所有实验材料放入手套箱中备用。

(2)在手套箱中将正极壳开口向上，平放于面板上。

(3)将正极片置入正极壳，用镊子小心夹取正极片，将涂布层向上，放于正极壳的正中间。镊子夹取的力度要适中，不要损伤正极片，严禁弯折或扭曲电极片，保持平整地置于正极壳中。

(4)用移液枪滴75μL电解液在正极片上，此过程的目的是均匀完整地浸润电极片表面，其中电解液的量以能使电极片和隔膜完全润湿为准。注意滴加过程中不要碰到电极片。

(5)夹取隔膜，覆盖正极片。用镊子夹取隔膜，先将隔膜对准电池壳边缘，轻轻放下，完整覆盖正极片，这个过程应尽量避免气泡的产生。

(6)用移液枪滴75μL电解液在隔膜上。此过程的目的是均匀完整地浸润隔膜表面，注意在滴加过程中不要碰到隔膜，可使用镊子轻轻触碰隔膜，使之更加平整均匀，边缘与电池壳接触更为严密，尽量避免隔膜褶皱。

(7)夹取负极石墨置于隔膜正中间。负极应恰好置于电池壳的正中间，使之与正极片正好相对。负极、电解液、隔膜会产生粘附，若未放准，调整将非常困难。另外，如未制备石墨负极，可采用锂片作为负极进行锂离子半电池组装。

(8)依次夹取垫片与弹片放于负极上，严格对齐。若稍稍放偏，可使用镊子小心调整。

(9)使用镊子夹取电池壳负极覆盖。

纽扣电池的堆垛次序如图5所示。

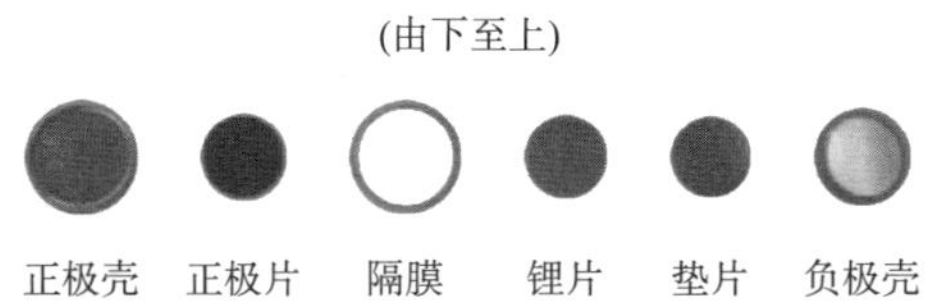

图5　纽扣电池的堆垛次序

3. 扣式电池压制

(1)使用镊子夹起组装完成的电池。需注意镊子应夹紧，保证此时不发生漏液，内部电池组件拖移等现象。

(2)置于压片机前，使用无尘布擦净电池表面。

(3)将电池正极朝下置于压片槽。

(4)锁上油阀，快速摇动手摇杆至压力表读数为80kg/cm^2。

(5)压制5s即可打开油阀泄压，取出电池。将电池表面擦拭干净。

(6)将组装好的电池从手套箱中取出，利用万用表初步测量其电压值。如果电压值在合理范围内，将电池静置10~12h，以便电解液充分浸润隔膜和极片。

4. 思考与分析

锂离子电池的组装实验过程较为复杂，需要进行的操作步骤较多，且要求精度较高。根据本节实验内容，请回答：

(1)电池组装后，利用万用表初步测量电压时，有的电池电压很低，请分析出现该现象的原因。

(2)为什么需要在充满干燥氩气的手套箱中进行电池组装？这对电池性能有何保障作用？

(三)锂离子电池的电化学性能测试

锂离子电池的电化学性能包括多个方面，如充放电性能测试、循环伏安测试(CV)以及电化学交流阻抗测试(EIS)等。本次实验采用电化学工作站测试循环伏安测试，与交流阻抗测试。循环伏安测试是一种应用广泛的电化学测试手段，可用于研究锂离子电池的嵌锂和脱锂行为。该测试通过对电池设置恒定的电压扫描速度，从开始电压扫描到截至电压，再反向扫描回起始电压，周而复始进行多次扫描。在扫描过程中，电极片上的活性材料发生氧化还原反应，产生相应的氧化峰与还原峰。通过对这些峰的分析，可以研究电极材料的循环可逆性、反应动力学等电化学性能。而电化学交流阻抗测试用于研究锂离子电池内部的阻抗特性。该测试通过向电池施加小幅度的交流电压或电流信号，并测量系统对信号的响应，从而得到电池的阻抗谱。通过分析阻抗谱中的不同特征频率响应，可以了解电池内部的欧姆电阻、电荷转移阻抗、扩散阻抗等参数。这些参数对于评估电池的倍率性能、循环稳定性等具有重要意义。

1. 实验设备和材料

(1)实验设备：电化学工作站(如图6所示)。

(2)实验材料：自制扣式锂离子电池。

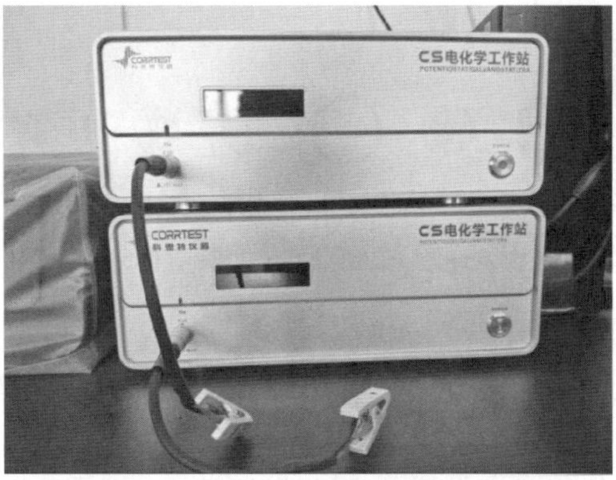

图6　电化学工作站

2. C－V 曲线测试

(1)首先将电化学工作站的绿色线夹头夹在组装好的电池的工作电极一侧，红色线夹头(辅助电极)和黄色线夹头(参比电极)夹在电池的另一极。

(2)打开测试软件，选择循环伏安法测试(C－V 曲线测试)功能进入参数设置。需要设置的参数包括初始电位、上限电位、下限电位、扫描速度、采样间隔、静置时间、循环次数等，如图 7 所示。

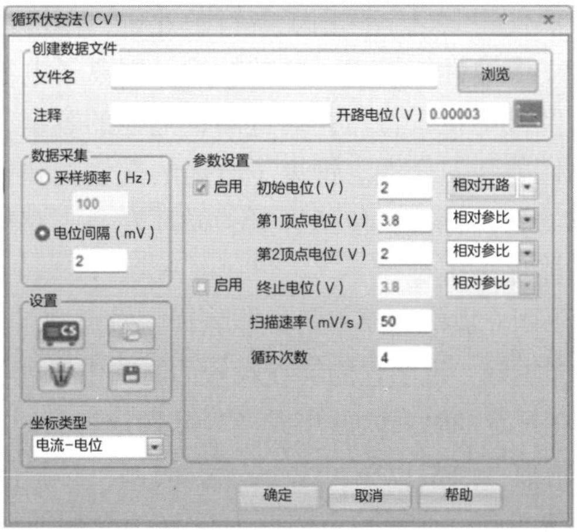

图 7 循环伏安法测试参数设定

(3)参数设定，一般扫描速度可根据实际情况自己设定，本实验设定为 10mV/s。扫描区域可以控制在静置电位的 ±3 V 范围内，大多数电极反应发生在这个电位区域，一般不超过 ±5V 可设为 0 ~2. 5V。

(4)扫描 5 圈，等曲线稳定，重复性好的结果作为实验结果，标明为第几个循环。

电压按照从起始电位到上限电位再到下限电位的方向进行扫描，电压对时间的斜率即为扫描速度，最后形成一个封闭的曲线，即电化学体系中电极所发生的氧化还原反应。对于负极材料而言，起始电位一般为上限电位，从高电位向低电位最后回到高电位的方向进行扫描，正极材料则相反。

3. EIS 阻抗谱测试

交流阻抗测试是以小振幅正弦波电压信号(或电流信号)作扰动，使电极系统产生近似线性关系的电流或电压响应，从而测量动力电池体系在某一频率范围阻抗谱的方法。这种“黑箱方法”以电压、电流为输入、输出，间接得到电池内部阻抗信息。

电池与电化学工作站的连接方法与 C - V 曲线测试方式一致，需要设置的参数为开始和终止频率以及倍频数。本实验从 10000Hz 开始扫描到 0. 001Hz 结束，10 倍频对数模式对自制电池进行测试，测量电池的 EIS 阻抗谱。

4. 数据处理

(1)对测得的 C - V 曲线进行绘制，将重复性好的结果作为实验结果，标明为第几个循环，对体系伏安曲线进行计算。

(2)对 EIS 阻抗谱获得的曲线进行拟合，计算体系的阻抗值。

5. 思考与分析

电化学性能测试可以得到多个性能参数，它们之间可相互补充，共同为评估电池的电化学性能提供全面而准确的数据支持。根据本节实验内容，请回答：

(1)锂离子电池电化学性能测试的主要目的是什么?

(2)C - V 曲线与 EIS 阻抗谱能够表征电池的哪些性能?

(四)锂离子电池的充放电和倍率性能测试

锂离子电池技术的成熟使得其已广泛用于各行各业中，但随着电动汽车、便携设备等行业的快速发展，对锂离子电池性能提出了新的挑战。锂离子电池充放电性能测试原理主要基于电池的充放电过程及其电化学特性，通过测量电池的容量、循环性能、内阻、自放电率等指标来评估电池的性能和安全性。锂离子电池的充放电和倍率性能测试可以得到电池在充放电过程中表现出的各种特性，包括容量、循环寿命、充放电效率等，也可知在不同充放电倍率下电池的性能保持率等。

倍率性能是指电池在不同充放电速率下的性能表现，它反映了电池在高电流密度下的充放电能力。电池的倍率性能越好，说明它能够在较短的时间内迅速充放电，并保持较高的容量。充放电倍率是指电池在规定的时间内放出或充入其额定容量时所要的电流值，它在数据值上等于电池额定容量的倍数，通常以字母 C 表示。例如，对于额定容量为 1000mAh 的电池，以 500mA 的电流进行充放电，则充放电倍率为 0.5C。可用如下公式表示：

$$充放电倍率(C)=充放电电流(mA)/额定容量(mAh)$$

钴酸锂的容量通常为 140mAh/g 左右，磷酸铁锂的容量为 170mAh/g 左右，石墨的理论容量为 370mAh/g 左右。用实验中测得的活性物质的质量乘以理论容量，得到自制电池的容量。当得到容量之后，便可以设计倍率性能测试，其主要原理是通过在不同充放电倍率下对电池进行充放电测试，评估电池在高电流密度下的充放电能力及其性能表现。

1. 实验设备和材料

(1)实验设备：充放电仪(如图 8 所示)。

图 8　充放电仪

(2)实验材料：自制扣式锂离子电池。

2. 锂离子电池充放电性能测试

(1)计算电池理论容量值($E=M_{活}\times E_{比}$)，并计算 0.1C、0.5C、1C 对应的电流值。

(2)将电池按照正负极放至充放电仪测试夹头处。

(3)打开充放电仪开关，并打开测试软件，编写充放电工步程序，测试电池在 0.1C

下循环 5 次、0.5C 下循环 10 次、1C 下循环 20 次的充放电性能。

(4)启动充放电仪，观察充放电曲线。

3. 锂离子电池倍率性能测试

(1)计算电池理论容量值，并计算 0.1C、0.5C、1C 对应的电流值。

(2)将电池按照正负极放至充放电仪测试夹头处。

(3)打开测试软件，编写充放电工步程序，按照 0.1C—0.5C—1C—0.1C 这样的顺序循环 10 圈，测试电极材料的倍率性能，如图 9 所示。

(4)启动充放电仪，观察充放电曲线。

图 9　充放电程序编写

4. 数据处理

(1)对测得的充放电曲线进行绘制，结合充放电曲线分析电池的容量、充放电效率、内阻。

(2)对测得的倍率曲线进行绘制，结合倍率曲线，分析与评估电池在不同倍率下的性能表现，如电池容量的衰减情况、充放电效率。

(3)分析不同倍率下充放电曲线中的电压突变和斜率变化，可以了解电池的内阻和极化现象。

5. 思考与分析

在设计和使用锂离子电池时，需要综合考虑各种因素，以平衡电池的倍率性能、容量、循环寿命、充放电效率和安全性等因素。请分析锂离子的充放电性能和倍率性能的影响因素有哪些？

四、实验总结

请总结在锂离子电池的制备、组装、性能测试实验过程中遇到的问题，分析原因，并列举出本小组的解决办法。

第二节　超级电容器的制备综合创新实验

一、实验目的

(1)了解超级电容器的工作原理。
(2)掌握超级电容器电极材料的制备方法。
(3)掌握超级电容器的组装工艺。
(4)掌握超级电容器的性能测试方法。

二、实验原理

超级电容器是近几十年来，国内外发展起来的一种介于常规电容器与化学电池二者之间的新型储能元件，其结构示意如图 1 所示。它具备传统电容放电功率，也具备化学电池储备电荷的能力。与传统电容相比，其具备达到法拉级别的超大电容量、较高的能量、较宽的工作温度范围和极长的使用寿命，充放电循环次数可达十万次以上，且不用维护。与化学电池相比，具备较高的比功率，且对环境无污染。因此，超级电容器是一种高效、实用、环保的能量存储装置，其优越的性能得到各方的重视，目前发展十分迅速。

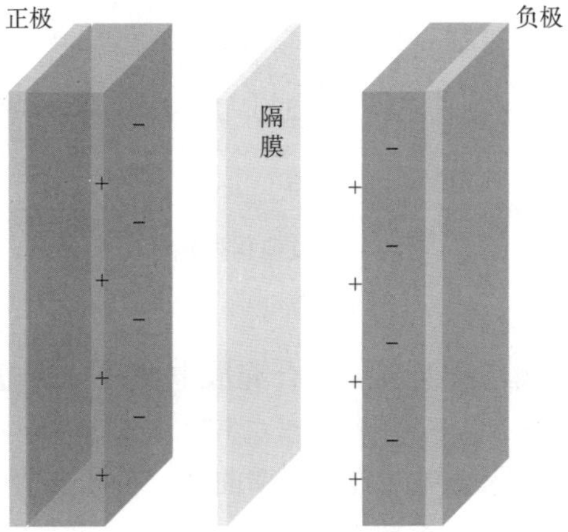

图 1　超级电容器结构

超级电容器根据储存电能机理的不同分为三类：第一类是基于高比表面积碳材料与溶液间界面形成双电层的双电层电容器。第二类是在电极材料表面或体相的二维上，沉积包覆着电化学活性物质，此处发生高度可逆的化学吸附/脱附或氧化/还原反应，产生与电极充电电位有关的法拉第准电容，也称赝电容。第三类是混合型电容器，其主要特点是同时具有双电层和赝电容两种储能机制。实际上，各种超级电容器的电容同时包含双电层电容和赝电容两个分量，只是所占的比例不同而已。

图 1 为双电层电容器，通常使用表面吸附面积大的材料作为电极(如活性炭、碳纤维等)，当电极浸入含有离子的电解质溶液中，电极表面的电荷会吸引电解质中的相反电荷的离子，从而在电极与电解质界面之间形成一个双电层结构。这个过程中不涉及化学反

应，因此超级电容器能够进行快速的充放电操作，并且有着使用寿命长的特点。

双电层主要是由离子构成的。通过正负离子吸附/脱附实现充放电。它的反应过程可以用下面的反应方程式描述：

正极反应：$E_s + A^- \longrightarrow E_s^+ // A^- + e^-$

负极反应：$E_s + C^+ + e^- \longrightarrow C^+ // E_s^-$

总反应：$E_s + E_s + A^- + C^+ \longrightarrow C^+ // E_s^- + E_s^+ // A^-$

式中，E_s 表示电极表面，A^- 表示溶液中的正离子，C^+ 表示正离子，//是指双电层。

双电层形成的时间非常短，比氧化还原的时间短五六个数量级。通电后，双电层在极短时间就已经形成，在氧化还原反应发生之前就已经存在，这也是双电层电容器的功率密度较大的原因。虽然双电层电容器充电快速简便，使用寿命长，但也存在许多制约因素。例如，双电层电容器短路后会迅速升温，甚至是起火。另外，它的自放电率远高于电化学储能器件。

赝电容的主要原理是在电场力的作用下，电解质中的正负离子向电极表面的活性位点处迁移，并与活性物质发生可逆的氧化还原反应，从而达到储存电荷的目的。赝电容储能机制涉及电极表面的快速可逆氧化还原反应。这些反应通常发生在具有高比表面积的导电材料表面，如过渡金属氧化物或导电聚合物。这些材料的表面提供了大量的活性位点，使得离子能够在电极表面快速积累和释放。赝电容机制能够进一步提高超级电容器的能量密度，因为除双电层电容外，还通过化学反应储存了额外的电荷。这种机制不仅限于电极表面，还可能在整个电极内部发生，因此能够提供比双电层电容更高的电容量和能量密度。在赝电容器中，最具代表性的反应是氧化－还原反应。

根据以上内容可以总结出，超级电容器相对传统电容器和锂离子电池具有以下特点：

(1)功率密度高。超级电容器比容量高达 300～5000W/kg，比普通化学电池高出数十倍。因此，超级电容器可用作功率辅助放大器，在短时间内提供大电流，如电动汽车的起步与动能回收。亦可用于高脉冲、短时间内高功率输出的场合，比如电磁弹射。同时，其自放电流较小，且具备电压记忆的特点。

(2)超级快充与快放。超级电容器的充放电过程有两个方面。一是在电极材料表面进行可逆的快速电化学反应(赝电容)，二是双电层电容的中电荷迁移的物理过程，这两个过程均可以使用很大电流进行，这使得超级电容器具备极速的充电与放电能力。尤其是在水系介质中，充放能够在数秒间完成。对比锂离子电池，它的充电时间长达几十分钟至几小时。

(3)工作温度范围广。超级电容器由于其电荷转移大多为物理过程，以及较低程度地依赖电化学反应，使得它的比电容随温度的衰减非常小。它能在－40℃的低温下工作，保持容量基本不衰减。作为对比，锂离子电池的比电容在低温时的衰减十分明显。

(4)超长的循环寿命。超级电容器的充放电过程是离子在电极材料表面的吸附与脱离过程，该过程可逆性较好，可以进行上万次的充放电过程，拥有极长的循环使用寿命。例如，以双电容为基础的碳基超级电容器，其理论上不限使用次数，实践中可使用十万次以上。

(5)安全可靠，环境友好。超级电容器在使用过程中，电极材料性质稳定，元素不会发生任何晶体学变化，有着较高的安全性。并且，超级电容器使用的多为碳基材料与金属氧化物，对环境友好，无重大污染源。

本节实验属于综合创新型实验，包括超级电容器电极的制作、超级电容器的组装、超级电容器的电化学性能测试等多个实验。涉及超级电容器材料制备以及相关实验仪器的使用等知识体系。

三、实验内容

(一)超级电容器电极的制作

超级电容器电极材料是超级电容器性能的关键因素之一，其选择和优化对于提升超级电容器的能量存储密度、功率输出能力、循环耐久性以及经济性具有重要意义。常用双电层电容器电极材料主要有导电聚合物和碳材料两大类。赝电容器电极材料主要有过渡金属氧化物、导电聚合物、纳米材料、复合材料等。其中，过渡金属氧化物作为常用的赝电容器电极材料受到较多关注。过渡金属由于其原子结构特点，原子最外层轨道容易失去电子而改变价态，并且具有多种价态形式。这样使得过渡金属可以形成多种氧化还原产物，具有较高的理论比电容。过渡金属氧化物作为电容器电极材料，最早被人们所关注的材料是RuO，其具有较大的理论比电容(1450F/g)，以及接近金属导体的导电性能。在超级电容器中具有突出的功率密度。但是Ru作为一种贵金属，其价格昂贵，开发成本较高。并且二氧化钌还有一定毒性，对环境有较大的危害。

随着研究的不断深入，新的过渡金属氧化物电极被慢慢开发出来，例如，MnO_2、Co_3O_4、NiO等等，它们对环境友好、价格低廉、制备方法简单、具有和二氧化钌同样的反应优势。阳离子具有多个可变价态，在电容反应中可以提供多种氧化还原反应。其中研究最广泛的是MnO_2材料，它的可变价态是最多的，可以形成的化合物种类也是最多的。并且MnO_2的电压区间比较宽泛，在0～1.0V之间变化，因此这种材料可以提供大的能量密度。但是MnO_2材料的导电性很差，需要掺杂较好的导电材料使其更好地发挥作用。

双金属氧化物电极材料作为超级电容器或其他电能存储设备的电极材料，展现出了独特的优势和一定的潜力。与单金属氧化物相比，双金属氧化物通过成分的多元化可以减小材料的光学带隙宽度，从而提高电导率。常用的材料有$NiCo_2O_4$、$ZnCo_2O_4$、$NiCo_2S_4$等。不同金属成分之间的协同效应使双金属氧化物具有更好的循环稳定性，延长了电极材料的使用寿命。并且，通过纳米化、特殊形貌构筑等手段，双金属氧化物电极材料可以提供更大的表面积，缩短电子/离子扩散路径，从而提升电化学性能。然而作为氧化物的一种，它们还是具有氧化物固有的缺陷。比如，导电性较差，循环过程容易发生相变，晶格结构脆弱易塌陷，长循环性能不好，动力学反应速度慢等。

本节实验选取赝电容超级电容器为实验对象，采用高比电容的MnO_2作为电极材料。锰元素具有多化合价特点，它的化合价变化主要是由于其电子构型和氧化还原反应的性质。锰原子在化学反应中可以失去不同数量的电子，从而形成不同的氧化态。例如，在氧化还原反应中，锰可以从 +2 价氧化到 +7 价，或者从 +7 价还原到 +2 价。图 2 所示为锰元素的原子结构，可以看到，锰元素价电子较多，且各级电离能相差较小，因此其有多种价态。

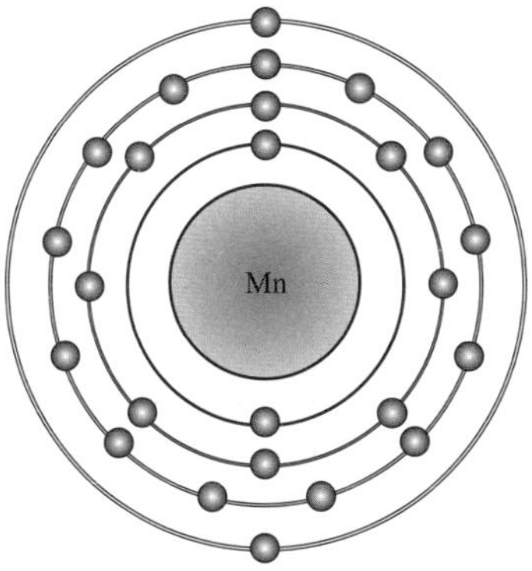

原子量: 54.938

图 2　锰元素的原子结构

1. 实验设备与材料

(1)实验设备：电子天平、真空干燥箱、玛瑙研钵、真空烘箱、刮刀、玻璃板、分析天平、巴氏吸管等。

(2)实验材料：MnO_2、泡沫镍、乙炔黑、PVDF、NMP、盐酸、无水乙醇等。

实验的制作过程如图 3 所示。

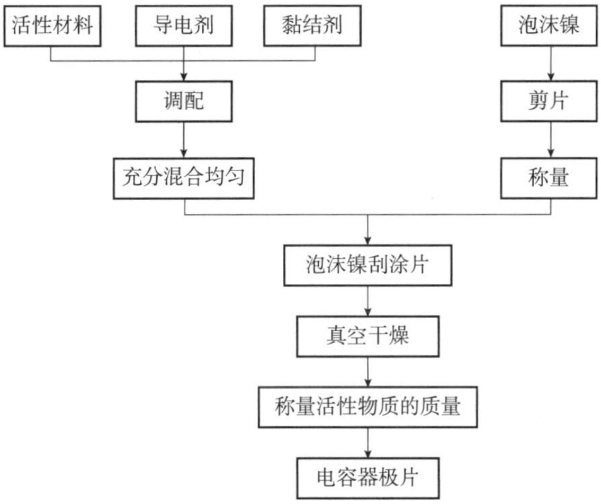

图 3　超级电容器电极片的制备

2. 实验步骤

(1)前期准备工作。

1)裁剪泡沫镍，使用裁剪机将泡沫镍裁剪成 ϕ10mm 的泡沫镍圆片。

2)配置 100mL 的稀盐酸溶液(体积分数为 25vol. %)。

3)处理泡沫镍，将泡沫镍圆片置于盐酸溶液中，采用超声清洗 30min。然后依次使用去离子水和无水乙醇分别超声 5min(共 6 次)。

4)称量泡沫镍圆片的质量，将其记为 m_1。

(2)超级电容器电极片的制备。

1)称量电极材料，将电极材料 MnO_2、黏结剂 PVDF 和导电剂乙炔黑严格按照质量比 75：15：10 的组分称量。以活性物质总质量为 0.5g 为例，量取 0.375g 电极材料 MnO_2、0.075g 黏结剂 PVDF、0.05g 导电剂乙炔黑。

2)称量好的活性物质与导电剂乙炔黑放入玛瑙研钵中，研磨 10min。

3)完成上述步骤后加入黏结剂 PVDF，继续研磨 10min。

4)所有固体研磨好后，使用 1mL 的巴氏吸管加入 30～40 滴溶剂 NMP，充分搅拌并研磨 10min，调整浆料的黏度，最终使得浆料处于流动与不可流动的临界状态。

5)使用微量药勺，一勺一刮，将浆料均匀涂覆于 ϕ10mm 的泡沫镍圆片上。

6)将涂有浆料的泡沫镍圆片置于真空干燥箱中，在 120℃下干燥 8h，备用。

(3)注意事项。

1)称量物料时，电极材料、黏结剂 PVDF 和导电剂严格按照质量比 75：15：10 的组分比混合，在研钵中研磨均匀，否则在涂覆薄电极时，溶液中可能会存在溶质大颗粒，影响电极的性能。

2)使用微量药勺时，应注意及时刮涂，否则容易造成浆料刮涂不均匀。

3)使用烘箱时需要注意用电安全与佩戴高温手套。

4)NMP 是微毒有机溶剂，加入 NMP 的步骤请在通风橱内进行。

3. 思考与分析

超级电容器的电极材料是储存电荷的关键组件。在充电过程中，正负电荷分别在两个电极上聚集，形成电场。这个电场可以储存电能，并在需要时通过放电过程释放出来。电极的性能直接影响超级电容器的储能能力、充放电速度和使用寿命。根据本次实验内容，请回答：

(1)在制作超级电容器电极片的过程中，为什么要将活性物质的各个材料仔细研磨？研磨的细度对电极片的性能有何影响？

(2)举例说明超级电容器的应用及其优缺点。

(二)超级电容器电极的组装

将制备好的超级电容器电极片按照扣式电池三明治结构进行组装。对称式超级电容器的主要结构为两部分：一是以在泡沫镍上涂有电极材料为基础的正负电极片；二是正负极中间的隔膜。另外，在超级电容器的正负极之间浸润着电解液。本次实验为在上文制作好的 MnO_2 活性材料电极片基础上，进行扣式超级电容器的组装实验，下面详细介绍了扣式超级电容器的组装过程。需要说明的是，超级电容器的组装实验与锂离子电池的组装步骤类似，但是由于其活性材料不易氧化，因此不需要在手套箱环境中进行实验。

1. 实验设备与材料

(1)实验设备：电子天平、压片机、电池封装机、镊子、移液枪、无尘布等。

(2)实验材料：正极壳、负极壳、实验(一)中制成的电池极片、泡沫镍、隔膜、氢氧化钾(KOH)、去离子水、导电胶等。

2. 扣式超级电容器的组装

(1)前期准备。

1)配置电解液。配置 200mL 浓度为 3mol/L 的 KOH 溶液，并用玻璃棒搅拌溶液至 KOH 块体完全溶解。

2)使用电子天平测量自制的极片重量记为 m_2，减去泡沫镍圆片质量 m_1，二者之差即为该电池活性物质的质量(最后乘以活性物质的占比，本实验为 0.75)，即 $M_{活} = (m_2 - m_1) \times 0.75$。

(2)组装电极片。

1)将一层新的泡沫镍，用导电胶粘在正极壳正中间，并在泡沫镍中心表面涂上导电胶。用镊子小心夹取正极片，使得涂布层朝上，将正极片放入正极壳中与泡沫镍通过导电胶粘结。镊子夹取的力度要适中，不要损伤正极片，严禁弯折或扭曲电极片，保持平整地置于正极壳中。正极片放好后，可以用镊子轻轻移动电极片，看极片是否粘牢。

2)用移液枪滴 90μL 电解液在电极片上，此过程的目的是均匀完整地浸润电极片表面，其中电解液的量以能使电极片和隔膜完全润湿为准。注意滴加过程中不要碰到电极片。

3)夹取隔膜，覆盖正极片。用镊子夹取隔膜，先将隔膜对准电池壳边缘，轻轻放下，完整覆盖电极片，这个过程应尽量避免气泡的产生。

4)用移液枪滴 90μL 电解液在隔膜上，此过程的目的是均匀完整地浸润隔膜表面，注意在滴加过程中不要碰到隔膜。可使用镊子轻轻触碰隔膜，使之更加平整均匀，边缘与电池壳接触更为严密，尽量避免隔膜褶皱。

5)将一层新的泡沫镍，用导电胶粘在负极壳正中间，并在泡沫镍中心表面涂上导电胶。用镊子小心夹取负极片，使得涂布层朝上，夹取负极片放入负极壳中间与泡沫镍通过导电胶粘结。负极片也需要置于电池壳的正中间，这样可使正负两极的极片正好相对。负极片放好后，可以用镊子轻轻移动电极片，看极片是否粘牢。

另外，需要注意的是，对称式超级电容器的正负极是相对概念，组装时不必严格区分。

6)使用镊子夹取电池壳负极覆盖到正极壳上面。

(3)扣式电容器的压制。

1)使用镊子夹起组装完成的扣式电容器。需注意镊子应夹紧，保证此时不发生漏液，泡沫镍与极片不应产生拖移。

2)置于压片机前，使用无尘布擦净电池表面。

3)将电池正极朝下置于压片槽。

4)锁上油阀，快速摇动手摇杆至压力表读数为 $60kg/cm^2$。

5)压制 5s 即可打开油阀泄压，取出扣式电容器。将电容器表面擦拭干净。

图 4 为组装扣式超级电容器的层次示意，注意不要忘了滴加电解液。图 5 为组装扣式超级电容器的实物。

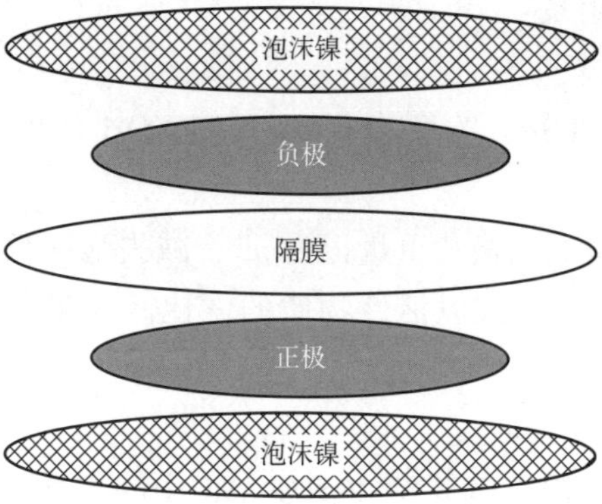

图4　组装扣式超级电容器的层次示意

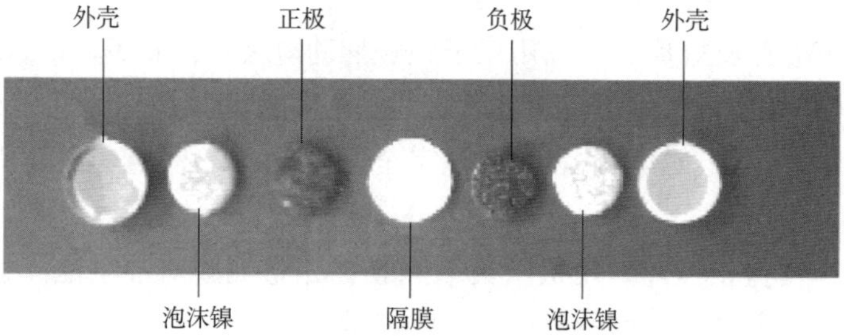

图5　组装扣式超级电容器的实物

3. 思考与分析

扣式超级电容器的组装实验步骤较多，实验中需要细心操作。根据实验内容，请回答：

(1)在组装扣式超级电容器的过程中，为什么要将正负极对端正？如正负极片偏离较大会产生什么样的结果？

(2)扣式超级电容器的组装过程与扣式锂离子电池的组装有何异同？请列举并说明原因。

(三)超级电容器的电化学性能测试

超级电容器作为高性能储能器件，其性能评估与机理研究离不开电化学测试。这类测试能直接反映超级电容器的电容值、内阻、能量密度和功率密度等关键参数，为性能评价提供准确依据。电化学测试也可以揭示超级电容器内部的电化学反应过程，包括电荷存储与释放、电极材料活性及电解质与电极间的相互作用等，对优化设计和提高性能至关重要。此外，电化学测试还能评估超级电容器的循环稳定性和长期可靠性，预测其使用寿命，为新材料的研发提供数据支持。其中主要的电化学测试有电化学阻抗测试、循环寿命测试、循环伏安测试、充放电测试、电容量测试等。本次实验主要采用循环伏安测试和充放电测试。

循环伏安测试。测试时，在一定的扫描速率下，向待测样品施加一个起始电压，并随着测试的进行，逐步调整电压直至达到终止电压。随后，再从终止电压逆向调整回起始电压，此过程构成一个完整的循环周期。在循环过程中，记录样品端的电流随电压变化的数据，并绘制成循环伏安曲线。此循环期间，样品端的电流会随着电压的变化而相应改变。通过观测和分析循环伏安曲线所围成的面积，我们可以推算出电极材料的比电容量。此外，从循环伏安曲线中，我们还可以计算出赝电容与双电层电容对总电容的贡献比例。通过观察曲线的形态特征，还能够进一步探究电极材料的动力学过程和可逆性。具体来说，当氧化还原峰对应的电压差值较小，曲线上下部分更加对称，且峰高相近时，表明电极材料的可逆性更佳。

充放电测试。该测试是测量超级电容器充放电性能的方法，测试中使用电化学工作站或充放电仪，使超级电容器在恒定电流下充放电。测试过程中，记录电极电压与时间的变化值，得到超级电容器的充放电时间和充放电效率等性能参数，并计算超级电容器的比电容，公式如下：

$$C_{sp}=\frac{I\Delta t}{m\Delta V}$$

式中，C_{sp}为电容器的比电容；I为充放电电流值；t为放电时间；m是活性物质的质量；ΔV为放电期间的电位降差值。

通过比电容，也可以求出超级电容器的能量密度，公式如下所示：

$$E=\frac{1}{2}CV^2$$

式中，E表示能量密度，C为超级电容器的比电容，V表示最高工作电压。

1. 实验设备与材料

(1)实验设备：电化学工作站(带电池充放电功能)。

(2)实验材料：实验(二)中制好的超级电容器。

2. 超级电容器的电化学测试

(1)循环伏安测试。

1)首先将电化学工作站的绿色线夹头夹在组装好的电池的工作电极一侧，红色线夹头(辅助电极)和黄色线夹头(参比电极)夹在电池的另一极。

2)打开测试软件，选择循环伏安测试功能进入参数设置。需要设置的参数包括初始电位、上限电位、下限电位、终点电位、扫描速度、静置时间、循环次数等。

3)参数设定，一般扫描速度可根据实际情况自己设定，本实验设定为5mV/s。扫描范围为-0.3V~0.7V，其他保持默认。

4)扫描5圈，等曲线稳定，重复性好的结果作为实验结果，标明为第几个循环。

(2)充放电测试。

1)把组装好的扣式超级电容器连接到电化学工作站的夹头上。

打开测试软件，选择恒电流充放电测试(GCD)进入参数设置。需要设置的参数包括充电电流、放电电流以及循环次数、终止充放电条件等。终止充放电条件可选择基于时间、电位及混合模式等。

2)设定充放电流均为5mA，选择基于电位模式进入充放电循环，充放电截止电压为0至0.8V。

3)根据公式，计算超级电容器的比电容量及能量密度。

3. 思考与分析

根据本次实验内容，请回答：

超级电容器的工作原理是什么？举例说明超级电容器的应用场景。

四、实验总结

请总结在锂离子电池的制备、组装、性能测试实验过程中遇到的问题，分析原因，并列举出本小组的解决办法。

第三节　钙钛矿太阳能电池制备综合创新实验

一、实验目的

(1)理解制钙钛矿电子传输层的工作原理。

(2)掌握两种制备 TiO_2 电子传输层的方法。

(3)掌握制备 $CH_3NH_3PbI_3$ 钙钛矿薄膜的方法。

(4)掌握旋涂法沉积空穴传输层的方法。

(5)掌握真空蒸镀制备金属薄膜的方法。

(6)掌握钙钛矿电池光电转换性能测试的方法。

二、实验原理

$CaTiO_3$ 矿物是由俄罗斯科学家古斯塔夫·罗斯于 1839 年首次发现的，并以俄罗斯矿物学家列夫·阿列克斯维奇·冯·佩罗夫斯基伯爵的名字命名为钙钛矿。之后人们把具有 ABX_3 化学式结构的材料统称为钙钛矿材料，其中 A 为一价阳离子、B 为二价阳离子、X 为一价阴离子。在钙钛矿材料中，B^{2+} 作为配位中心，与配体 X^{-1} 形成正八面体 $BX6^{-4}$，然后进行共顶链接，形成立体结构，其中 A^+ 位于该立体结构的八面体间隙，一般组成四方相或者立方相。当 A 为有机离子、B 为铅离子、X 为卤素元素时，这种钙钛矿材料被称为铅卤杂化钙钛矿材料。

钙钛矿太阳能电池结构

钙钛矿太阳能电池的基本构造包括透明导电基底、电子传输层、钙钛矿吸光层、空穴传输层和金属电极等部分，其结构示意如图 1 所示。下面将分别介绍这些部分的特点和作用。

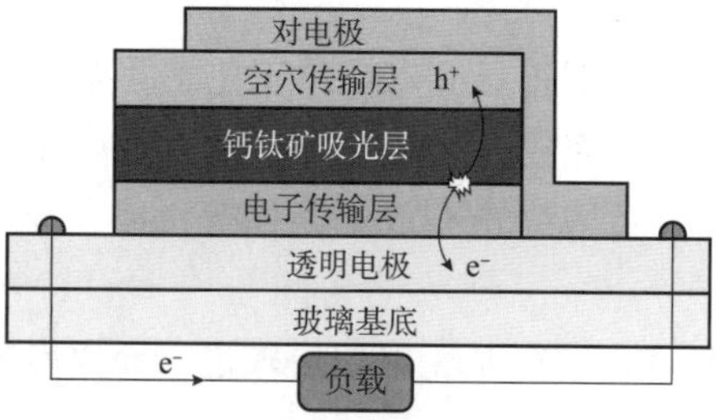

图 1　钙钛矿太阳能电池结构示意

1. 透明导电基底

透明导电基底是钙钛矿太阳能电池的重要组成部分，通常采用具有高透光性和良好导电性的材料，如掺氟的氧化锡(FTO)或掺铟的氧化锡(ITO)。这些材料能够有效地将太阳光引入钙钛矿吸光层，并收集产生的电流。透明导电基底的选择对于钙钛矿太阳能电池的性能至关重要，因为它不仅影响光线的入射，还影响电流的导出。

2. 电子传输层

电子传输层位于透明导电基底和钙钛矿吸光层之间，主要起到传输电子的作用。常用的电子传输层材料包括二氧化钛(TiO_2)、氧化锌(ZnO)等。这些材料具有良好的电子迁移率和稳定性，能够有效地将钙钛矿吸光层中产生的电子传输到透明导电基底上。电子传输层的设计和优化对于提高钙钛矿太阳能电池的光电转换效率具有重要意义。

3. 钙钛矿吸光层

钙钛矿吸光层是钙钛矿太阳能电池的核心部分，主要起到吸收太阳光并产生电子－空穴对的作用。钙钛矿晶体是一种具有特殊晶体结构的材料，其化学式为 ABX_3，其中 A 通常为有机阳离子(如 $CH_3NH_3^+$)、B 为金属阳离子(如 Pb^{2+})、X 为卤素阴离子(如 I^-)。钙钛矿晶体具有优异的光电转换性能，能够将太阳光的能量高效地转化为电能。钙钛矿吸光层的制备工艺和性能对钙钛矿太阳能电池的整体性能具有决定性影响。

4. 空穴传输层

空穴传输层位于钙钛矿吸光层和金属电极之间，主要起到传输空穴的作用。常用的空穴传输层材料为 Spiro－OMeTAD{2,2′,7,7′－四[N,N－二(4－甲氧基苯基)氨基]－9,9′－螺二芴}。该种材料具有良好的空穴迁移率和稳定性，能够有效地将钙钛矿吸光层中产生的空穴传输到金属电极上。空穴传输层的设计和选择对于提高钙钛矿太阳能电池的光电转换效率和稳定性具有重要意义。

5. 金属电极

金属电极是钙钛矿太阳能电池的最后一层，主要起到收集电流的作用。常用的金属电极材料包括金(Au)、银(Ag)等。这些材料具有良好的导电性和稳定性，能够有效地收集并导出钙钛矿太阳能电池产生的电流。金属电极的设计和制备对于提高钙钛矿太阳能电池的性能和降低成本具有重要影响。

本节实验属于综合创新型实验，由多个分步实验组成，主要涉及钙钛矿电池各个功能层的制备与性能测试以及相关实验仪器的使用等知识体系。具体实验有：两种方法制备电子传输层(喷雾热解法和水解法)、一步溶液法制备钙钛矿层、旋涂法沉积空穴传输层、真空蒸镀法制备金属(铝和银)电极，以及钙钛矿太阳电池光电转换性能测试。

三、实验内容

(一) 喷雾热解法制备电子传输层

极薄 TiO_2 薄膜是最常用的一种电子传输层。制备方法包括喷雾热解法、原位水解法、原子层沉积法和化学气相沉积等。但是常用的制备方法，为了提高结晶性需要 500℃ 的退火，还增加了电池工业化的成本且不利于电池的柔性化。若以不耐热的有机材料为衬底，则需要发展选择性吸收层的低温制备方法。采用湿化学法可合成直径仅为几纳米的小尺寸TiO_2量子点，以此可制备极薄且致密的TiO_2电子选择性吸收层。直接以$TiCl_4$为原料，也可在全程低于150℃的条件下制备TiO_2致密电子选择性吸收层。

ZnO材料也是一种常用的电子选择性吸收材料，其与钙钛矿的导带和价带位置更匹配，可以保证电荷的有效提取。同时，ZnO材料不需要高温烧结，更有利于工业化和柔性电池的发展。ZnO电子选择性吸收层也可分为多孔形态和致密形态两类，但是相较而言，ZnO致密电子选择性吸收层应用更为广泛，其可通过化学浴沉积、电镀沉积、磁控溅射和离子蒸镀等低温手段制备。ZnO致密电子选择性吸收层与TiO_2致密电子选择性吸收层相比，其表面粗糙度更大，甚至完全掩盖了原始透明半导体汇流极的形貌。

(1) TiO_2电子传输层的制备原理。

在制备钙钛矿太阳能电池时，致密TiO_2薄膜是必不可少的组成部分，因为它可以起到保护钙钛矿层、提高电池稳定性的作用。喷雾热解法是一种用于制备TiO_2电子传输层的常用方法。其原理是将钛酸丁酯或钛酸丙酯等前驱体溶液通过喷雾器雾化成小颗粒，然后将这些颗粒引入一个高温反应室中。在高温下，前驱体颗粒发生热解反应，生成TiO_2粉末。

在这个过程中，钛酸丁酯或钛酸丙酯前驱体在高温下分解，释放出丁醇或丙醇等有机溶剂，并生成TiO_2。由于高温作用，TiO_2颗粒会发生烧结现象，即颗粒间的有机物溶剂被挥发掉，留下TiO_2颗粒相互连接，形成致密的TiO_2层。

(2) 高质量TiO_2致密层的要求。

1) 结晶性好：结晶性好的TiO_2薄膜可以提高光吸收率和电荷分离效率，从而提高电池的性能。通常情况下，TiO_2薄膜需要具有高度有序的晶型结构，如锐钛矿相(anatase)或金红石相(rutile)。

2) 厚度均匀：致密TiO_2薄膜的厚度需要均匀，以便在钙钛矿层和电极之间形成良好的电接触。不均匀的薄膜厚度可能导致电池性能的波动，从而影响整体性能。

3) 高度致密：致密TiO_2薄膜应具有低缺陷密度和良好的表面质量，以减少电荷负荷和提高电池的稳定性。致密薄膜可以通过控制制备条件，如温度、时间和气氛等来实现。

4) 良好的导电性：TiO_2薄膜应具有高的电导率，以降低电阻损耗并提高电池的性能。

5) 适合的带隙：TiO_2薄膜的带隙应该与钙钛矿材料相匹配，以实现有效的电荷分离。

6) 良好的粘合性：TiO_2薄膜需要与钙钛矿层和电极材料具有良好的粘合性能，以降低界面损耗并提高电池的稳定性。

满足这些要求的致密TiO_2薄膜对于制备高效的钙钛矿太阳能电池至关重要。通过优化制备条件和工艺，可以制备出高性能的TiO_2薄膜，从而提高PSC的性能和稳定性。

本次实验采用超声波喷雾热解(USP)制备电子选择性吸收层，USP是一种利用超声波将前驱液体雾化成微小液滴，然后在高温下进行热分解，从而制备出纳米材料的技术。首先，将含有金属盐的前驱液体通过超声波雾化器形成微小液滴，然后将液滴携带在气流中送入加热反应炉。在反应炉中，液滴中的溶剂蒸发，金属盐分解成金属氧化物，并在基底表面形成均匀的薄膜，如图2所示。超声波雾化器是超声波喷雾热解技术的核心部件，它可以利用超声波的空化效应，将前驱液体雾化成微小液滴。空化效应是指在液体中传播的超声波会产生局部的高压和低压区域，导致液体中的气泡周期性地膨胀和收缩，最终破裂并形成高速射流。这些射流可以将液体表面撕裂成微小液滴，并将其携带到气流中。

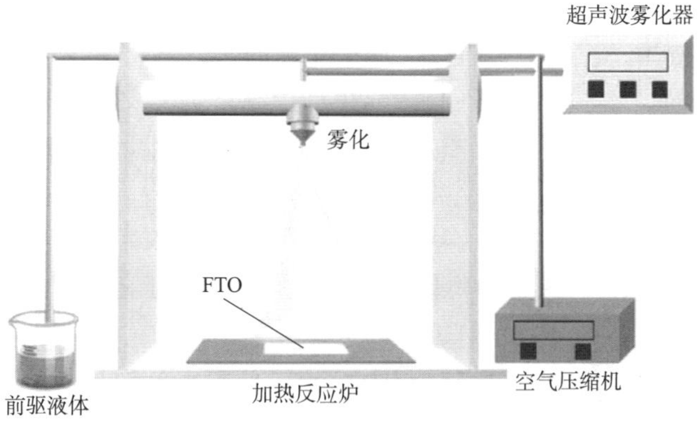

图2　超声热解示意

超声波雾化器可以通过调节超声波的频率、功率、振幅等参数，来控制液滴的大小和分布。一般来说，超声波的频率越高，液滴越小；超声波的功率越大，液滴越多；超声波的振幅越大，液滴越不均匀。通过优化这些参数，可以实现均匀且可控的液滴生成，从而保证纳米材料的均匀性和质量。

1. 实验设备与材料

(1)实验设备：烧杯、镊子、超声波喷雾热解涂膜机、搅拌台、小号磁子、超声波清洗器、注射器等。

(2)实验材料：聚乙醇、钛酸丁酯、FTO 导电玻璃、无水乙醇、异丙酮、蒸馏水、洗洁精等。

2. 实验内容和步骤

本次实验主要内容为在了解钙钛矿电池结构的基础上，配置前驱体溶液，利用喷雾热解法制备 TiO_2电子传输层。

(1)学生 4 ~5 人一组，对 FTO 导电玻璃进行切割及清洗。

1)利用实验室用玻璃切割器将 20cm ×15cm 的导电玻璃切割成 2.5cm ×2.5cm 的导电玻璃。

2)每组领取 3 块切割好的 FTO 导电玻璃，并将其放置于预先清洁好的 500mL 的烧杯中，先用洗洁精清洗导电玻璃表面的油污，并且超声清洁 30min；接下来用蒸馏水清洗导电玻璃表面的洗洁精，并分别在洁净的丙酮和蒸馏水中超声清洗各 30min；最后用无水乙醇清洗玻璃表面，并在无水乙醇中超声清洗 30min。之后将导电玻璃浸泡于无水乙醇中待用，以避免灰尘覆盖。

3)使用时，将浸泡于无水乙醇中的导电玻璃取出放置于专用导电玻璃清洗架上晾干备用。

(2)配制前驱体溶液，取 14mol 聚乙醇放入烧杯，再放入小号磁子，随后放在搅拌台搅拌，同时逐滴滴入 36mol 钛酸丁酯，搅拌直至溶液清澈无杂质。随后将前驱体溶液放置注射器内，连接超声波喷雾热解涂膜机，如图 3 所示。

图3 超声波喷雾热解涂膜机

(3)用超声波喷雾热解涂膜机喷涂薄膜。

1)开启注射泵，进入自动控制界面，输入所用注射器直径，返回主界面。

2)进入手动控制系统，设置推进速度。

3)打开工作室，取下排风口的排风塞，然后放入基片，关闭工作室。

4)打开电源开关，进入手动控制界面，点击“X 右”使喷头回至原点，即指示灯亮起，然后点击“X 左”至指示灯熄灭即可。

5)点击“Y 退”使喷头回至原点，然后点击“Y 进”至指示灯熄灭。之后点击“X 原点”和“Y 原点”，返回主界面。

6)进入自动控制界面，设置样品长度(200mm)，样品宽度(180mm)，根据实际需要设置 Y 轴的移动速度、图层间距、X 轴移动速度，然后进入下页。

7)打开工作室，调整基片的相对位置(切勿触碰喷头)，打开加热平台，根据实际需要设置所需加热温度。

8)关闭工作室，待温度上升，当升至所需温度后开启超声控制器，点击“运行”。

9)喷头即按所设程序进行涂膜，如若想要调整喷雾效果，可点击控制界面的“暂停”然后更改注射泵的推进速度，再次运行即可。

10)当涂膜结束后喷头将自动返回原点，然后将超声控制器关闭，之后将排风扇打开，将工作室内有害气体等排出，排风结束后关闭排风。

11)关闭加热平台电源，关闭涂膜机电源，关闭注射泵电源。

(4)注意事项。

1)严格遵守各种仪器设备的使用方法及规则。

2)喷涂完毕后，取出基片时必须戴隔热手套，小心烫手。

3. 思考与分析

根据本次实验内容，请回答：

(1)TiO_2电子传输层在钙钛矿电池中的作用是什么？

(2)总结在使用超声波喷雾热解涂膜机过程中的注意事项。

(二)水解法制备电子传输层

水解法制备二氧化钛致密层的原理是基于钛盐水解和氧化的反应，形成高度结晶的二氧化钛薄膜。具体过程为：首先，将钛盐(如钛酸四丁酯、四氯化钛等)的有机溶液加入反应体系，然后在水性介质(如去离子水)的存在下，通过搅拌或超声分散的方式使钛盐充分水解形成钛酸盐分散液。其次，将钛酸盐分散液转移至特定气氛(如空气、氧气或惰性气体)和温度下进行热处理，使钛酸盐分解并氧化形成二氧化钛颗粒。最后，通过调整水解和热处理条件，可以得到具有致密结构的二氧化钛薄膜。这种致密且高结晶度的二氧化钛薄膜可以作为钙钛矿电池的电子传输层，提高电池的性能和稳定性。

高质量 TiO_2对操作过程的要求如下。

(1)无尘环境：制备过程需要在无尘室或控制气氛的环境中进行，以防止颗粒物和杂质污染二氧化钛薄膜。

(2)精确的化学计量：水解反应需要精确的化学计量比，确保溶液配比正确，以获得高质量的 TiO_2薄膜。

(3)温度控制：水解反应的温度需要精确控制，因为温度会影响反应速率和 TiO_2薄膜的结晶过程。

(4)退火处理：为了提高 TiO_2的结晶度和致密度，通常需要在高温下进行退火处理。

1. 实验设备与材料

(1)实验设备：镊子、玻璃保鲜盒、移液枪、烘干箱、冰箱等。

(2)实验材料：FTO 导电玻璃、$TiCl_4$水溶液、蒸馏水、无水乙醇、去离子水等。

2. 实验内容和步骤

本次实验主要内容为采用水解法制备 TiO_2电子传输层，为后续组装钙钛矿电池做准备，以下是详细制备步骤：

(1)清洗玻璃保鲜盒。

(2)提前设置烘箱温度为 90℃。同时，将冰箱温度设置为零下 10℃。

(3)用移液枪分 6 次共量取 6mL 四氯化钛溶液，并将其加入洁净的保鲜盒中，再将 80mL 的去离子水加入保鲜盒中，最后，轻微摇晃使溶液充分混合。配比关系为水：$TiCl_4$水溶液 =80：6(体积比)。

(4)将清洗干净的 FTO 玻璃用氮气吹干，用耐酸不锈钢镊子将 FTO 玻璃整齐摆放在玻璃保鲜盒中，并确认导电面朝上、溶液表面没过 FTO 玻璃且液面高于 FTO 表面约 1cm。

(5)将上述放置 FTO 导电玻璃的容器平稳地放置在提前预热至 90℃的烘箱中，并保温 60min。

(6)打开烘箱，平稳取出保鲜盒(需保持保鲜盒水平，防止摇晃及 FTO 露出液面)放置在平整的桌面上。打开保鲜盒盖，将保鲜盒水平地放置在冰箱中，保持 10min 使其冷却(防止进一步水解，低温抑制水解)。

(7)清洗样品去除残留四氯化钛溶液及其他大颗粒：第一，使用无水乙醇冲洗每个样品，再将样品浸入含有乙醇的清洗盒中超声清洗 3min；第二，将上述容器中的乙醇倒入回收桶中，再往清洗盒中加入去离子水使之没过样品并超声清洗 3min；第三，倒掉清洗盒中的去离子水，加入干净的去离子水。

(8)用氮气将样品吹干，然后将样品(导电朝上)摆放在高温退火台上，设置加热温度为 450℃，保温时间为 30min。(设置定时器时运行时间为 75min，包括 45min 的升温时间和 30min 的保温时间)待加热台温度空冷至室温后，即可取下样品。

3. 注意事项

(1)严格遵守各种仪器设备的使用方法及规则。

(2)使用镊子夹取机体时需小心翼翼，不可碰到 FTO 导电面。

(3)清洗玻璃保鲜盒时可用砂纸打磨内壁残留沉积物，再用自来水冲洗，直至洁净为止。

4. 思考与分析

根据本节实验内容，请回答：

(1) TiO_2电子传输层和ZnO电子传输层在性能方面有什么不同？

(2) 如何判断制备的TiO_2电子传输层是否合乎封装器件的需求？

(三) 一步溶液法制备钙钛矿层

钙钛矿材料的前驱体通常由含铅或锡的盐类和含卤素的有机配体组成，这些前驱体被溶解在溶剂中，如二甲基亚砜(DMSO)、γ-丁内酯(GBL)等。在溶液中，这些前驱体通过化学反应形成钙钛矿结构的溶胶。

在旋涂法中，基体被固定在旋转平台上，然后将溶胶滴加到基底上。随着基底的旋转，溶胶均匀地扩散并形成薄膜。而在薄膜形成过程中，前驱体之间的化学反应继续进行，钙钛矿结构的晶粒逐渐生长并形成连续的薄膜。这一过程需要精确控制反应条件，如温度、湿度、溶剂选择等，以确保获得高质量、高性能的钙钛矿薄膜。

最后，通过退火处理去除残留的溶剂和副产物，进一步改善钙钛矿薄膜的结构和性能。退火处理还可以帮助调整晶粒尺寸和形貌，提高薄膜的结晶度和光电性能。

总之，溶液法制备钙钛矿薄膜的原理是通过溶解、化学反应、沉积和退火等一系列步骤，将钙钛矿材料的组分在基底上形成一层均匀、连续的薄膜。这种方法具有操作简便、成本较低、可调控性强等优点，因此在钙钛矿薄膜的制备中得到了广泛应用。

本次实验采用一步溶液法制备钙钛矿薄膜，其过程如图4所示，通常将CsI和PbI_2前驱体按照1∶1或者3∶1的配比混合在高沸点的极性溶剂(DMF)中配置成澄清透明的前驱体溶液，然后按照滴加、旋涂、蒸发的步骤就可以得到钙钛矿薄膜。旋涂的转速和时间用来控制基体上担载液膜的厚度。随着液膜中溶剂的蒸发，溶液内部逐渐达到过饱和，溶质经过行核和生长两个阶段，最后形成干燥薄膜。

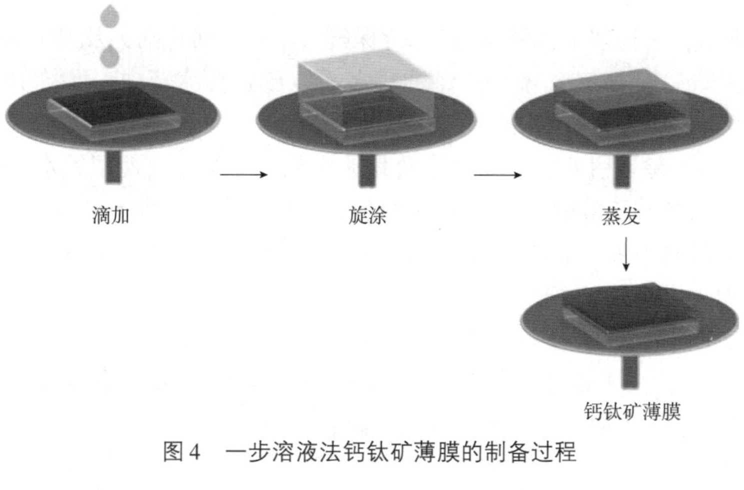

图4　一步溶液法钙钛矿薄膜的制备过程

1. 实验设备与材料

(1) 实验设备：烧杯、镊子、搅拌台、超声波清洗器、磁子、马弗炉、旋涂仪等。

(2) 实验材料：碘化铅、甲胺氢碘酸盐(MAI)、N,N二甲基甲酰胺(DMF)、二甲基亚砜 FTO导电玻璃、无水乙醇、蒸馏水、洗洁精等。

2. 实验内容和步骤

本次实验内容主要为制备钙钛矿薄膜，首先需配置钙钛矿（$CH_3NH_3PbI_3$）溶液，后使用旋涂法制备 $CH_3NH_3PbI_3$ 薄膜。以下为详细的实验步骤：

（1）学生 4～5 人一组，对 FTO 导电玻璃进行切割及清洗。

1）利用实验室用玻璃切割器将 20cm×15cm 的导电玻璃切割成 2.5cm×2.5cm 的导电玻璃。

2）每组领取 3 块切割好的 FTO 导电玻璃，并将其放置于预先清洁好的 500mL 的烧杯中，先用洗洁精清洗导电玻璃表面的油污，并且超声清洗 10min；接下来用蒸馏水清洗导电玻璃表面的洗洁精，并在洁净的蒸馏水中超声清洗 10min；最后用无水乙醇清洗玻璃表面，并在无水乙醇中超声清洗 10min。之后将导电玻璃浸泡于无水乙醇中待用，以避免灰尘覆盖。

3）使用时，将浸泡于无水乙醇中的导电玻璃取出放置于专用导电玻璃清洗架上晾干备用。

（2）配制 $CH_3NH_3PbI_3$ 溶液。

取 480mg PbI_2 溶于 0.64mL DMF，取 159mg MAI 溶于 0.16mL DMF 中，将二者混合，常温搅拌 5～6h，即可制备出钙钛矿溶液。

（3）旋涂法制备 $CH_3NH_3PbI_3$ 薄膜。

1）取出清洗好的导电玻璃 FTO。

2）将导电面朝上放置于台式匀胶机托盘的正中央固定好，取 50μL 的钙钛矿前驱体溶液在低速 1000rpm 下旋涂 6s 之后转为高速 4000rpm 旋涂 20～30s 于 FTO 表面，使 $CH_3NH_3PbI_3$ 溶液均匀平铺在导电玻璃的导电表面。

3）在加热台上按顺序退火，先进行 75℃10min 退火，随后 105℃10min 退火。

3. 注意事项

（1）严格遵守各种仪器设备的使用方法及规则；

（2）配置溶液时，请戴好丁腈手套并佩戴口罩。

4. 思考与分析

根据本次实验内容，请回答：

（1）请简述一步溶液法制备钙钛矿薄膜的优缺点，其和两步溶液法有什么区别？

（2）旋涂机的转速对制备的 $CH_3NH_3PbI_3$ 薄膜有什么影响？

（四）旋涂法沉积空穴传输层

空穴传输层（Hole Transporting Layer，HTL）是光电设备中的一种关键功能层，主要应用于有机发光二极管（OLED）、有机太阳能电池（OSCs）以及钙钛矿太阳能电池（PSCs）等器件中，其作用如下。

（1）提取空穴：空穴传输层从钙钛矿层中提取空穴，并将其输送到顶部电极。

（2）阻止电子：它还起到阻挡层的作用，防止电子从电极穿过钙钛矿层，从而减少电荷重组。

（3）保护作用：空穴传输层还可以保护下面的钙钛矿层免受外部环境（如湿气和氧气）的影响。

在钙钛矿太阳能电池中，空穴传输层主要负责收集和传输由光生载流子产生的空穴。当太阳光打到钙钛矿吸收层时，会产生电子和空穴对。空穴传输层能够有效地将这些空穴从吸收层中抽离并传输到电极，从而实现光能到电能的转换。

常用的空穴传输层材料根据组分的不同，可以分为有机材料和无机材料两大类。有机空穴材料通常具有良好的溶解性和成膜性，便于通过溶液法制备薄膜，且通常具有较高的空穴迁移率，能够有效地传输空穴。但稳定性相对较差，容易受到环境因素的影响，典型的有机空穴材料如 spiro - OMeTAD，是钙钛矿太阳能电池中使用最早、应用最广泛的 P 型小分子空穴传输材料。与有机材料相比，无机材料通常具有更好的稳定性和较高的空穴迁移率。常见的无机空穴传输材料包括铜的氧化物(如 CuO、Cu_2O)和其他一些金属氧化物(如 NiO、CuI 和 CuSCN)。这些材料通过合适的工艺可以制备出高质量的薄膜，从而提高太阳能电池的性能。无机空穴传输材料可以通过溶液法加工，有助于降低成本和提高大面积器件的制造效率。

旋涂法(Spin Coating)是一种用于制备薄膜的常用技术，尤其在太阳能电池薄膜的制备中占据重要地位。旋涂法主要原理为利用旋转产生的离心力将溶液中的溶剂从薄膜基底上甩出，同时使溶质(通常是活性材料)均匀地沉积在基底表面，随着溶剂的蒸发，溶质形成一层均匀的薄膜。其大致步骤如下。

1)准备溶液：首先，将太阳能电池所需的光电转换材料溶解在合适的溶剂中，形成具有一定浓度和黏度的溶液。

2)滴加溶液：将溶液滴加到放置在旋涂机上的基底(如玻璃、塑料或金属等)中心。

3)旋转基底：启动旋涂机，使基底以一定速度旋转。旋转速度通常从几千转到几万转不等，具体取决于所需的薄膜厚度。

4)溶剂蒸发：随着基底的旋转，溶液在离心力的作用下迅速均匀地散开并覆盖整个基底表面，同时溶剂开始蒸发。

5)形成薄膜：随着溶剂的完全蒸发，溶质在基底表面形成一层薄膜。通过控制转速、溶液的黏度和滴加量，可以得到不同厚度的薄膜。图 5 所示为旋涂机和 FTO 基体的放置示意。

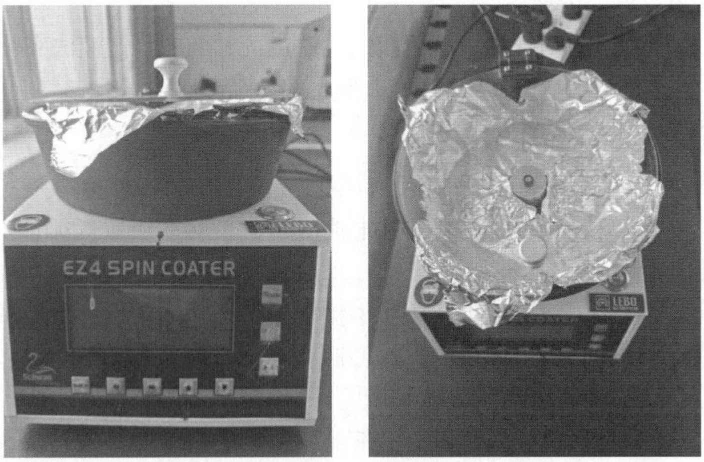

图 5　旋涂机和 FTO 基体放置示意

控制太阳能电池薄膜厚度的方法主要有以下 4 种。

(1)控制转速：旋涂过程中，转速是影响薄膜厚度的最重要因素之一。转速越高，溶液在离心力作用下的散布速度越快，溶剂蒸发越快，形成的薄膜越薄。因此，通过调节旋涂机的转速可以精确控制薄膜的厚度。

(2)控制溶液的黏度和浓度：溶液的黏度和浓度也会影响薄膜的厚度。黏度较高的溶液在旋涂过程中不易流动，因此形成的薄膜相对较厚。通过调整溶液中的固体含量或添加增稠剂来调整溶液的黏度，可以控制薄膜的厚度。

(3)控制滴加量：旋涂前滴加到基底上的溶液量也会影响薄膜的厚度。滴加量越多，形成的薄膜越厚。可以通过精确控制滴加的溶液体积来调节薄膜厚度。

(4)控制旋涂时间：旋涂时间也会影响薄膜的厚度，尤其是在低速旋涂时。较长的旋涂时间意味着溶液在基底上的停留时间更长，溶剂有更多时间蒸发，从而可能形成更厚的薄膜。

1. 实验设备与材料

(1)实验设备：500mL 烧杯、圆头镊子、抽气泵、旋涂仪、超声波清洗器、基体夹具等。

(2)实验材料：FTO 导电玻璃、spiro - OMeTAD(空穴传输层材料)、无水乙醇、去离子水、丙酮、异丙醇、洗洁精等。

2. 实验内容和步骤

本次实验主要内容为通过旋涂法制备空穴传输层，以下是具体操作步骤：

(1)学生 4 ~5 人一组，对 FTO 导电玻璃进行切割及清洗。

1)利用实验室用玻璃切割器将 20cm × 15cm 的导电玻璃切割成 2.0cm × 1.5cm 的导电玻璃。

2)每组领取 3 块切割好的 FTO 导电玻璃，并将其放置于预先清洁好的 500mL 的烧杯中，先用洗洁精清洗导电玻璃表面的油污，然后用去离子水、无水乙醇、丙酮和异丙醇分别超声清洗 15min。清洗结束后将导电玻璃浸泡于去离子水中待用，以避免灰尘覆盖。

3)使用时，将浸泡于去离子水中的导电玻璃取出用烘箱烘干或者氮气吹干。

(2)旋涂空穴传输层。

1)取出清洗好的导电玻璃 FTO。

2)连接旋涂仪和抽气泵的电源并打开启动按钮。

3)设置旋涂仪参数为转速 4000r/min，时长 30s。

4)将 FTO 基体的导电面朝上放置于旋涂仪托盘的正中央固定好，然后点击抽气开关。

5)取 80μL 的空穴传输层溶液(spiro - OMeTAD)静态旋涂在 FTO 基体上，点击启动按钮。等旋涂结束后再次点击抽气开关，取下 FTO 基体放置于基体盒中。

3. 注意事项

(1)吸取空穴传输层溶液时避免一次性吸取过多造成浪费；

(2)空气中操作时需要佩戴口罩，避免溶液误入口腔造成危险。

4. 思考与分析

(1)在旋涂空穴传输层时怎样避免旋涂不均匀？旋涂时怎样控制旋涂时的厚度？

(2)空穴传输层的旋涂效果对电池的好坏有何影响?

(五)真空蒸镀法制备金属(铝和银)电极

(1)金属电极概念。

钙钛矿太阳能电池中的金属电极是电池结构的关键组成部分，其主要功能是作为电流的收集和输出端。在标准的钙钛矿太阳能电池结构中，金属电极位于电池的顶层，紧贴着空穴传输层(HTL)。其下方通常依次是钙钛矿吸光层、电子传输层(ETL)和透明导电基底。金属电极通常使用银、金、铝等导电性能良好的金属材料。其中，银是最常用的材料，因为它不仅导电性能优秀，而且能够形成良好的欧姆接触，从而提高电池的整体性能。金属电极的主要作用是收集由钙钛矿层产生的空穴(在空穴型钙钛矿电池中)或电子(在电子型钙钛矿电池中)，并将这些电荷传输到外部电路，从而产生电流。金属电极的制备通常采用真空镀膜、电子束蒸发或磁控溅射等技术，以确保电极的均匀性和高导电性。总的来说，金属电极在钙钛矿太阳能电池中是不可或缺的，它们直接影响着电池的性能和效率，因此在设计和制备过程中需要仔细考虑其材料和工艺选择。

(2)真空蒸镀的原理。

真空蒸镀是一种在真空环境下进行的物理气相沉积工艺，其基本原理是将待镀材料(通常是金属或某些化合物)在真空室内加热至蒸发或升华状态，使其从固态直接转变为气态，然后将这些气态的分子或原子沉积到放置在真空室内的基板表面上，从而形成一层均匀的薄膜，以下是真空蒸镀的详细原理。

1)真空环境：首先，将蒸发源(含有待镀材料的容器)和基板(待镀物品的表面)放置在一个真空容器中，并通过真空泵抽取空气和其他气体，以降低容器内的气压至10^{-3}至10^{-4}帕斯卡(Pa)，这样的真空度可以确保蒸镀材料的分子在到达基板之前不会与容器内的气体分子发生碰撞。

2)加热蒸发：在真空条件下，使用电阻加热、电子束、高周波诱导或雷射等加热方式将蒸发源中的材料加热至其蒸发或升华温度，使其从固态变为气态。

3)分子沉积：加热后产生的气态分子或原子会以直线轨迹向四周扩散，最终在相对较冷的基板表面碰撞并凝结，形成薄膜。这个过程类似于水蒸气在冷窗玻璃上凝结成水滴的过程。

4)控制工艺：为了获得特定性质和质量的薄膜，可以控制蒸镀材料的温度、蒸发速率、真空室的气压以及基板温度等参数。例如，在蒸镀树脂时，需要特别调整蒸镀时间，以避免金属冷却时产生的热量导致树脂变形。

5)蒸镀材料的选择：不同材料的熔点和沸点不同，因此并不是所有材料都适合进行蒸镀。例如，熔点和沸点过高的金属或合金可能不适合蒸镀。

6)辅助技术：为了提高薄膜的密着度，有时会在蒸镀前使用 RF 等离子体或离子枪对基板进行处理，这些技术可以使基板表面离子化，增强薄膜与基板的结合力。

通过这种真空蒸镀的方法，可以制备出具有特定功能和应用的高质量薄膜，如防反光涂层、导电膜、反射膜等，图6 所示为真空镀膜机。

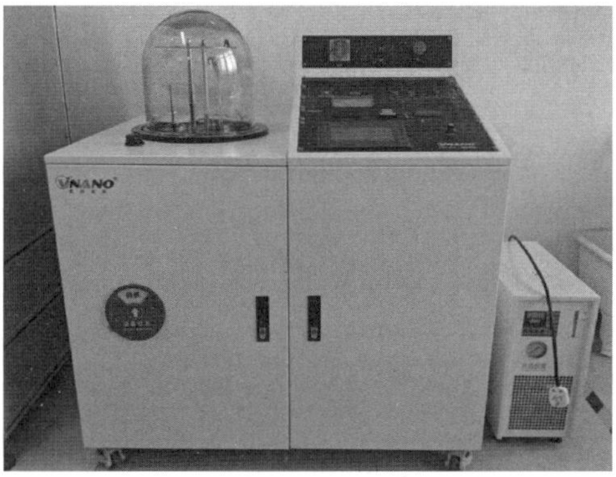

图6 真空镀膜机

(3)电流最佳参数的确定方法。

采用真空镀膜制备钙钛矿金属电极时，不同的金属电极所使用的电流参数略有差异，以下是确定电流参数的步骤：

1)确保初始电流示数为零。

2)缓慢升高电流至100A，等待3~5min，观察金属熔化程度。

3)倘若金属开始熔化则每1min升高电流值为5A，步骤持续3~4次；倘若金属未出现熔化现象，则每1min升高电流值为5A，步骤持续5~6次。

4)注意金属从熔化到镀膜结束所需时间为10~15min为良好时间段。

1. 实验设备与材料

(1)实验设备：制冷仪、500mL烧杯、圆头镊子、超声波清洗器、基体夹具、真空镀膜机等。

(2)实验材料：铝、银、FTO导电玻璃、无水乙醇、去离子水、丙酮、异丙醇、洗洁精等。

2. 实验内容和步骤

(1)蒸镀金属铝电极。

1)取出导电玻璃FTO并烘干。

2)打开制冷仪开关和"POWER"键等待自检60s，自检时"COOL"键闪烁，自检完成后打开"COOL"键和"PUMP"键。

3)开启镀膜机电源，打开放气阀，当镀膜机真空压强为大气压强(1.0×10^5Pa)时，打开玻璃罩，将导电面朝下放置，取4粒金属铝放于蒸镀源A或蒸镀源B的钨舟上，并将玻璃罩重新放回。

4)关闭放气阀，并开启机械泵和前级阀，当真空压强小于5Pa时开启分子泵，当真空压强$<5\times10^{-4}$Pa时开始镀膜。

5)开启镀膜开关，保证电流开关位于初始零位置，选取蒸镀源A或蒸镀源B，打开电源启停，选择电极为铝并设置膜厚为1000nm，然后点击开始蒸镀开关。镀膜过程中将电流调整至100A，并观察金属铝的熔解情况，缓慢增大电流至120A，等待镀膜结束(镀膜过程需10~15min)。

6)镀膜结束后，退出镀膜，关闭分子泵，等待分子泵数值为0，关闭前级阀，关闭机械泵，打开放气阀使真空压强为大气压强时，取出镀膜后的基体，清洗玻璃罩后放回原位。

7)再次关闭放气阀，打开机械泵，打开前级阀，当真空压强为5Pa以下时，打开分子泵，使真空压强处于1Pa以下。

8)再次关闭分子泵，等分子泵示数为零后，关闭前级阀和机械泵，关闭镀膜机开关，随后关闭制冷仪开关，操作结束。

(2)蒸镀金属银电极。

1)取出导电玻璃FTO并烘干。

2)打开制冷仪开关和“POWER”键等待自检60s，自检时“COOL”键闪烁，自检完成后打开“COOL”键和“PUMP”键。

3)开启镀膜机电源，打开放气阀，当镀膜机真空压强为大气压强(1.0×10^5Pa)时，打开玻璃罩，将导电面朝下放置，取4粒金属银放于蒸镀源A或蒸镀源B的钨舟上，并将玻璃罩重新放回。

4)关闭放气阀，并开启机械泵和前级阀，当真空压强小于5Pa时开启分子泵，当真空压强$<5\times10^{-4}$Pa时开始镀膜。

5)开启镀膜开关，保证电流开关位于初始零位置，选取蒸镀源A或蒸镀源B，打开电源启停，选择电极为铝并设置膜厚为1000nm，然后点击开始蒸镀开关。镀膜过程中将电流调整至100A，并观察金属银的熔解情况，缓慢增大电流至115A，等待镀膜结束(镀膜过程需10~15min)。

6)镀膜结束后，退出镀膜，关闭分子泵，等待分子泵数值为0，关闭前级阀，关闭机械泵，打开放气阀使真空压强为大气压强时，取出镀膜后的基体，清洗玻璃罩后放回原位。

7)再次关闭放气阀，打开机械泵，打开前级阀，当真空压强为5Pa以下时，打开分子泵，使真空压强处于1Pa以下。

8)再次关闭分子泵，等分子泵示数为零后，关闭前级阀和机械泵，关闭镀膜机开关，随后关闭制冷仪开关，操作结束。

3. 注意事项

(1)分子泵必须在5Pa以下开启。

(2)关闭分子泵时必须等分子泵示数清零后再关闭前级阀和机械泵。

(3)严格遵守各种仪器设备的使用方法及规则。

4. 思考与分析

根据本次实验内容，请回答：

(1)制备的金属电极质量对电池的性能有何影响？

(2)为什么要在5Pa以下开启分子泵，当关闭分子泵时，为什么需要分子泵示数为0之后才能关闭前级阀和机械泵？

(六)钙钛矿太阳电池光电转换性能的测试

(1)钙钛矿太阳能电池的光电转换性能测试通常包括以下几个关键数据。

1）短路电流密度（*Jsc*）：短路电流密度是指在阳光照射下，电池两端短路时，电池内部的电流密度。

2）开路电压（*Voc*）：开路电压是指电池两端开路时，电池两端的电压，其是评估电池内部电场和半导体性质的重要参数。

3）填充因子（*FF*）：填充因子是指电池在实际工作状态下，输出的电流密度与短路电流密度之比。

4）光电转换效率（*PCE*）：光电转换效率是评价太阳能电池性能的最重要指标，是指电池输出的电功率与入射太阳光功率之比。

这些参数共同决定了 PSC 的光电转换性能。通过对这些参数的分析，可以评估钙钛矿太阳电池的性能，为指导电池研发和优化提供数据支持。

（2）*J*－*V* 曲线。

J－*V* 曲线是描述太阳能电池在不同电压和电流下的性能曲线，如图 7 所示。通过测定太阳能电池在不同工作点下的电流和电压值，可以绘制出其 *J*－*V* 曲线。这条曲线可以帮助人们了解太阳能电池在不同工作条件下的性能表现，对优化太阳能电池的工作状态具有重要意义。

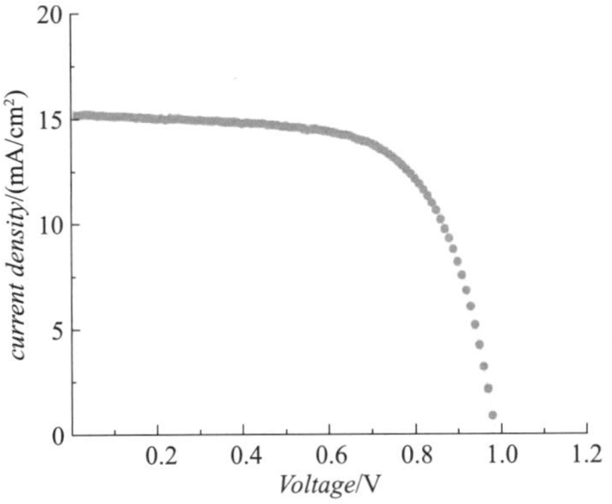

图 7　*J*－*V* 曲线

J－*V* 曲线上的电流轴表示了太阳能电池的输出电流。在零电压时，电流称为光生电流，代表了太阳能电池在光照条件下产生的电流。而在零电流时，电流称为暗态电流，代表了太阳能电池在无光照条件下产生的电流。通过 *J*－*V* 曲线，我们可以清晰地观察到光生电流和暗态电流的特性，从而了解太阳能电池在光照条件下和无光照条件下的电流响应。

J－*V* 曲线上的电压轴表示了太阳能电池的输出电压。在 *J*－*V* 曲线上，形状最好的部分为一个矩形，我们称之为填充因子。填充因子是衡量太阳能电池效率和电子转移的重要指标，它反映了太阳能电池内电荷的有效输运情况。通过 *J*－*V* 曲线，我们可以直观地观察到填充因子的大小和变化，从而了解太阳能电池内部电荷的输运效率。

J－*V* 曲线是评估太阳能电池性能的重要工具，它不仅可以直观地展现太阳能电池在不同工作条件下的性能表现，还可以帮助人们了解太阳能电池内部的电荷输运情况。对于钙钛矿太阳能电池来说，*J*－*V* 曲线的物理意义不仅在于评估其性能，还可以为其优化设

计提供重要参考。

图8　太阳光模拟器

(3)光照模拟原理。

太阳光模拟器是一种用于模拟太阳光的设备，如图8所示，在钙钛矿太阳能电池性能测试中，用来提供稳定、可重复的光源，以准确评估电池的性能。太阳光模拟器的原理是基于光的发光原理，通过使用人工光源来产生与太阳光相似的光谱分布和光强。

太阳光模拟器的核心部件是一个具有特定光谱功率分布的灯具，通常采用弧光灯、氙灯、LED等作为光源。灯具发出的光通过一个滤光片，以滤除不必要的红外线和紫外线成分，得到与太阳光相似的可见光部分。滤光片的透射谱通常参照国际照明委员会(International Commission on Illumination，CIE)的标准太阳光谱进行设计。

太阳光模拟器的光强可以通过控制灯具的输入功率、光路系统和滤光片的透射率等参数来调节。为了提高光强的稳定性和均匀性，太阳光模拟器通常带有反馈控制系统，通过实时监测光强的变化并进行自动调整，以确保测试条件的一致性。

在钙钛矿太阳能电池性能测试中，太阳光模拟器需要与 $J-V$ 曲线仪、紫外可见分光光度计等仪器配合使用，以准确地测量电池的光电转换效率、光谱响应等参数。通过这些测试，可以评估钙钛矿太阳能电池的性能，为进一步优化电池结构和提高电池效率提供指导。

1. 实验设备与材料

(1)实验设备：太阳能电池 $J-V$ 测试系统、钙钛矿电池性能测试夹具等。

(2)实验材料：钙钛矿电池、铝、银、FTO导电玻璃、无水乙醇、去离子水、丙酮、异丙醇、洗洁精等。

2. 实验内容和步骤

本次实验主要内容为测试已制备好的钙钛矿电池性能，分析 $J-V$ 曲线。具体实验步骤如下所示：

(1)准备测试样品，选择质量良好的钙钛矿电池，并确保其表面清洁、无损伤。将电池放置在测试夹具上。

(2)设置测试条件，根据测试需求设置太阳光模拟器的扫描步长为0.01V、电池面积为0.04cm^2、光照强度为100mW/cm^2、测试延时为0.2s、起点电压和终点电压为−0.1V和1.3V。将测试样品放置在太阳光模拟器的光斑中心，确保样品能够均匀地接受光照。

(3)启动太阳光模拟器，使其输出稳定的光源，依次拨动测试夹具的电池开关，进行 $J-V$ 测试。

(4)将所测得数据整合，分析钙钛矿太阳能电池的性能表现，通过对比不同样品的测试结果，找出性能差异的原因。

3. 思考与分析

根据本次实验内容，请回答：

(1)影响钙钛矿电池性能的主要因素有哪些？

(2)怎么利用 $J-V$ 曲线判断钙钛矿电池的性能？

第四节　光催化制氢综合设计创新实验

一、实验目的

(1)了解电化学的电极、电化学的接线方式及电化学测试的基本方法。

(2)学会使用模拟电池进行基本的电化学实验。

(3)掌握电解水产氢的原理及玻碳电极的校准方法。

二、实验原理

(一)光催化制氢实验

(1)准备光催化剂溶液：通常选择一种适当的光催化剂，如 TiO_2，并将其溶解在合适的溶剂中，形成光催化剂溶液。

(2)制备水溶液：制备含有水的溶液，作为光催化反应的反应介质。

(3)装配反应器：将光催化剂溶液和水溶液装入反应器中，确保光催化剂能与光线充分接触，并且水能被光催化剂吸附。

(4)光照条件：将反应器置于光源下，通常使用紫外光或可见光作为激发光源，以激活光催化剂的活性。

(5)反应过程监测：在反应进行过程中，监测氢气产生的量和速率。通常使用气体分析仪器来检测氢气的产生。

(6)收集氢气：通过适当的方法收集产生的氢气，可以用于后续的实验或应用。

(7)数据分析：对实验结果进行分析，包括氢气产生率、光催化效率等参数的计算。

(8)优化条件：根据实验结果，调整光照条件、光催化剂浓度、反应时间等因素，以优化光催化制氢的效率。

光催化制氢实验在太阳能利用和清洁能源方面具有潜在的应用前景，但在实际应用中仍面临一些挑战，如光催化剂的稳定性、光能利用效率等。因此，持续研究和改进仍然是必要的。

(二)光催化溶液创新实验

设计光催化剂溶液的创新实验需要考虑到多个因素，包括选择催化剂、溶剂、溶液浓度等。以下是详细过程。

(1)选择催化剂：对于创新实验，首先需要选择一种具有潜在应用前景的催化剂。可以通过文献研究或者催化剂设计理论基础来确定选择的催化剂。

(2)选择溶剂：根据催化剂的特性和所需的反应条件，选择适合的溶剂。溶剂的选择可能会影响催化剂的活性和稳定性，因此需要进行仔细考虑。

(3)溶液配制：根据所选择的催化剂和溶剂，按照一定的比例配制溶液。在配制过程中，需要确保催化剂溶解均匀，并且溶液的浓度符合实验设计的要求。

(4)催化剂预处理：在实验开始前，需要对催化剂进行预处理，以提高催化剂的活性或稳定性。预处理的方法包括热处理、光照处理等。

(5)溶液处理：根据需要，可以对溶液进行进一步处理，例如通过搅拌、超声波处理等方法，确保催化剂充分分散在溶液中。

(6)实验设计：根据研究目的和假设，设计具体实验方案，包括反应条件(温度、光照条件、反应时间等)，以及所用到的实验装置和实验操作步骤等。

(7)实验操作：根据实验设计，进行实验操作。涉及将催化剂溶液装入反应器中，设置合适的光照条件，以及添加反应物等步骤。

(8)数据采集与分析：在实验过程中，记录关键数据，如反应速率、产物选择性等。根据实验数据进行分析，评估催化剂溶液的性能和实验结果的可靠性。

(9)结果解释与讨论：分析实验结果，解释观察到的现象，讨论实验机理和影响因素。如果可能，与已有文献进行比较，评估实验结果的创新性和意义。

(10)总结与展望：总结实验结果，讨论实验中存在的局限性，展望未来可能的研究方向和应用前景。

以上步骤是创新实验的大致框架，这个大致框架，可以用于具体进行实验设计和实施光催化剂溶液创新实验。具体的操作步骤和条件将根据实验目的和所选择的催化剂而有所不同。

(三)光催化剂溶液的种类和成分

光催化剂溶液的种类和成分可以根据具体的研究目的和应用领域而有所不同。以下是一些常见的光催化剂溶液类型及其可能的成分。

(1)二氧化钛(TiO_2)溶液：二氧化钛(TiO_2)粉末、溶剂(如水、有机溶剂如乙醇等)、可能的表面改性剂或添加剂。

(2)氧化锌(ZnO)溶液：氧化锌(ZnO)粉末、溶剂(如水、有机溶剂如乙醇等)、可能的表面改性剂或添加剂。

(3)半导体量子点溶液：半导体量子点(如 CdSe、CdS 等)、溶剂(如水、有机溶剂如苯、甲苯等)、可能的表面改性剂或添加剂。

(4)金属有机骨架材料(MOF)溶液：金属有机骨架材料(如 ZIF－8 等)、溶剂(如水、有机溶剂如二甲基甲酰胺等)。

(5)有机光催化剂溶液：有机光催化剂(如钌、铱等配合物)、溶剂(如乙醇、二甲基甲酰胺等)。

(6)复合光催化剂溶液：不同种类的光催化剂(如二氧化钛与氧化锌的复合物)、溶剂(如水、有机溶剂)、可能的表面改性剂或添加剂。

在这些溶液中，溶剂的选择是关键，它可以影响到光催化剂的分散性、稳定性以及光催化反应的效率。此外，表面改性剂或添加剂的使用可以进一步调控光催化剂的性能和反应特性。因此，在设计光催化剂溶液时，需要综合考虑溶剂选择、光催化剂的性质以及可能的添加剂等因素。

（四）二氧化钛（TiO_2）光催化剂溶液

二氧化钛（TiO_2）是一种常用的光催化剂，广泛应用于光催化反应中，包括光催化分解水制氢、光催化降解有机污染物等。其主要作用是吸收光能，激发电子，促进光催化反应的进行。以下是二氧化钛光催化剂溶液的作用和配制方法。

1. 作用

吸收光能：二氧化钛能够吸收紫外光，产生带状电子和空穴对，并在光催化过程中参与电子转移反应。

活化反应物：激发的电子和空穴对可以促进光催化反应中的氧化还原反应，活化反应物分子。

提供反应场所：二氧化钛表面的活性位点可以提供反应场所，有利于光催化反应的进行。

2. 配制方法

选择二氧化钛粉末：首先选择适量的二氧化钛粉末，常用的有 P25 型二氧化钛。

溶剂选择：选择合适的溶剂溶解二氧化钛粉末，常用的溶剂包括水、乙醇等。溶剂的选择应考虑其对二氧化钛的分散性和稳定性。

溶液配制：将二氧化钛粉末加入溶剂中，并使用超声波处理或搅拌等方法使其均匀分散，形成二氧化钛光催化剂溶液。

表面改性：根据需要，可以对二氧化钛进行表面改性，例如通过离子交换或负载其他催化剂等方法，以改善其光催化性能。

实验条件：根据具体的光催化实验要求，调整二氧化钛溶液的浓度和使用条件，如光照强度、反应温度等。

以上是常见的二氧化钛光催化剂溶液的配制方法和作用。在实际操作中，根据具体的研究目的和条件，可能需要进行一些调整和优化。

三、实验内容

（一）二氧化钛光催化分解水制氢实验

1. 准备实验材料和设备

实验材料：二氧化钛粉末（例如 P25 型二氧化钛）、水溶液。

实验设备：光源（如紫外灯或可见光灯）、实验室玻璃仪器（如反应器、搅拌棒等）、气体收集装置（例如气密反应器和气体收集瓶）、分析仪器（如气相色谱仪等）。

2. 制备二氧化钛光催化剂溶液

将适量的二氧化钛粉末加入合适的溶剂中（如水），并使用超声波处理或搅拌等方法使其均匀分散，形成二氧化钛光催化剂溶液。

3. 装配实验装置

将二氧化钛光催化剂溶液装入反应器中，确保光催化剂能与光线充分接触，并且水能被光催化剂吸附。

4. 设置光照条件

将实验装置置于光源下，可以使用紫外灯或可见光灯作为激发光源，以激活二氧化钛光催化剂的活性。

5. 加入水溶液

向反应器中加入水溶液，作为光催化分解水的反应介质。

6. 开始反应

启动光源，开始反应。在光照条件下，二氧化钛光催化剂吸收光能，激发电子－空穴对，并促进水的光解反应。

7. 氢气收集

在反应过程中，收集产生的氢气。可以使用气密反应器和气体收集瓶将产生的氢气收集起来。

8. 氢气分析

使用分析仪器(如气相色谱仪)对收集到的氢气进行分析，确定其产生量和纯度。

9. 数据记录与分析

在反应过程中记录关键数据，包括反应时间、氢气产生速率等。根据实验数据进行分析，评估光催化分解水制氢的效率。

10. 结果分析与讨论

分析实验结果，解释观察到的现象，并讨论可能的机理和影响因素。

11. 优化条件

根据实验结果，调整光照条件、二氧化钛光催化剂溶液浓度、反应时间等因素，以优化光催化分解水制氢的效率。

12. 总结与展望

总结实验结果，讨论实验中存在的局限性，并展望未来可能的研究方向和应用前景。

以上是二氧化钛光催化分解水制氢实验的详细过程。在实际操作中，根据具体的研究目的和条件，可能需要进行一些调整和优化。

(二)光催化分解水制氢需要的设备和材料

光催化分解水制氢是一种利用光能将水分解为氢气和氧气的方法，通常需要以下材料和设备。

光催化剂：常用的光催化剂包括二氧化钛(TiO_2)、氧化锌(ZnO)、半导体量子点等。选择适合实验目的的光催化剂很重要。

溶剂：溶剂用于将光催化剂溶解或分散到溶液中，常用的溶剂包括水、乙醇等。溶剂的选择应考虑其对光催化剂的溶解性和反应介质的适用性。

水源：提供用于光催化反应的水，通常使用去离子水或者其他纯化水源。

光源：光源是驱动光催化反应进行的关键因素，常用的光源包括紫外灯、可见光灯等。选择合适波长和强度的光源对于光催化反应的效率至关重要。

反应器：反应器用于容纳光催化剂溶液和水，提供光催化反应的场所。可以选择适合实验要求的不同类型的反应器，如光化学反应器、光催化反应器等。

气体收集装置：用于收集光催化分解水产生的氢气，常用的气体收集装置包括气密反应器、气体收集瓶等。

分析仪器：用于分析光催化分解水产生的氢气的纯度和量，常用的分析仪器包括气相色谱仪、质谱仪等。

实验室玻璃仪器：如烧瓶、漏斗、磁力搅拌器等，用于实验过程中的操作和反应控制。

其他辅助设备：包括实验室常规设备如天平、显微镜等，以及可能需要的安全设备如护目镜、手套等。

以上列出的材料和设备是进行光催化分解水制氢实验时可能需要的基本物品。具体实验条件和要求会根据研究目的和实验设计而有所不同，因此可能会需要进行适当的调整和补充。

（三）电催化析氢

电催化析氢是利用外加电势促进水分子在电化学界面上发生还原反应，将水分解为氢气和氧气的过程。在这个过程中，电催化剂起着关键的作用，它能够降低水的还原能力，加速水的电化学分解反应。以下是电催化析氢的详细介绍。

1. 电催化剂选择

选择合适的电催化剂对于电催化析氢的效率至关重要。常用的电催化剂包括贵金属（如铂、铑、钯等）、过渡金属化合物（如钴、镍、铁等）、有机催化剂等。这些电催化剂具有良好的电导率、活性和稳定性。

2. 实验装置

电解池：包括阳极和阴极，用于容纳水溶液和电催化剂。

电源：用于提供外加电势，驱动水的电化学分解反应。

参比电极和对电极：用于测量电极电位和电流。

3. 实验操作

准备电解液：将含有电催化剂的水溶液注入电解池中。

设置电解池：将阳极和阴极放置在电解液中，确保它们与电解液充分接触。

连接电源：将电源连接到阳极和阴极，设定适当的电位以促进水的电化学分解反应。

开始实验：启动电源，开始施加外加电势，观察氢气的产生。

数据记录与分析：记录实验过程中的电流、电势和氢气的产生量，进行数据分析和结果评估。

4. 反应机理

在电解液中，外加电势会在阳极和阴极上引发水的电化学分解反应。在阳极上发生氧化反应（氧的析出），在阴极上发生还原反应，即水的电解析氢反应：

阴极反应：$2H_2O + 2e^- \longrightarrow H_2\uparrow + 2OH^-$

5. 实验参数调节

电位调节：调节外加电势的大小，以控制反应速率和产物选择性。

电流密度：控制电流密度可调节反应速率和氢气产生量。

催化剂浓度：调节电催化剂的浓度可以影响反应速率和稳定性。

6. 应用与展望

电催化析氢技术有着广泛的应用前景，可用于制备氢气作为清洁能源或工业氢气生产。随着催化剂设计和电化学技术的不断发展，电催化析氢技术在节能环保和可持续发展方面有着重要的意义。

通过以上步骤，电催化析氢实验可以进行产生氢气并评估电催化剂的性能。这种技术对于绿色能源产生和能源转化具有重要的应用价值。

(四)电催化析氢开放创新实验

电催化析氢是一项具有潜在应用前景的研究领域，开展创新实验可以推动该领域的发展。以下是一个可能的电催化析氢开放创新实验的示例。

1. 实验目的

设计并实施一项创新的电催化析氢实验，旨在探索新型电催化剂、反应条件和实验方法，提高电催化析氢的效率和可持续性。

2. 实验设计

催化剂选择：选择一种具有潜力的电催化剂，可以是贵金属、过渡金属化合物、碳基材料、有机催化剂等，也可以是自制或改性的新型催化剂。考虑其电催化性能、稳定性和成本等因素。

反应条件优化：考虑调节反应温度、电势、电解液成分、电解质浓度等参数，以优化电催化析氢的效率和选择性。探索新型反应条件，如光催化电解、电磁场辅助电解等，以提高反应速率和降低能耗。

新型电极设计：设计并制备新型电催化析氢电极，可考虑纳米结构、表面修饰、复合材料等方面的创新设计，以提高催化活性和稳定性。

实验装置优化：选择合适的电解池和电源，考虑使用微型电解池、流动电解池等装置优化反应条件，提高实验控制性和重现性。

反应动力学研究：进行电催化析氢反应的动力学研究，包括电催化剂的电催化活性、反应速率与电势关系等方面的探索，深入理解反应机理。

3. 实验操作

(1)制备电催化析氢催化剂或电极材料，并进行表征分析。

(2)调配合适的电解液和电解质溶液。

(3)设置实验装置并进行预处理。

(4)开展电催化析氢实验，根据实验设计调节反应条件，记录关键数据。

4. 数据分析与结果

(1)分析实验数据，评估不同条件下电催化析氢的效率和选择性。

(2)解释实验结果，探讨新型催化剂、反应条件和电极设计对电催化析氢性能的影响。

(3)提出可能的改进方案和未来研究方向。

5. 总结与展望

总结实验结果，总结实验所获得的新知识和发现，展望未来电催化析氢技术的发展方向和应用前景。

通过以上实验设计和操作，可以开展一项具有创新意义的电催化析氢实验，为电催化析氢技术的发展做出贡献，并为相关领域的研究提供新的思路和方法。

（五）电催化析氢电极的表面修饰

电催化析氢电极的表面修饰是通过在电极表面引入特定的功能性组分或结构，来调节电催化剂的活性、选择性和稳定性，从而提高电催化析氢的效率。以下是一些常见的电催化析氢电极表面修饰方法及其效果的详细介绍。

1. 纳米结构调控

方法：通过控制电催化剂的形貌和结构，如纳米颗粒、纳米线、纳米片等，可以增加电催化剂的比表面积和活性位点密度。

效果：增强电催化析氢的活性和反应速率，提高氢气产率和选择性。

2. 表面修饰层

方法：在电催化剂表面修饰一层稳定性高、导电性好的修饰层，如碳纳米管、石墨烯、金属氧化物等。

效果：提高电催化剂的稳定性和抗中毒性，减缓活性位点的失活，延长电催化析氢电极的寿命。

3. 金属氧化物负载

方法：将金属氧化物（如氧化锌、氧化铜等）负载在电催化剂表面，形成复合材料。

效果：增强电催化剂与水分子的相互作用，改善电催化析氢反应的过程，提高活性和稳定性。

4. 有机功能化修饰

方法：引入含有特定功能基团的有机分子，如吡啶、咪唑、吡啶酮等，对电催化剂表面进行功能化修饰。

效果：增强电催化剂与水分子之间的相互作用，促进氢气产生反应的进行，提高电催化析氢的活性和选择性。

5. 表面原子修饰

方法：通过原子层沉积（ALD）等技术，在电催化剂表面修饰单层或多层原子。

效果：精确控制电催化剂表面化学组成和结构，调控电催化析氢反应的活性、选择性和稳定性。

6. 表面活性位点调控

方法：通过特定的化学修饰方法，调控电催化剂表面的活性位点，如金属/非金属杂化、氧化还原反应等。

效果：优化电催化剂的活性中心，提高电催化析氢的活性和选择性。

通过以上表面修饰方法，可以有效地改善电催化析氢电极的性能，提高氢气产率和选择性，为电催化析氢技术的发展提供新的思路和方法。不同的修饰方法可以根据实际需要进行组合和优化，以实现更高效、稳定的电催化析氢反应。

（六）电催化析氢电极性能测试

（1）循环伏安法（CV）：用于评估电催化剂在不同电位下的氢气析出动力学性能，包括氢气析出的起始电位、峰电位和峰电流等参数。

(2)线性扫描伏安法(LSV)：用于测定电催化剂的氢气析出极限电流密度，评估电催化析氢的催化活性。

(3)电化学阻抗谱(EIS)：用于研究电催化剂与电解质界面的电化学过程，包括电荷转移阻抗和电解质扩散阻抗等。

(4)稳态电流法(SP)：用于评估电催化剂在稳态电流下的氢气析出速率和稳定性。

(5)持续循环伏安法(CV)：用于评估电催化剂在长时间循环使用过程中的稳定性和耐久性。

(6)气体产率测试：收集产生的氢气并测量其体积，计算氢气产率。

通过上述性能测试，可以全面评估电催化析氢电极修饰后的催化性能，包括活性、稳定性、选择性等，为电催化析氢技术的研究和应用提供重要数据支持。

(七)光催化析氢之玻碳电极循环伏安曲线测试实验

(1)电极：电极电缆插头——测量线缆输入端口，每条电缆线包括五个电极夹：绿色电极夹(WE)接工作电极 WE；红色电极夹(CE)接辅助电极 CE；黄色电极夹(RE)接参比电极 RE；两个黑色电极夹(GND)接电偶电极 WEII(若测试电化学噪声)；当使用屏蔽箱时，黑色电极夹(GND)和黑色电极夹(shield)一起接屏蔽箱。

(2)预热：使用前应打开仪器，预热 5 ~ 20min。

(3)模拟电解池：开路电位 0V。恒电位极化测试，设定极化电位 1.1V(相对参比电极)，然后开始测试。测试时选择电压 - 时间坐标，纵坐标电压应该显示 1.1V 左右；选择电流 - 时间坐标，纵坐标电流应该显示 1mA 左右；如果发现偏差很大，说明仪器有问题。

(4)检查参比电极：用一个新填充过的参比电极(与待测参比电极同型号)，电极底部的微孔陶瓷先在去离子水中浸透，假定它的电位是正确的，并将它与待测参比电极放入装有饱和 KCL 溶液的小烧杯内，用工作站或者数字电压表测量两只参比电极间的电位差，如果电位差大于 10mV，待测电极需更换填充液或直接换新的电极。

(5)模拟电解池：在第一次正式使用电化学工作站进行测试前，为了保证能顺利完成各项操作，先用模拟电解池进行测试，如图 1 所示。

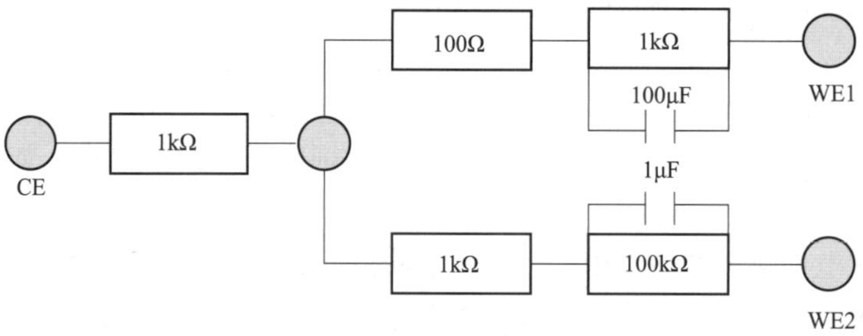

图 1　模拟电解池电路图

a. 开路电位

菜单位置：测试方法—稳态极化—开路电位测量(OCP)

用来检测开路电位(即没有外加电场时，工作电极与参比电极之间的电势差)随时间变化的关系，记录时间长度可以按需要设定。

b. 恒电位极化：测试方法—稳态极化—恒电位极化($i-t$ 曲线)

将一个恒定的极化电位施加到工作电极上，同时监测极化电流随时间的变化关系。

c. 恒电流极化：测试方法—稳态极化—恒电流极化($E-t$ 曲线)

将一个恒定的极化电流施加到工作电极上，同时监测极化电位随时间的变化关系。

d. 动电位扫描：测试方法—稳态极化—动电位扫描(Tafel、DPP)

动电位扫描测试方法中，最多可以有 4 个独立的极化电位设置点，这样可以完成较为复杂的扫描方式，该扫描过程可在电流达到某一特定的值后停止或反向，这种工作方式有利于极化电阻与 Tafel 斜率的测量，另外也方便钝化曲线回扫的测试。

e. 伏安分析：伏安分析法，是在极谱分析法的基础上发展而来的，根据被测物质在电解过程中的电流－电压变化曲线来进行定性或定量分析的一种电化学分析方法。

循环伏安法(Cyclic voltammetry)是以快速线性扫描的方式将激发电位施加于工作电极上，循环伏安法的激发信号是一个三角波。从初始电位开始，电位沿某一方向线性变化至终点电位，立即反向回扫至初始电位。若没有停止命令，将不断重复上述过程。用三角波电压得到的循环伏安曲线包括上下两部分，通常下部分为电活性物质的氧化态还原形成的还原波，称为还原分支或阴极分支；上部分为还原反应产物氧化形成的氧化波，称为氧化分支或阳极分支。循环伏安法可以直接测得阳极峰电流和阴极峰电流的比值，阳极峰电位和阴极峰电位的差值。对于可逆体系，若阴极还原产物是稳定的，则有 $i_{pc}/i_{pa}=1$ 若 $i_{pc}/i_{pa}\neq 1$。则存在别的电极过程。当反应物和产物在电极上强吸附时，可逆波的循环伏安曲线对称，即 $E_{pc}=E_{pa}$，$i_{pc}=i_{pa}$。

如果启用“初始电位”和“终止电位”，则电位扫描的方向为“初始电位”—“第 1 顶点电位”—“第 2 顶点电位”—“第 1 顶点电位”—“第 2 顶点电位”—“终止电位”，在第 1 顶点和第 2 顶点之间循环。如果不启用“初始电位”和“终止电位”则只在第 1 顶点和第 2 顶点之间循环。在整个扫描过程各阶段的扫描速率由“扫描速率”输入指定，而每一段的扫描时间则等于扫描幅值/扫描速率。“循环次数”需要指定，即电位在第 1 顶点和第 2 顶点之间往复次数，其值不能小于 1。对于电位极化方式，一般应选择“相对参比电极”以指定精确的电位范围。玻碳电极在铁氰化钾溶液中的循环伏安曲线如图 2 所示。

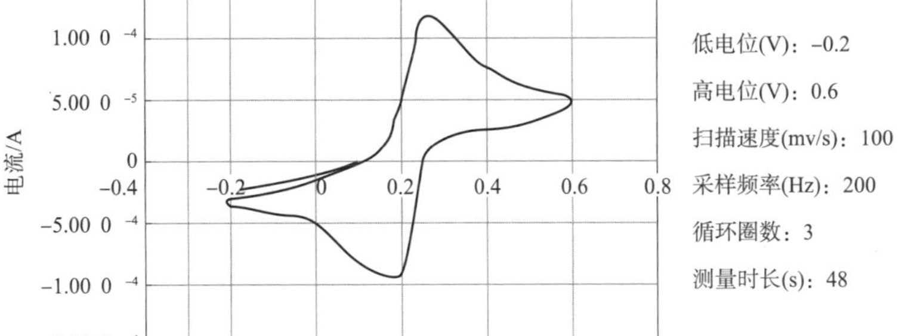

图 2　玻碳电极在铁氰化钾溶液中的循环伏安曲线

线性扫描伏安法

菜单位置："测试方法"—"伏安分析"—"线性扫描伏安法"(Linear - Sweep Voltammetry，LSV，$i-v$ 曲线)

线性扫描伏安法是以线性扫描方式将激发电位施加于工作电极上，其扫描历程相当于循环伏安法的半个循环，从初始电位开始线性扫描至终止电位。

f. 电解水产氢：水(H_2O)被直流电电解生成氢气和氧气的过程被称为电解水。如图 3 所示，电流通过 H_2O 时，在阴极通过还原水形成氢气(H_2)，在阳极则通过氧化水形成氧气(O_2)。氢气生成量大约是氧气的两倍。电解水是取代蒸汽重整制氢的下一代制备氢燃料方法。

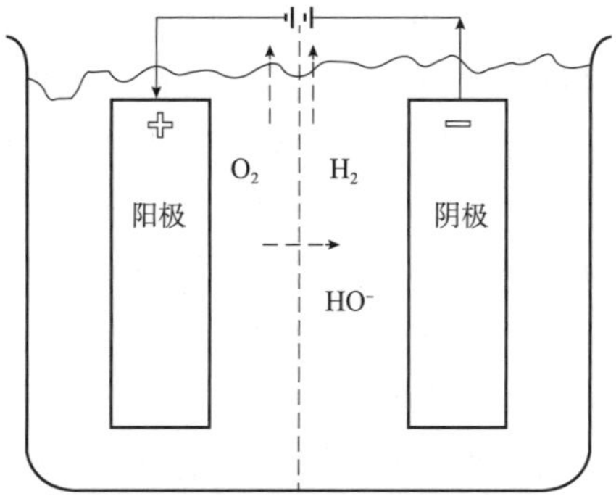

图 3　电解水制氢工作原理

电解水总的反应为：

$$2H_2O = (通电) 2H_2 + O_2 \uparrow$$

在酸性溶液中：

$$阴极\ 2H^+ + 2e^- \longrightarrow H_2$$

$$阳极\ H_2O \longrightarrow 2H^+ + 1/2O_2 + 2e^-$$

在碱性溶液中：

$$阴极\ 2H_2O + 2e^- \longrightarrow H_2 + 2OH^-$$

$$阳极\ 2OH^- \longrightarrow H_2O + 1/2O_2 + 2e^-$$

可用于电催化产氢电极的催化材料很多，包括铂、碳材料、过渡金属碳化物、过渡金属氮化物、过渡金属硫化物、过渡金属硒化物、导电高分子、金属合金、复合材料等。其中铂金属因具有良好的化学稳定性、优异的电催化活性和导电性，常作为其他材料的参考对比。

(八)评价电解水析氢电催化剂性能的实验手段

为了评价 HER 电催化剂的催化活性，有一些重要的参数需要测量或计算。它们主要包括总电极活性、塔菲尔曲线、稳定性、法拉第效率以及周转频率。

1. 总电极活性

一般通过 CV 或 LSV 评估总体电极活性。因为非法拉第电容电流可能构成观察到的总电流的某一部分，特别是对于那些含碳催化剂，只能从 CV 或 LSV 的结果得到一个初步评估材料的电催化活性。

2. 塔菲尔曲线

塔菲尔曲线考察了对不同超电势稳态电流密度的依赖性。一般来说，超电势(η)与电流密度(j)对数相关。塔菲尔曲线的线性部分拟合到 Tafel 公式，如下：

$$\eta = a + blgj$$

式中，b 为塔菲尔斜率。

从 Tafel 公式，可以得到塔菲尔斜率(b)和交换电流密度(j_0)这两个重要参数。b 值一般与催化机理的电极反应有关，而 j_0(当 η 假定为零时对应的电流密度值)代表电极材料的固有催化活性平衡条件。在实际应用中，人们往往期望电催化材料具有高 j_0 值和低的 b。通过 LSV 曲线经过一系列的换算可得到电催化材料的 Tafel 曲线。也可以通过电化学工作站配套的软件进行处理直接测得。

3. 稳定性

考虑到 HER 催化剂主要在强还原环境下(pH 值为 0 或 14)工作，因此，HER 催化剂的催化稳定性是至关重要的。通常有两种方法表征 HER 催化剂的催化稳定性。

(1)测量随时间的电流变化(即 $I-t$ 曲线)。对于这种测量，最好设置 a 电流密度大于 $10mA/cm^2$ 下测试较长时间(时间 >10h)。

(2)进行反复扫描 CV 或 LSV 的实验。循环次数应大于 5000 次以证明材料的稳定性。

4. 法拉第效率

法拉第效率描述了参与电化学系统中所需反应电子参与效率。对电催化析氢反应的法拉第效率定义为实验检测的 H_2 量加到理论 H_2 量比例，这可以从 100% 法拉第产率的电流密度计算得出。

5. 周转频率

周转频率(TOF)被定义为单位催化位点单位时间转化为所需产物的反应物的数量，其可以表现出各自的内在活性催化位点。然而，对于许多固态(非均相)催化材料获得精确的 TOF 值是非常困难的，例如 HER 纳米催化剂，一般可以通过电化学的方法测量 CV 来估算参与 HER 反应的实际活性位点数(单位为 mol)，然后用催化电流除以活性位点数即得到 TOF，或者可以通过催化剂材料的微观形貌，来估算比表面积，以估算参与反应的活性位点数。

四、实验仪器与试剂

实验仪器及材料：电化学工作站；饱和甘汞电极、盐桥、Pt 电极、玻碳电极(ϕ = 3mm)，模拟电解池、电解池及烧杯、玻璃棒等。

实验试剂：铁氰化钾、氯化钾、去离子水等。

五、实验步骤

(1)仪器接电，预热 10min。

使用模拟电池测试，按照原理和图 4 所示接好电极。按照实验原理进行恒电位极化、恒电流极化、动电位扫描和伏安分析。

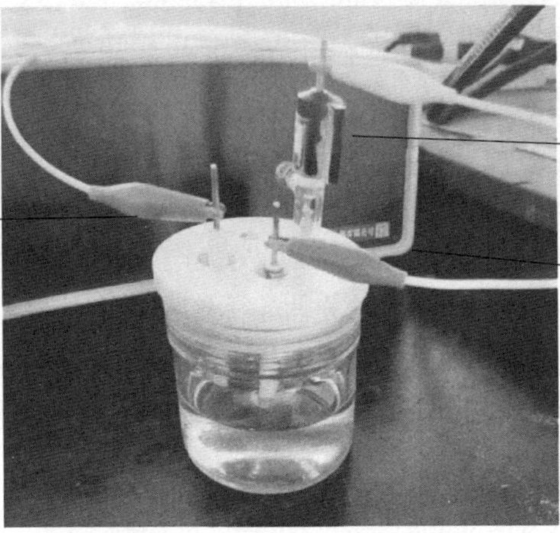

图4　三电极系统连接方法

(2)对玻碳电极进行循环伏安和线性伏安扫描。

1)配制1000mL浓度为1mmol/L的铁氰化钾溶液，并将其放置于电解池中。

2)在抛光布上对玻碳电极进行抛光处理，得到一个平滑光洁的、新鲜的电极表面。

3)安装三电极系统：玻碳电极为工作电极、Pt电极为辅助电极、饱和甘汞电极(SCE)为参比电极，将三电极浸入溶液中，再将工作电极(WE)、辅助电极(CE)和参比电极(RE)分别与电化学工作站的绿色、红色和白色夹子相连。

4)打开电化学工作站，打开测试软件，进行循环伏安法测试。

六、注意事项

1)遵守实验室安全规章制度，进入实验室，不要乱摸乱动乱翻与实验无关的仪器和材料。

2)进入实验室，认真听老师讲解实验原理和实验操作步骤，认真完成实验，禁止在实验室打闹、嬉戏、玩手机或做与实验无关的事情。

七、实验报告内容

(1)阐述本实验的实验目的、实验原理、实验步骤以及使用的仪器和材料。

(2)解释用模拟电池和电解池测试得到的各种实验结果的含义。

八、思考题

根据本节实验内容，请回答：

(1)简述伏安分析方法。

(2)玻碳电极在铁氰化钾溶液中的循环伏安曲线结果如何？

第五节　燃料电池阴极材料制备综合创新实验

一、实验目的

(1)掌握溶胶凝胶法制备材料的原理及过程。

(2)掌握溶胶凝胶法制备材料的关键影响因素。

(3)掌握箱式电炉的使用方法。

二、实验用品

(1)设备：电子分析天平、恒温水浴锅、鼓风干燥箱、箱式电炉、pH 计。

(2)试剂：硝酸镧[$La(NO_3)_3 \cdot 6H_2O$]、硝酸锶[$Sr(NO_3)_2$]、硝酸铁[$Fe(NO_3)_3 \cdot 9H_2O$]、硝酸钴[$Co(NO_3)_2 \cdot 6H_2O$]、柠檬酸、氨水。

三、实验原理

燃料电池(Fuel cells)是一种将化学能直接转化为电能的装置，其原理是利用氢气等燃料与氧气在电化学反应中产生电流。燃料电池通常由阴极、阳极和电解质组成，其中电解质通常是固体或液体。燃料电池的优点包括高能量转化效率、零排放和低噪声等。

进行燃料电池相关的创新实验，可以考虑以下方面。

(1)燃料选择：尝试使用新型燃料，如氢气、甲醇、乙醇、氨、甲烷等，评估其在燃料电池中的性能表现和适用性。

(2)电解质材料：研究新型电解质材料，如固体氧化物、聚合物电解质等，以提高电池的离子传输效率、耐高温性和耐腐蚀性。

(3)催化剂：设计和合成高效的催化剂，如铂、铑、钯等贵金属或非贵金属催化剂，用于促进燃料和氧气的反应速率。

(4)电极结构：优化电极结构，包括阳极和阴极的设计，以提高催化剂的利用率和电化学反应的效率。

(5)温度控制：研究燃料电池在不同温度下的性能表现，探索温度对电池效率和稳定性的影响，寻找最适宜的工作温度范围。

(6)气体输送：优化燃料和氧气的输送系统，确保充分的气体供应并最大限度地减少气体损耗。

(7)材料耐久性：评估电池组件材料的耐久性和稳定性，包括电极材料、电解质材料、密封材料等，以提高燃料电池的长期稳定性和寿命。

(8)集成系统：研究燃料电池与其他能源系统的集成，如太阳能、风能等，探索混合能源系统的优化设计和应用。

(9)应用场景：探索燃料电池在不同应用场景下的潜在应用，如交通运输、航空航天、军事装备、移动电源等。

在进行实验时，需要考虑安全性、稳定性和可重复性，确保实验结果的准确性和可靠性。另外，及时总结实验结果并进一步分析，以指导下一步的研究方向和实验设计。以下是相关燃料应考虑的内容。

(1)氢气优点。

高能量密度：氢气是一种高效的能源载体，具有很高的能量密度。

零排放：氢气作为燃料在燃烧过程中只产生水蒸气，不产生有害气体排放。

可再生：氢气可以通过电解水或其他可再生能源的水解产生。

(2)氢气缺点。

储存和输送难度大：氢气的储存和输送成本较高，需要特殊的储存和输送设施。

安全性问题：氢气是易燃易爆的气体，在储存和使用过程中存在安全隐患。

(3)甲醇优点。

高能量密度：甲醇相比氢气有更高的能量密度，适合用于燃料电池等应用。

易于储存和运输：甲醇是液态燃料，相对于氢气更容易储存和运输。

(4)甲醇缺点。

有毒：甲醇具有毒性，对人体和环境有一定的危害。

二氧化碳排放：甲醇燃烧过程中会产生二氧化碳排放。

(5)乙醇优点。

可再生：乙醇可以通过植物发酵或生物质转化产生，是一种可再生能源。

较低的排放：乙醇燃烧过程中排放的二氧化碳量相对较低。

(6)乙醇缺点。

能量密度较低：相比甲醇和氢气，乙醇的能量密度较低，不适合某些高功率需求的应用。

生产成本高：乙醇的生产成本较高，主要是由于生产过程中需要大量的水和能源。

(7)氨优点。

高能量密度：氨是一种具有高能量密度的氢源，适合用于燃料电池等应用。

(8)氨缺点。

氨气体积大：氨气体积较大，储存和运输成本较高。

排放有害物质：氨燃烧产生的氮氧化物等有害物质对环境有一定影响。

(9)甲烷优点。

能源丰富：甲烷是一种丰富的化石燃料，储量丰富。

较低的二氧化碳排放：相对于其他燃料，甲烷燃烧产生的二氧化碳排放较低。

(10)甲烷缺点。

温室气体排放：甲烷是一种强效的温室气体，其在大气中的存在对全球变暖有贡献。

运输和储存困难：甲烷在常温常压下为气态，需要特殊设施进行储存和运输。

(一)氢燃料电池

氢燃料电池(Hydrogen fuel cell)是一种利用氢气作为燃料、氧气作为氧化剂的燃料电池系统。它的工作原理基于氢气和氧气在电化学反应中产生电能和水。以下是氢燃料电池的详细介绍。

1. 结构

(1)阴极(氧气电极)：通常由铂或其他贵金属制成，用于促进氧气还原反应。

(2)阳极(氢气电极)：通常由贵金属合金或其他催化剂制成，用于促进氢气氧化反应。

(3)电解质：通常采用质子交换膜(PEM)作为电解质，用于传递质子但阻止电子的传导。

(4)氢气供应系统：用于将氢气输送至阳极。

(5)氧气供应系统：用于将氧气输送至阴极。

(6)电流收集器：用于收集产生的电流。

(7)氢燃料电池的阴极是其中的一个重要组成部分，其结构及其作用如下。

1)电解质膜：电解质膜位于阴极和阳极之间，通常采用质子交换膜或其他类型的离子交换膜。电解质膜的主要功能是传递质子，但阻止电子的传导。

2)催化层：催化层位于电解质膜一侧，通常由贵金属或其合金(如铂)组成。催化层的作用是促进氧气还原反应，即将氧气和质子还原成水。

3)氧气扩散层：氧气扩散层位于催化层外侧，通常由碳材料制成，如碳纸、碳布等。氧气扩散层的主要作用是提供足够的氧气通道，确保氧气能够有效地到达催化层表面参与反应。

2. 工作原理

(1)氢气氧化反应：在阳极，氢气通过催化剂发生氧化反应，释放出质子和电子：

$$H_2 \longrightarrow 2H^+ + 2e^-$$

(2)氧气还原反应：在阴极，氧气接受来自外部电路的电子和质子，与质子结合生成水：

$$O_2 + 4H^+ + 4e^- \longrightarrow 2H_2O$$

(3)电子流动：电子在外部电路中流动，产生电流，从而驱动外部负载工作。

(4)离子传递：质子穿过电解质膜从阳极传递到阴极，完成电化学反应。

(5)水生成：氢气和氧气的反应产生水，这是燃料电池唯一的排放物。

3. 使用情况

(1)汽车动力源：氢燃料电池已在汽车等交通工具中进行应用，以提供清洁、高效的动力源。

(2)移动电源：氢燃料电池还可用于为便携式设备提供持续的电力，如笔记本电脑、手机等。

(3)能源储存：氢燃料电池也可用于储存能源，将太阳能、风能等转化为氢气，以备不时之需。

4. 注意事项

(1)氢气安全：氢气是易燃易爆的气体，使用和储存过程中须严格控制氢气的泄漏和安全。

(2)电解质膜：电解质膜须保持湿润状态，避免脱水导致性能下降。

(3)催化剂：催化剂须定期检查和更换，以确保其催化活性。

(4)温度控制：氢燃料电池的性能受温度影响较大，须控制在适宜的工作温度范围内。

(5)水管理：及时排出产生的水，防止水积聚影响电解质膜的传导性能。

(6)定期维护：定期检查燃料电池系统各部件的工作状态，及时进行维护和更换，以保证系统的稳定性和可靠性。

综上所述，氢燃料电池作为一种清洁高效的能源转换装置，在交通运输、移动电源等领域有着广泛的应用前景，但在使用过程中需注意安全和稳定性问题。

(二)甲醇燃料电池

甲醇燃料电池(Direct methanol fuel cell，DMFC)是一种利用甲醇作为燃料的燃料电池。它与其他类型的燃料电池相比，具有简单的结构、高能量密度、低操作温度和易于储存等优点。以下是甲醇燃料电池的详细结构、使用方法以及注意事项。

1. 结构

(1)阴极：通常使用铂等贵金属作为催化剂，用于促进氧气还原反应。

(2)阳极：也是催化层，使用铂－铑合金等作为催化剂，用于促进甲醇氧化反应。

(3)电解质：通常是固体聚合物膜，如聚四氟乙烯(PTFE)等，用于离子传输。

(4)甲醇供应系统：用于提供甲醇燃料至阳极。

(5)氧气供应系统：用于提供氧气至阴极。

(6)散热系统：用于控制燃料电池的温度。

(7)电流收集器：用于收集产生的电流。

2. 使用方法

(1)准备燃料和氧气：将甲醇注入燃料仓，通常采用浓度为3%～5%的甲醇水溶液。同时，将氧气输送至阴极。

(2)启动电池：通过外部电路连接阴极和阳极，启动电池。在正常操作之前，可能需要一段时间来达到稳定的工作状态。

(3)产生电能：在电化学反应的作用下，甲醇和氧气在电解质中发生氧化还原反应，产生电能和水。

(4)收集电能：通过电流收集器收集产生的电能，用于外部电路供电。

(5)维护与监控：定期检查电池的运行状态，确保正常运行并及时进行维护。

3. 注意事项

(1)安全操作：甲醇是易燃和有毒的，操作时要注意安全，避免甲醇泄漏和接触。

(2)通风：保持良好的通风环境，避免甲醇蒸气积聚。

(3)温度控制：保持适宜的温度范围，不同类型的甲醇燃料电池有不同的最佳工作温度。

(4)甲醇纯度：使用高纯度的甲醇可以提高电池的效率和稳定性。

(5)水管理：注意水的生成和排放，及时处理产生的水以维持电解质的湿润状态。

(6)储存和运输：甲醇燃料的储存和运输也需要特别注意安全，避免泄漏和污染。

(7)环境适应性：不同环境条件下电池的性能可能会有所不同，需要根据实际情况进行调整和优化。

(8)材料选择：选择耐腐蚀、高效的电极和电解质材料，以提高电池的稳定性和使用寿命。

(三)电解质膜

电解质膜在燃料电池中起着关键的作用，用于传递离子(通常是质子)但阻止电子的传导。常见的电解质膜材料包括质子交换膜PEM、氧化铋膜、磷酸盐玻璃膜等。其中，质子交换膜是最常用的电解质膜材料之一，由于其良好的质子传导性能和化学稳定性，广泛应用于质子交换膜燃料电池(PEMFC)中。以下是质子交换膜的详细制备方法：

(1)原料准备：首先准备适量的聚合物(通常是含有质子导电基团的聚合物)、溶剂和质子传导剂等原料。

(2)溶液制备：将聚合物溶解于适量的溶剂中，形成聚合物溶液。质子传导剂通常也会加入溶液中。

(3)溶液处理：对聚合物溶液进行适当的处理，如搅拌、超声波处理等，以保证溶液均匀混合。

(4)涂布/铸膜：将处理后的聚合物溶液通过涂布或铸膜等工艺方法涂覆到基底材料(如聚四氟乙烯膜)的表面上，形成一层均匀的涂层。

(5)干燥：将涂覆在基底材料上的溶液进行干燥，通常采用烘箱或真空干燥等方法，以去除溶剂并形成电解质膜。

(6)后处理：根据需要，对干燥后的电解质膜进行后处理，如热处理、压延、交联等，以提高电解质膜的性能和稳定性。

(7)测试：对制备好的电解质膜进行物理性能和电化学性能的测试，包括质子传导性能、热稳定性、化学稳定性等。

(8)应用：将测试合格的电解质膜应用于燃料电池系统中，作为质子传导膜使用。

需要注意的是，电解质膜的制备过程需要严格控制各项工艺参数，以确保电解质膜具有良好的质子传导性能、热稳定性和化学稳定性。此外，制备过程中需要避免受到污染和损伤，以确保电解质膜的质量和性能。

(四)固体燃料电池

$La_{0.6}Sr_{0.4}Co_{0.8}Fe_{0.2}O_3$(LSCF)是一种常用于固体氧化物燃料电池(Solid Oxide Fuel Cell, SOFC)的阴极材料。它具有良好的电化学性能和化学稳定性，是一种优秀的氧还原催化剂，适用于高温固体氧化物燃料电池系统。

LSCF阴极材料的主要组成是镧锶钴铁氧化物。$La_{0.6}Sr_{0.4}Co_{0.8}Fe_{0.2}O_3$的化学式表示了其成分的比例，其中La、Sr、Co和Fe分别代表镧(lanthanum)、锶(strontium)、钴(cobalt)和铁(iron)。这种材料通常具有良好的氧离子和电子传导性能，以及较高的氧还原反应活性，有助于提高燃料电池的性能。

1. LSCF 作为固体氧化物燃料电池阴极材料的优点

(1)良好的氧离子传导性能：LSCF 具有较高的氧离子传导性能，有助于在高温条件下促进氧离子在阴极和阳极之间的传输。

(2)良好的电子传导性能：LSCF 也具有良好的电子传导性能，有助于在阴极表面促进氧还原反应。

(3)高氧还原反应活性：由于其优良的电化学性能，LSCF 可以作为高效的氧还原催化剂，在固体氧化物燃料电池中提供良好的性能。

(4)化学稳定性：LSCF 具有良好的化学稳定性，在高温和氧化还原环境中具有较高的稳定性。

(5)制备工艺相对简单：LSCF 的制备工艺相对简单，可以通过固相法、溶胶 - 凝胶法等常规方法制备。

LSCF 阴极材料的使用有助于提高固体氧化物燃料电池的性能，包括提高电池的电化学性能、增强稳定性和延长使用寿命。因此，它被广泛应用于固体氧化物燃料电池系统的阴极材料中。

LSCF 固体氧化物燃料电池(SOFC)阴极是固体氧化物燃料电池系统中的重要组成部分，具有优良的氧还原性能和电化学稳定性。

2. LSCF 固体氧化燃料电池阴极的详细结构

(1)阳极(Anode)：通常由镍/氧化钙(Ni/YSZ)复合材料构成，用于氢气的氧化反应，产生质子和电子。

(2)电解质(Electrolyte)：通常采用氧化钇稳定的氧化锆(YSZ)等固体氧化物材料，用于传导氧离子，阻止电子的传导。

(3)阴极(Cathode)：LSCF 是典型的固体氧化物燃料电池阴极材料，用于氧还原反应，与来自阳极的质子结合生成水。

3. LSCF 固体氧化燃料电池阴极的制备步骤

(1)材料制备：准备 La_2O_3、$SrCO_3$、Co_3O_4 和 Fe_2O_3 等金属氧化物作为原料，按照一定的摩尔比混合均匀。然后在高温下采用固态反应或化学共沉淀等方法制备 LSCF 粉末。

(2)制备浆料：将制备好的 LSCF 粉末与导电添加剂(如碳黑)和黏结剂(如聚四氟乙烯)按照一定的比例混合，并加入适量的溶剂制备成浆料。

(3)涂覆/涂层：将 LSCF 浆料涂覆在 YSZ 电解质表面，形成 LSCF 阴极层。涂覆方法可以采用喷涂、刷涂、浸渍等技术。

(4)烧结：将涂覆好的 LSCF 阴极层和 YSZ 电解质一起在高温下烧结，使其形成致密的结构并与电解质牢固结合。

(5)测试：对制备好的 LSCF 固体氧化物燃料电池阴极进行性能测试，包括电化学性能、稳定性、使用寿命等。

(6)组装：将测试合格的 LSCF 阴极与阳极和电解质组件组装在一起，形成完整的固体氧化物燃料电池系统。

通过以上制备步骤，可以制备出具有优良氧还原活性和电化学稳定性的 LSCF 固体氧化物燃料电池阴极，为固体氧化物燃料电池系统的性能提升提供了可靠的解决方案。

LSCF 粉末是一种常用于固体氧化物燃料电池阴极材料的重要组成部分。

4. 常见的 LSCF 粉末制备方法

(1)传统固态反应法：准备 La_2O_3、钡碳酸($BaCO_3$)、$SrTiO_3$、Co_3O_4、Fe_2O_3等金属盐作为原料。按照所需摩尔比将以上原料混合均匀，并进行干研磨，以确保颗粒大小和混合度。将混合均匀的原料粉末放入高温烧结炉中，在氧气或氧化性气氛中进行烧结处理。典型的烧结温度为 1100～1400℃。将烧结后的样品取出，并进行机械研磨或球磨，获得所需的 LSCF 粉末。将研磨后的粉末再次放入高温烧结炉中，以进一步提高粉末的结晶度和物理性能。对制备好的 LSCF 粉末进行结晶结构、颗粒大小、化学组成等性质的表征和分析。

(2)化学共沉淀法：将适量的镧盐、锶盐、钴盐和铁盐溶解在适量的溶剂中，形成金属离子的溶液。

将金属盐溶液混合均匀，并加入适量的沉淀剂，如氢氧化钠(NaOH)或碳酸氢铵(NH_4HCO_3)，使金属离子沉淀生成固体沉淀物。通过离心或过滤等方法将沉淀物分离出溶液。对分离得到的沉淀物进行多次洗涤，以去除残余的离子和溶液中的杂质。将洗涤干净的沉淀物进行烘干，使其完全干燥。将干燥的沉淀物放入高温煅烧炉中，在氧气或氧化性气氛中进行煅烧处理。典型的煅烧温度为 800～1100℃。对制备好的 LSCF 粉末进行结晶结构、颗粒大小、化学组成等性质的表征和分析。

以上两种方法是常见的 LSCF 粉末制备方法，选择适合的方法取决于具体的应用需求和实验条件。

溶胶－凝胶法是一种常用于制备氧化物粉末的化学合成方法，它可以制备出颗粒细小、均匀分散的粉末，并且具有较高的纯度和化学均一性。

5. 溶胶－凝胶法制备 LSCF 粉末

(1)制备步骤。

1)溶胶制备：将适量的金属硝酸盐(如硝酸镧、硝酸锶、硝酸钴和硝酸铁)分别溶解在适量的溶剂中(通常为水或有机溶剂)。确保溶液中的金属离子浓度和摩尔比符合所需的 LSCF 配方比例。

2)混合和加热：将上述金属硝酸盐溶液混合均匀，并进行适当的加热，使得溶液中的金属离子形成均匀的混合体系。

3)凝胶形成：在溶胶混合液中加入适量的凝胶剂(如硝酸铵、硝酸钠等)，使得金属离子逐渐凝胶化形成凝胶。

4)干燥：将形成的凝胶进行干燥，通常采用自然干燥或低温烘干的方式。干燥过程中，溶胶凝胶体逐渐失去溶剂，形成固体凝胶。

5)粉碎：将干燥后的固体凝胶研磨成粉末状。

6)煅烧：将粉末状的固体凝胶放入高温炉中进行煅烧处理。煅烧温度和时间根据具体工艺条件进行优化，通常在 800～1100℃的温度内进行煅烧。

7)粉末表征：对制备好的 LSCF 粉末进行结晶结构、颗粒大小、化学组成等性质的表征和分析，以确保粉末满足所需的应用要求。

8）溶胶－凝胶法制备的 LSCF 粉末具有较高的纯度、均匀性和颗粒分散性，适用于固体氧化物燃料电池阴极等领域。

（2）实验步骤。

1）溶胶制备：使用新型溶剂或添加剂，如离子液体、表面活性剂等，探索优化溶胶的稳定性和金属离子的分散性。

2）凝胶形成：尝试采用新型凝胶剂或结合催化剂，控制凝胶的形成速率和结构形貌，以改善粉末的形貌和颗粒大小分布。

3）干燥方法：研究不同的干燥方法，如微波干燥、超临界流体干燥等，探索提高干燥效率和降低能耗的新方法。

4）煅烧条件：优化煅烧条件，如温度梯度煅烧、气氛调控等，以提高 LSCF 粉末的结晶度和相对纯度。

5）表征技术：引入新型表征技术，如原位 X 射线衍射、原子力显微镜等，对制备的 LSCF 粉末进行更全面和深入的表征分析。

（3）创新点。

1）绿色溶剂：利用环保和可再生的绿色溶剂替代传统有机溶剂，降低溶剂对环境的影响。

2）微波辅助：引入微波辅助溶胶－凝胶法，提高制备速度和粉末纯度，降低能源消耗。

3）纳米结构控制：通过调控溶胶－凝胶体系中的温度、pH 值等参数，实现对 LSCF 粉末纳米结构的精确控制，提高其性能。

4）多功能添加剂：引入多功能添加剂，如纳米碳管、金属氧化物等，调控粉末的形貌、结晶度和导电性能，拓展其应用领域。

5）高效表征技术：结合原位表征技术和计算模拟方法，深入理解溶胶－凝胶制备过程中的物理化学机制，为粉末制备提供更准确的指导和优化方案。

通过创新实验，可以不断优化溶胶－凝胶法制备 LSCF 粉末的工艺条件和性能控制，为其在固体氧化物燃料电池等领域的应用提供更可靠和高效的材料基础。

6. 利用柠檬酸有机溶剂溶胶－凝胶法制备 LSCF 粉末

柠檬酸是一种常用的有机酸，可作为络合剂在溶胶－凝胶法中用于制备金属氧化物粉末。以下是利用柠檬酸有机溶剂溶胶－凝胶法制备 LSCF 粉末创新实验的一般步骤和创新点。

（1）实验步骤。

1）溶胶制备：将适量的镧、锶、钴和铁的金属硝酸盐溶解在柠檬酸和柠檬酸铵的混合溶液中，形成金属离子的柠檬酸络合物溶液。

2）溶胶加热：在加热的条件下，将柠檬酸络合物溶液浓缩，直至形成胶状溶胶。

3）凝胶形成：将形成的胶状溶胶在室温下或低温条件下静置一段时间，使其逐渐形成凝胶。

4）干燥：将形成的凝胶进行干燥，以去除溶剂，形成 LSCF 前驱体粉末。

5）煅烧：将 LSCF 前驱体粉末置于高温炉中进行煅烧处理，以使其形成 LSCF 粉末。

6)粉末表征：对制备好的 LSCF 粉末进行结晶结构、颗粒大小、化学组成等性质的表征和分析。

(2)创新点。

1)柠檬酸络合：利用柠檬酸作为络合剂，形成稳定的金属离子络合物，探索柠檬酸在溶胶制备过程中的络合效应对粉末结构和性能的影响。

2)溶胶浓缩技术：引入新型的溶胶浓缩技术，如真空浓缩、超临界流体浓缩等，实现对溶胶的高效浓缩，提高 LSCF 粉末的制备效率。

3)凝胶调控：通过调控凝胶形成条件，如温度、pH 值、溶液浓度等参数，实现对凝胶结构和形貌的精确控制，优化粉末的形貌和颗粒大小。

4)煅烧条件优化：优化煅烧条件，如温度梯度煅烧、气氛调控等，探索提高 LSCF 粉末的结晶度和相纯度，优化其电化学性能。

5)高效表征技术：结合原位表征技术和计算模拟方法，深入理解溶胶 - 凝胶法制备过程中的物理化学机制，为粉末制备提供更准确的指导和优化方案。

通过创新实验，可以不断优化柠檬酸有机溶剂溶胶 - 凝胶法制备 LSCF 粉末的工艺条件和性能控制，为其在固体氧化物燃料电池等领域的应用提供更可靠和高效的材料基础。

燃料电池(fuel cell)是一种高效利用燃料发电的装置，是继水力发电、热发电和原子能发电之后的第四代发电技术。燃料电池把燃料中的化学能直接转变为电能，不经过热能转变，因此不受卡诺循环效率的限制，理论上转化率可达 100%，在发电站、航天飞机、交通运输工具、便携式电子设备等方面具有巨大的应用潜力。燃料电池在原理和结构上与传统化学电池(battery)完全不同，是一种将燃料和氧化剂中的化学能直接转化成电能的发电装置，通过外界不断供给燃料和氧化剂，活性物质并不存储在电池装置中，理论上，燃料电池的容量是无限的。化学电池的活性物质存储在电池内部，容量有限，活性物质消耗完毕，电池就无法工作。燃料电池由燃料供应系统、水管理系统、热管理系统及控制系统等部分组成，是一个复杂的发电系统。化学电池是一种将储能物质中的化学能转变成电能的能量储存和转换装置，结构相对简单。

燃料电池所需的燃料大致可分为两类：一类是初级燃料(如天然气、醇类、煤气、汽油)；另一类是要经过二次处理的低质燃料(如褐煤、废弃物、城市垃圾)。氢气燃料电池系统通常采用燃料转化器(fuel reformer，又称重组器)，将烃类或醇类等燃料的氢元素提取出来然后投入使用。燃料电池的燃料也可来源于经厌氧微生物分解、发酵产生的沼气。如果将太阳能、风能和氢气作为燃料气，即可实现污染物零排放，源源不断的燃料供给，可以使燃料电池不间断地产生电力。

燃料电池是一种电化学能量转换装置，其结构和常见的电池类似，包括阳极、阴极和电解质。燃料电池的基本工作原理是通过阴、阳两极的电化学反应将燃料和氧化剂中的化学能转化为电能。当燃料电池工作时，阳极的燃料被氧化，发生氧化反应；阴极的氧化剂被还原，发生还原反应。总反应为阳极燃料与阴极氧化剂的氧化还原反应。1839 年，格罗夫发明首个燃料电池，即气体伏打电池，如图 1 所示。

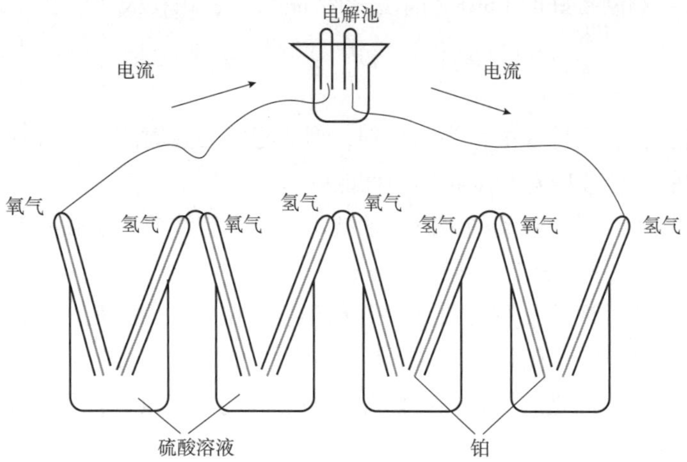

图1　格罗夫的气体伏打电池

燃料电池的主要组成部件为：电极、电解质、隔膜与集流体，集流体也称双极板。电极是氧化还原反应发生的场所，通常具有多孔的气体扩散层和催化剂层。气体扩散层主要起支撑催化剂和传导反应物与生成物的作用，催化剂层中的催化剂性能直接影响电极的氧化还原反应速率。电解质一般是质子的良导体，常用的电解质种类因燃料电池类型的不同而存在明显差异。质子交换膜燃料电池的主要组成部件如图2所示。

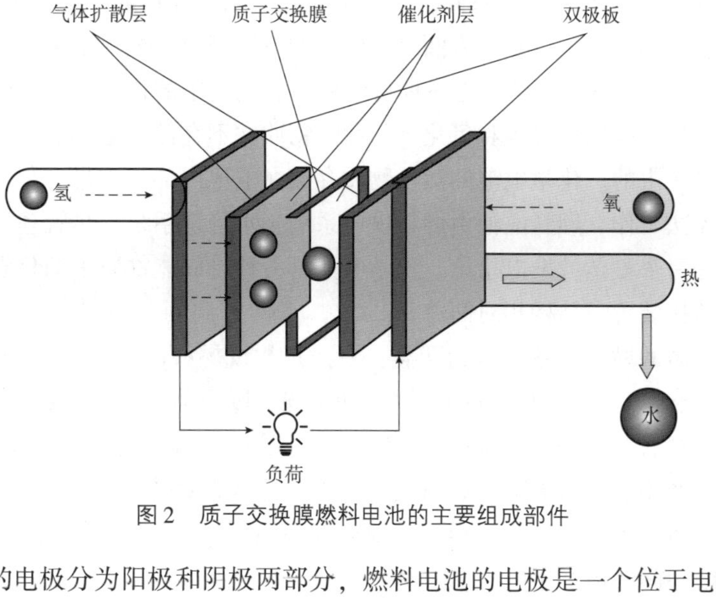

图2　质子交换膜燃料电池的主要组成部件

燃料电池的电极分为阳极和阴极两部分，燃料电池的电极是一个位于电解质与基板之间负载催化剂的薄层，为电化学反应的进行提供了重要场所。作为大多数气体燃料的载体及氧化还原反应发生的主要场所，燃料电池的电极应具有大的比表面积以提高其能量密度与功率密度。为了增加电极的比表面积，大多数燃料电池的电极具有多孔结构。性能优异的多孔电极和气体扩散层具有以下特性：

(1)具有高的电子传导率，燃料进入电池体系后随即扩散到多孔电极或气体扩散层，在电极表面催化剂的催化作用下发生氧化还原反应。同时电子经外电路传输，必须保证多孔电极或气体扩散层能够为电子传输提供良好通道。

(2)具有良好的化学稳定性，良好的化学性能和稳定的机械性能可保证电池长期稳定工作。

(3)易于制备，价格低。

(4)具有合适的孔分布与孔隙率，有效提高电极的比表面积。

(5)电极内部各组成部分之间具有合适的配比和较好的相容性，电极材料与催化剂及电解质具有良好的兼容性，可提升氧化还原反应的稳定性。

(6)确保反应区稳定，可通过电极结构的合理设计及组分的合理选择稳定反应区。

(7)气、液、固界面处液相传质边界层需要具有合适的厚度，合理降低液相传质边界厚度层可有效提高极限扩散电流密度。

(8)负载高活性的电催化剂，可提升电化学反应的速度与效率，获得高的交换电流密度。

溶胶(Sol)是由孤立的细小粒子或大分子分散在溶液中形成的胶体体系，是一种具有液体特征的胶体体系，其分散的粒子大小在1～100nm。凝胶(Gel)是由细小粒子聚集而成三维网状结构的具有固态特征的胶体体系，凝胶呈固定形状，其中的固相粒子按一定网架结构固定，不能自由移动。

溶胶凝胶法就是用含有高化学活性组分的化合物作前驱体，在液相下将原料均匀混合，并进行水解、缩合化学反应，在溶液中形成稳定的透明溶胶体系，溶胶经陈化，胶粒间缓慢聚合，形成三维空间网络结构的凝胶，凝胶网络间充满了失去流动性的溶剂。凝胶经过干燥、烧结固化制备出分子乃至纳米亚结构的材料，整个反应历程如图3所示，主要经历溶剂化、水解反应和缩聚反应阶段。

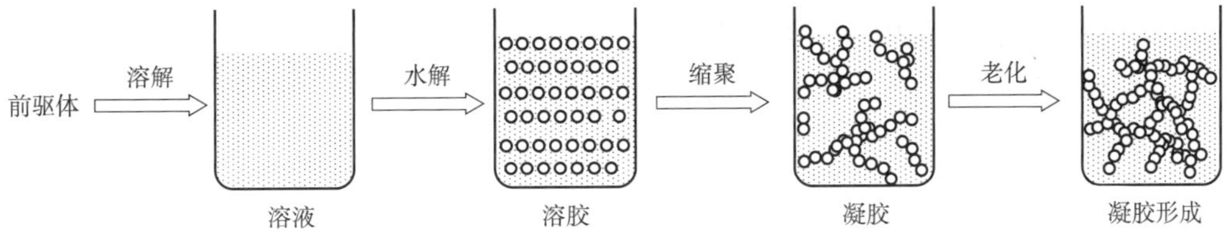

图3 溶胶凝胶法反应历程

溶胶凝胶法制备材料具有以下独特的优点：

(1)所用的原料首先被分散到溶剂中形成溶液，因此，各原料之间可以在很短的时间内获得分子水平的均匀混合。

(2)在溶液中可以很方便地掺入一些微量元素，而且可以达到分子水平上的均匀掺杂。

(3)与固相反应相比，化学反应容易进行，所需的合成温度较低。

同时，溶胶凝胶法也存在一些明显的缺点，比如整个过程所需时间较长，在凝胶干燥过程中，会有大量的气体及有机物从凝胶微孔中逸出，凝胶发生收缩现象。

四、实验步骤

(1)按照$La_{0.6}Sr_{0.4}Co_{0.8}Fe_{0.2}O_3$计算配制0.01mol溶液所需要的各种化学试剂的量，根据计算出的化学试剂的量准确称量$La(NO_3)_3 \cdot 6H_2O$、$Sr(NO_3)_2$、$Fe(NO_3)_3 \cdot 9H_2O$、

$Co(NO_3)_2 \cdot 6H_2O$，记录各种试剂的称量数据。

(2)准确称量柠檬酸，和(1)中的试剂一起，配制成30mL溶液，保证金属阳离子与柠檬酸的摩尔比为1∶2，记录柠檬酸的称量数据。

(3)用氨水调节溶液pH值为7左右。

(4)在80℃条件下，对混合溶液进行加热、搅拌，直至形成黏稠状胶体。

(5)将胶体置于鼓风干燥箱中120℃烘干3h形成干凝胶。

(6)充分研磨干凝胶后置于箱式电炉中煅烧，以1℃/min的升温速率从室温升至400℃，保温1h；然后以2℃/min的升温速率从400℃升至750℃，保温2h，自然冷却。

(7)待样品冷却后，轻微研磨，得到$La_{0.6}Sr_{0.4}Co_{0.8}Fe_{0.2}O_3$粉体，收集备用。

(8)结束后，清理实验桌面，关闭仪器电源。

五、注意事项

(1)称量金属硝酸盐时，可以先将金属硝酸盐分别配制成一定浓度的稀溶液，然后根据化学计量比量取各稀溶液的体积，再加以混合制成前驱体溶液。与直接称量固体再混合相比，量取各金属的稀溶液可减少误差。

(2)在恒温水浴锅加热形成溶胶后，也可将溶胶移至电炉上继续加热直至干凝胶自燃，得到初始粉体，再转移至箱式电炉中煅烧。

第六节　染料敏化太阳能电池综合创新实验

一、实验目的

(1)掌握染料敏化太阳能电池的工作原理及制备过程。

(2)掌握染料敏化太阳能电池光阳极制备工艺。

(3)掌握染料敏化太阳能电池光阳极的染浴工艺及对电极的旋涂工艺。

(4)掌握染料敏化太阳能电池的封装工艺及性能测试方法。

二、实验内容

学会染料敏化太阳能各个组件的制作过程，将各组件组装成染料敏化太阳能电池，并进行太阳能性能的测试。

三、实验原理

(一)染料敏化太阳能电池的特点、结构及工作原理

1. 染料敏化太阳能电池的特点

染料敏化太阳能电池(Dye - sensitized solar cell，DSSC)是一种由有机(染料)及无机(TiO_2)混成的新形态太阳能电池器件，是基于自然界中的光合作用原理而发明的。这种电池以纳米多孔膜作为半导体电极，以有机金属化合物作为光敏化染料，选用适当的氧化－还原电解质作电解质，组装成染料敏化太阳能电池。从结构上来说，染料敏化太阳能电池

就像工人制作的树叶，植物中的叶绿素被敏化剂代替，纳米多孔半导体膜结构取代了树叶中的磷酸类酯膜。不同于传统硅系结构太阳能装置的是，染料敏化太阳能电池的光吸收和电荷分离传输分别由不同的物质完成。光吸收依靠吸附在纳米半导体表面的染料来完成，半导体仅起电荷分离和传输载体的作用，染料敏化太阳能电池的载流子不是由半导体产生，而是由染料产生。染料敏化太阳能电池具有以下特点。

(1)低成本制备：染料敏化太阳能电池使用廉价的材料制备，相较于传统硅太阳能电池，制造成本低1/5～1/10，预期未来成本可以有效降低至US＄0.2/WP左右。

(2)高效率转换：染料敏化太阳能电池输出功率随温度升高而上升，对入射光角度要求低，弱光下仍具有一定的电池效能，能高效工作，适用于室内照明或弱光环境。

(3)灵活性：染料敏化太阳能电池可采用柔性材料制备，使其更加轻薄灵活，可应用于多种曲面和可弯曲的表面，制备简单，其制作过程不需要昂贵的真空设备，可大面积生产，电池还能被塑性或者着色去搭配要装饰的物品或建筑。

(4)光谱响应广泛：染料敏化太阳能电池对光谱的响应范围较广，能够吸收可见光及近红外光，提高能量转换效率。

(5)环保：主要使用的半导体材料是纳米二氧化钛，其含量丰富，成本低，无毒，性能稳定，抗腐蚀性好，相对环保，降低了对环境的不良影响。

(6)半透明性：染料敏化太阳能电池可以设计成半透明的结构，允许光线透过，使其可用于建筑中的窗户或幕墙等。

(7)稳定性挑战：尽管具有上述优点，染料敏化太阳能电池在稳定性方面仍然面临挑战，需要不断改进材料和设计以提高其长期性能。

2. 染料敏化太阳能电池的基本结构

染料敏化太阳能电池染料敏化太阳能电池的基本结构示意如图1所示，其包括以下关键组件。

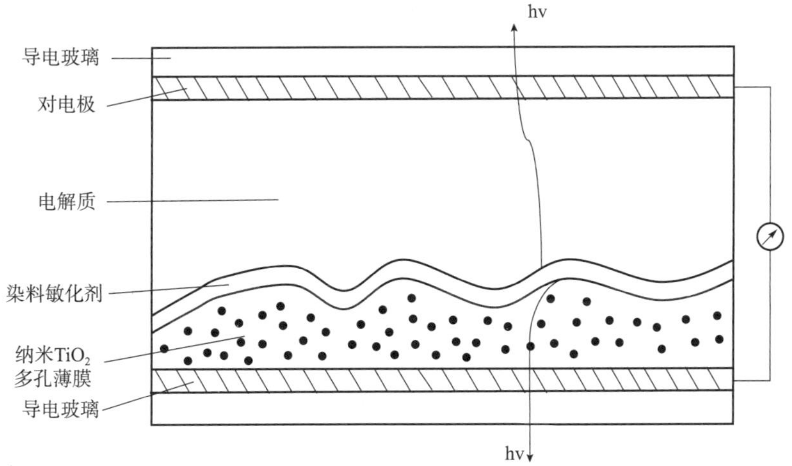

图1　染料敏化太阳能电池的基本结构示意

(1)导电玻璃基板：作为电池的底部，通常使用导电的透明材料，如导电玻璃，以支持电荷的传输。

(2)染料敏化层：这是电池的关键部分，包括染料分子，它们吸收光子并将其转化为电子。染料通常散布在液态电解质中，形成染料敏化膜。

(3)电解质：电解质通常是液态的，它在染料敏化层中传递电子，并促使正电荷(空穴)返回电池的另一侧，完成电荷传导循环。

(4)对电流的导电材料：位于电解质上方，用于收集和传输电子的导电材料，通常是碘化物或其他有机物。

(5)反电极(计数电极)：位于电解质上方，通常是由导电材料(如铂)制成，它接收电子并催化电荷还原电解质中的还原剂。

整体而言，染料敏化太阳能电池是通过光吸收、电子传导和电子收集过程，将光能转化为电能的装置。

3. 染料敏化太阳能电池的工作原理

染料敏化太阳能电池是一种利用染料分子吸收光子并将其转化为电能的太阳能电池。以下是染料敏化太阳能电池工作原理。

(1)光吸收：染料敏化太阳能电池的光阳极通常涂覆有染料，这些染料能够吸收可见光范围内的光子。这些光子激发了染料分子中的电子，使其跃迁到高能级的电子激发态。

(2)电子注入：激发态的电子被注入光阳极中的导电材料，通常是二氧化钛薄膜。在光阳极的染料分子中，电子从激发态的染料分子注入二氧化钛导电材料中，形成自由电子。

(3)电子传导：注入二氧化钛中的自由电子通过导电网络传导，向电池的电流电极流动。导电性能良好的二氧化钛有助于电子快速传输。

(4)电解质中的反应：电子流经过光阳极后，进入电池的电解质。电解质中通常含有碘离子(I^-)。在电解质中，发生氧化还原反应，其中碘离子被氧化形成三碘化物离子(I^{3-})，同时电子被转移给碘离子，形成 I^-。

氧化半反应(阳极上)：$2I^- \longrightarrow I_2 + 2e^{-2}\ I^- \longrightarrow I_2 + 2e^-$。

在阳极上，碘离子(I^-)被氧化为碘分子(I_2)，同时释放出电子。

还原半反应(电解质中)：$I_2 + 2e^- + 2I^- \rightleftharpoons 2I^{3-}$。

在电解质中，碘分子(I_2)接受两个电子，与两个碘离子(I^-)结合，形成三碘化物离子(I^{3-})。这个反应是可逆的，电子在两个方向上流动。

整个反应可以总结为：$2I^- \rightleftharpoons I_2 + 2e \rightleftharpoons 2I^{3-}$。

(5)电子返回光阳极：电解质中发生的反应导致电子形成的电流流回光阳极，形成闭合电路。

(6)电流流动：光阳极和电流电极之间形成的闭合电路使电流得以流动，形成了电池的输出电流。

总体而言，染料敏化太阳能电池的工作原理涉及光子吸收、电子注入、电子传导、电解质中的氧化还原反应和电流的形成。这种电池的优势在于其相对简单的制备工艺和较低的制造成本，使其在某些应用领域具有潜在的竞争优势。

(二)染料敏化太阳能电池各个组件的制作流程及注意事项

1. 导电玻璃制备设备及制备步骤

导电玻璃是制备染料敏化太阳能电池的重要材料，导电玻璃通常是一种以透明导电氧化物(Indium Tin Oxide，ITO)为主要成分的薄膜材料，它具有透明和导电的特性，常被用于光电子器件、显示器件和太阳能电池等领域。这种材料，是由工厂生产的，实验中根据需要购买。以下是导电玻璃制备过程的一般步骤。

(1)材料和设备：玻璃基板、ITO 溶液或靶材、旋涂机或喷涂设备、真空蒸发设备(可选)、氧化锡(SnO_2)靶材(可选)、气溶胶－凝胶涂覆设备(可选)、高温烧结炉、电镀设备(可选)、去离子水、溶剂、清洁剂等。

(2)制备步骤。

1)基板准备：确保玻璃基板表面干净、无尘、无油脂。通常，使用去离子水、溶剂和清洁剂对基板进行清洗。

2)ITO 涂层。

a. 旋涂法：使用旋涂机将 ITO 溶液均匀地涂覆在玻璃基板上。

b. 喷涂法：使用喷涂设备将 ITO 溶液均匀地喷涂在基板上。

3)真空蒸发(可选)：在真空蒸发设备中，通过蒸发技术将金属铟和锡等材料沉积在基板上，形成 ITO 层。

4)气溶胶－凝胶涂覆(可选)：使用气溶胶－凝胶技术将 ITO 溶胶涂覆在基板上，然后通过烧结过程形成导电层。

5)SnO_2涂层(可选)：通过真空蒸发或溶胶－凝胶法，在 ITO 层上添加 SnO_2 层，以增强导电性能。

6)高温烧结：将涂有 ITO 或 ITO/SnO_2层的基板置于高温烧结炉中，烧结以使薄膜在基板上牢固附着，并提高导电性。

7)电镀(可选)：在必要时，使用电镀技术进一步增强导电层的性能。

8)清洗和检查：清洗制备好的导电玻璃，确保表面无尘、无污染，并通过检查确保薄膜的均匀性和透明性。

2. 染料敏化太阳能电池光阳极的制备方法及步骤

(1)染料敏化太阳能电池二氧化钛光阳极的作用及工作原理。

1)二氧化钛光阳极的作用。

a. 光吸收：光阳极是电池中负责吸收光子的组件。它通常涂覆有染料，该染料能够吸收光子并将其激发，产生携带能量的电子。

b. 电子注入：光阳极中的染料吸收光子后，激发的电子被注入导电材料中，通常是二氧化钛薄膜。这个过程将光能转化为电能。

c. 电子传导：注入二氧化钛薄膜中的电子通过二氧化钛的导电网络进行传导，向电池的电流电极流动。

d. 电子注入电解质：电子在二氧化钛中传导到电池的电流电极后，注入电解质(通常是碘离子)，在电解质中产生电荷分离。

e. 阳极电流：电解质中发生的氧化还原反应导致电流，形成了从光阳极到电池的电流。

2)二氧化钛光阳极的工作原理。

a. 吸收光子：染料敏化太阳能电池的光阳极通常包括一个二氧化钛薄膜，其表面涂覆有染料。当光照射到染料时，染料分子吸收光子并激发电子。

b. 电子注入：被激发的电子由染料注入二氧化钛薄膜中。这个过程被称为电子注入，其中电子从染料分子中转移到导电材料中。

c. 电子传导：在二氧化钛中，电子通过导电网络传导，从光阳极向电池的电流电极流动。

d. 电子注入电解质：电子流经二氧化钛后，注入电解质中，触发电解质中的氧化还原反应。

e. 电解质中的反应：在电解质中，通常是碘离子(I^-)的存在，发生氧化还原反应，形成I^{3-}/I^-对。这个反应导致电流的流动。

f. 形成阳极电流：电子通过电池的外部电路返回至光阳极，形成了阳极电流。这个电流可以被接收器收集并用于实际应用。

g. 总体而言，光阳极在染料敏化太阳能电池中起到了光吸收和电子传导的关键作用，使光能转化为电能。

(2)二氧化钛光阳极的基本制备步骤。

染料敏化太阳能电池的阳极通常是由染料敏化层和导电基底构成的。

1)选择导电基底：选择一种透明且导电性良好的基底材料，常见的是导电玻璃，如氧化锡镀铟(ITO)玻璃。

2)清洗导电基底：在制备过程开始前，确保导电基底表面干净，通过使用溶剂和清洗步骤去除表面的杂质和污垢。

3)涂覆染料敏化层：在导电基底上涂覆染料敏化层。这一层通常包含染料分子，它们能够吸收光子并转化为电子。染料通常散布在液态电解质中，形成染料敏化膜。

4)染料敏化膜处理：经过涂覆后，对染料敏化膜进一步处理，确保其均匀分布、附着力强，并具有良好的光电转换性能。

5)干燥：让染料敏化膜充分干燥，确保在电池装配过程中膜的稳定性。

6)加工：根据具体的染料敏化太阳能电池设计需求，需要对染料敏化层进一步加工，以确保阳极的性能和稳定性。

(3)二氧化钛浆料制备。

制备二氧化钛浆料是染料敏化太阳能电池中制作二氧化钛薄膜的关键步骤。

1)原料准备：收集二氧化钛颗粒作为主要原料。这些颗粒通常是纳米级别的，有助于形成均匀且高表面积的薄膜。

2)分散剂添加：向二氧化钛颗粒中添加分散剂，以确保颗粒在液体中均匀分散。分散剂有助于防止颗粒聚集，提高浆料的稳定性。

3)溶剂选择：选择适当的溶剂，使得二氧化钛颗粒能够均匀悬浮在其中。常用的溶剂包括乙二醇、异丙醇等。

4)黏稠剂加入：添加适量的黏稠剂，如聚甲基丙烯酸酯(PMMA)，以提高浆料的黏稠度和涂覆性能。

5)搅拌和超声处理：将上述成分混合，并通过搅拌和超声处理等手段，确保二氧化钛颗粒均匀分散在浆料中。

6)过滤：对浆料进行过滤，去除任何可能存在的颗粒聚集或杂质，保证浆料质量。

7)调整浆料浓度：根据需要，可以通过添加溶剂或二氧化钛颗粒来调整浆料的浓度，以满足特定制备要求。

8)保存：将制备好的二氧化钛浆料保存在避光、低温和湿度较低的环境中，以防止颗粒沉淀和浆料的变质。

这样制备得到的二氧化钛浆料可用于涂覆导电基底，制备染料敏化太阳能电池中的二氧化钛薄膜。

(4)染料敏化太阳能电池光阳极基底准备步骤。

1)基底准备。

a. 基底选择：选择适当的导电基底材料，通常是导电玻璃或导电薄膜。导电薄膜是导电玻璃上涂覆的导电氧化物薄膜，如 SnO_2。

b. 基底清洁：在使用之前，确保基底表面是干净的。使用溶剂(如丙酮、异丙醇)擦拭表面，以去除尘埃、油脂和其他杂质。

c. 氧化处理：对导电基底进行氧化处理，以增强其表面的亲水性。这可以通过将导电玻璃在空气中加热至一定温度，或使用 SnO_2 薄膜的氧化处理来实现。

d. 均匀性检查：检查基底表面的均匀性，确保没有裂缝、气泡或其他表面缺陷。这些缺陷可能会影响后续涂覆和烘干步骤。

2)基底准备注意事项。

a. 防止污染：在基底准备过程中，要避免引入尘埃、油脂或其他污染物。使用无尘室或在洁净的实验室条件下进行操作。

b. 避免划伤：谨慎处理导电基底，避免划伤或损坏表面。划痕可能会影响薄膜的涂覆质量。

c. 精细清洁：清洁基底时，使用高纯度的溶剂，并确保擦拭布或纸巾也是干净的。不良的清洁可能导致污染或表面损伤。

d. 注意氧化处理条件：如果进行氧化处理，确保控制温度和处理时间，以保证氧化层的均匀性和质量。

e. 实验记录：记录基底准备过程中使用的溶剂、温度和处理时间等参数。这些记录对于复现实验和进行后续优化非常重要。

f. 个人防护：在处理化学品或使用加热设备时，佩戴适当的个人防护设备，包括手套、护目镜等。

基底准备的质量对于后续的涂覆和染料敏化步骤至关重要，因此需要仔细操作并保持实验环境的洁净。

3)基底清洁步骤。

a. 溶剂预清洁：使用溶剂(例如丙酮、异丙醇、甲醇)预先清洁基底表面，以去除表面的油脂、灰尘和其他杂质。使用无粉尘的擦拭布或纸巾在基底表面轻轻擦拭，确保尽可能去除表面上的颗粒。

b. 超声波清洁：将基底放入超声波清洗器中，使用溶剂进行超声波清洗。超声波能够有效地去除细小的颗粒和污垢。控制超声波清洗时间(通常数分钟)，以防止过度清洗可能损害基底。

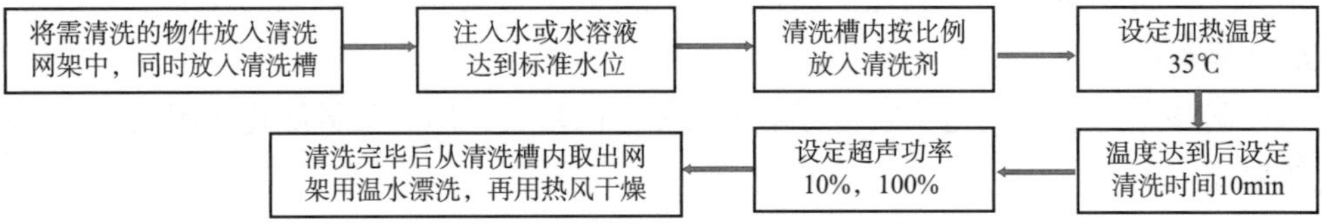

图2　超声波清洗导电玻璃基底流程

c. 去离子水冲洗：使用去离子水(DI 水)对基底进行彻底冲洗，以去除残留的溶剂和其他杂质。可以使用喷头或浸泡基底进行冲洗，确保水质干净。

d. 干燥：将基底在干燥的环境中自然晾干，或者使用氮气吹干。确保完全去除水分，以避免水滴残留在表面。

4)基底清洁注意事项。

a. 使用高纯度溶剂：选择高纯度的溶剂，以避免引入新的污染物。分析级或超纯级的溶剂通常是合适的选择。

b. 防止刮伤：在清洁过程中，避免使用硬的擦拭工具，以防刮伤基底表面。使用软布或纸巾进行擦拭。

c. 避免有尘室：进行清洁操作时，最好在无尘室或洁净的实验室中操作，以减少尘埃和颗粒的引入。

d. 超声波清洗时间：控制超声波清洗的时间，过度的超声波清洗可能对某些材料表面造成损伤。

e. 谨慎选择溶剂：针对具体材料和应用，选择适当的溶剂。一些溶剂可能对某些材料表面产生腐蚀或变色的影响。

f. 防止水渍：在干燥过程中，确保防止水滴残留在基底表面。水渍可能引入额外的杂质。

清洁是实验室工作中的关键步骤之一，良好的清洁步骤可以确保制备过程的可重复性和最终产品的性能。

(5)染料敏化太阳能电池光阳极制备流程如图3所示。

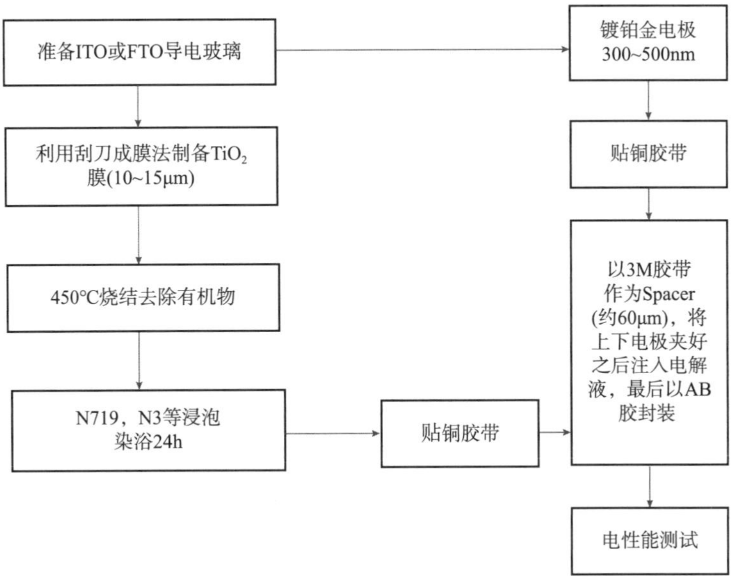

图 3　染料敏化太阳能电池光阳极制备流程

其中刮涂法涂覆二氧化钛流程如图 4 所示。注意事项如下：

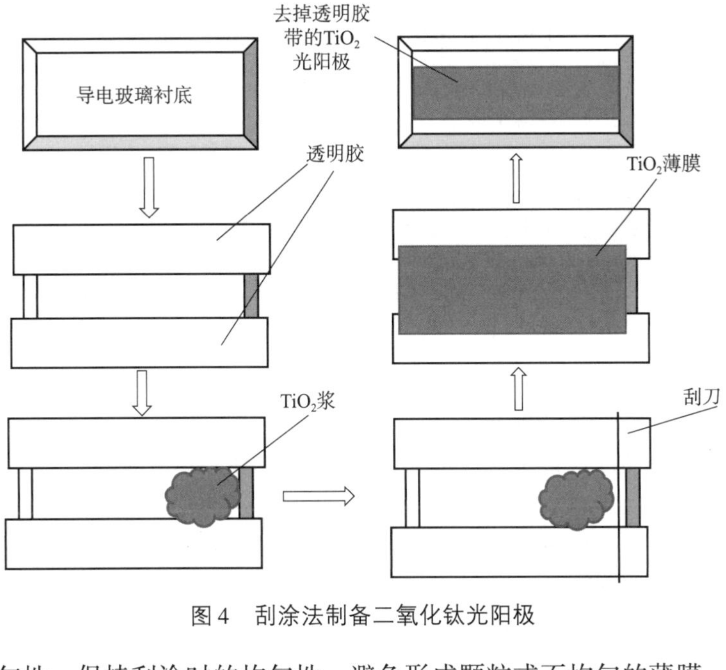

图 4　刮涂法制备二氧化钛光阳极

1)涂布均匀性：保持刮涂时的均匀性，避免形成颗粒或不均匀的薄膜。这可以通过调整刮刀的涂布速度和压力来实现。

2)避免气泡：防止在涂布过程中产生气泡，这可能会导致薄膜质量问题。使用无气泡的浆料和适当的刮刀技术。

3)涂布速度控制：控制烘干和热处理的速度，以防止过快或过慢的处理可能引起的问题，如薄膜龟裂或质量不佳。

4)实验环境：在洁净的实验室中进行刮涂操作，以避免杂质的引入。

5)个人防护：使用适当的个人防护设备，如手套和护目镜，特别是在处理溶剂和进行热处理时。

6)实验记录：记录刮涂参数，包括涂布速度、温度和处理时间等。这有助于实验的可重复性和优化。

(6)二氧化钛光阳极的干燥及热处理：在染料敏化太阳能电池制备中，二氧化钛光阳极的干燥和热处理是至关重要的步骤。

1)二氧化钛光阳极的干燥。

a. 室温干燥：将涂覆了二氧化钛的光阳极进行室温干燥，以去除部分溶剂。这一步通常在洁净的实验室中进行，确保防止尘埃和杂质的沉积。

b. 热风干燥：将样品置于烘箱中进行热风干燥，以去除残留的有机物和溶剂。控制烘箱的温度和干燥时间，以确保有效的干燥过程。

c. 真空干燥：除了室温干燥和热风干燥，真空干燥也是一种常用的干燥方法，适用于需要在较低温度下去除溶剂的情况。在染料敏化太阳能电池制备中，真空干燥可以有效去除二氧化钛薄膜中的残留溶剂，以提高薄膜质量。真空干燥箱操作步骤如下：

第一，将样品放入真空干燥箱：将制备好的样品放入真空干燥箱中。确保样品摆放位置合适，不会挡住真空口。

第二，设置真空度：打开真空干燥箱的门，设置所需的真空度。真空度的选择取决于所使用的设备和实验要求。

第三，启动真空泵：启动真空泵，开始抽真空。真空泵会逐渐降低箱内的气压，形成真空环境。

第四，观察真空度：在干燥过程中，观察并记录真空度的变化。确保真空度达到所需水平。

第五，设定温度：设置真空干燥箱的温度。由于真空环境下水的沸点较低，相对较低的温度即可实现去除残留溶剂的目的。

第六，开始干燥：一旦真空度和温度都设置好，开始干燥过程。真空干燥箱中的低气压环境有助于快速去除薄膜中的溶剂。

第七，观察干燥过程：在整个干燥过程中，观察样品的状态。记录温度和真空度的变化。

第八，结束干燥：当干燥完成时，关闭真空泵，恢复大气压环境。待箱内压力平稳后，可以打开箱门，取出样品。

2)在真空干燥时应注意以下事项。

a. 设备检查：在进行实验前检查真空干燥箱和真空泵的状态，确保其正常运行。

b. 样品位置：在放置样品时，确保它们的位置合适，不会阻碍真空泵的正常操作。

c. 真空度监控：持续监测真空度，确保它在整个干燥过程中保持稳定。

d. 温度控制：仔细控制温度，确保在较低的温度下去除残留溶剂。

e. 操作安全：在使用真空干燥箱时，遵循相关的安全操作规程，确保操作人员的安全。

f. 使用真空干燥箱的优势在于能够在较低温度下快速去除溶剂，并减少对样品的热敏感性。在操作中，需要仔细控制实验参数，确保干燥过程的有效性和安全性。

3）二氧化钛光阳极的热处理。

a. 升温：将经过干燥的二氧化钛光阳极样品置于热处理设备中。缓慢升温，通常在氮气氛围中进行，以减少氧化的可能性。

b. 高温热处理：在较高温度下进行热处理，二氧化钛光阳极的热处理温度通常为500℃，可以增强二氧化钛的附着力，改善薄膜的孔隙率，增加比表面积。控制热处理的时间，确保达到所需要的晶体结构。从室温20℃左右以10℃/min速度升温到350℃，保温15min，再以10℃/min的速度升温到500℃，并保温40min，然后终止程序。将涂覆并经过热处理的光阳极自然冷却至室温备用。

4）二氧化钛光阳极热处理过程中所使用设备的作用如下。

a. 烘箱：用于进行室温和热风干燥。温度和时间的控制非常关键，以确保样品彻底干燥。

b. 热处理炉：用于高温热处理。炉子应该能够提供精确的温度控制，为了防止氧化，也可以在氮气氛围中进行热处理。

c. 氮气氛围系统：用于提供氮气气氛，减少氧化的可能性。可以通过连接氮气瓶到热处理设备实现。

5）操作注意事项。

a. 安全操作：在进行高温处理时，遵循适当的安全操作规程，使用个人防护设备，如手套和护目镜。

b. 氮气氛围：确保氮气氛围系统正常运行，以防止氧化对二氧化钛薄膜的不利影响。

c. 温度和时间控制：仔细控制热处理的温度和时间，这对于二氧化钛晶体结构和薄膜质量至关重要。

d. 薄膜保护：避免在干燥和热处理过程中引入尘埃或其他杂质，以防止对薄膜性能的负面影响。

e. 记录实验条件：记录干燥和热处理的具体条件，以便进行实验结果的分析和复现。

f. 校准设备：定期校准和检查烘箱和热处理炉等设备，确保其正常运行和提供准确的温度控制。

（7）二氧化钛光阳极性能测试方法：评估二氧化钛阳极的性能涉及多个方面，包括光电性能、电化学性能和物理性能。以下是一些常见的二氧化钛阳极性能检测方法。

1）光电性能测试。

使用紫外－可见光分光光度计，可以测量二氧化钛薄膜的吸收和透射谱，了解二氧化钛在可见光和紫外光范围内的光吸收和透射性能。测试和分析的一般步骤如下。

a. 样品准备：刮涂法制备好的二氧化钛阳极样品，确保其表面平整均匀。通常，这包括将二氧化钛涂覆在导电基底上并进行热处理。

b. 仪器设置：使用紫外－可见分光光度计，确保仪器处于适当的工作状态。根据实验需求选择合适的测量模式（吸收谱或透射谱）。

c. 基准测量：在没有样品的情况下进行基准测量，以记录仪器本底。这有助于消除仪器或环境因素对测量结果的影响。

d. 样品测量：将制备好的二氧化钛阳极样品放入仪器中，测量其吸收谱和透射谱。通常，吸收谱会显示材料对不同波长光的吸收程度，而透射谱则显示光通过材料的程度。

e. 数据记录：记录吸收谱和透射谱的数据，包括波长和吸收或透射的相对强度。

f. 数据分析：根据测量数据进行分析，通常包括以下方面：吸收峰分析：确定吸收谱中的吸收峰位置和强度，以识别材料的吸收特性。透射谱分析：分析透射谱，了解材料对光的透射性质。

g. 带隙计算：利用吸收谱的信息计算材料的能带隙。

这些分析可以提供关于二氧化钛阳极光学性质的重要信息，对太阳能电池等光电器件的性能影响深远。

光电流 - 光电压曲线（$I-V$ 曲线）：通过在不同光照条件下测量二氧化钛电极的电流 - 电压特性，可以评估其在光照条件下的电荷传输性能。

2）电化学性能测试。

a. 循环伏安（CV）和交流阻抗谱（EIS）：使用循环伏安法测量二氧化钛电极在不同电位下的电流响应，以了解其电化学活性。交流阻抗谱用于分析电极的电荷传输和阻抗性能。

b. 阳极电流密度 - 时间曲线（$J-t$ 曲线）：在外加电压条件下测量阳极电流密度，以评估二氧化钛阳极的稳定性和电流输出。

3）物理性能测试。

a. 表面形貌分析：使用扫描电子显微镜（SEM）或原子力显微镜（AFM）等技术，观察二氧化钛薄膜的表面形貌，以了解其结构和粗糙度。

b. 孔隙率测量：通过比表面积测量和孔隙率分析，可以评估二氧化钛薄膜的孔隙结构，这对于电荷传输和光敏化效果至关重要。

这些方法的选择取决于关注的具体性能参数和实验条件。综合运用这些测试方法可以更全面地评估二氧化钛阳极的性能。

（8）二氧化钛光阳极的染浴：涂覆了二氧化钛浆料的工作电极，比表面积增大，可以有效吸附光敏化剂（即染料），对于高效率的染料敏化电池而言，工作电极薄膜应该达到五个要求：即表面积 $>80m^2/g$、粗糙度因子 >1000、孔隙度达 50% ~70%、高导电性，透明化且化学稳定性高。TiO_2 的禁带宽度是 3.2eV，超过了可见光的能量范围（1.71 ~3.1eV），需要使用光敏化剂。光敏化剂能够将工作电极的吸收波长提高到可见光区，光敏化剂能通过吸收可见光，驱使电子发射至工作电极的导带，失去电子的光敏化剂可接收来自电解质的电子。光敏化剂必须能够与工作电极紧密结合，并可吸收大部分可见光，光敏化剂的优劣将直接影响染料敏化太阳能电池的光电转换效率，光敏化剂就像驱动分子内电子的电机。

一般半导体太阳能电池（如硅太阳能电池），半导体起两种作用，即捕获入射光和传导光生载流子，染料敏化太阳能电池的这两种作用，是分别执行的。光捕获由光敏化剂，即染料完成。受光激发后，染料分子从激态跃迁到激发态（电荷分离态）。若染料分子的激发态能级高于半导体（工作电极）的导带，且两者能级匹配，则处于激发态的染料就会将电子注入半导体的导带中。注入导带中的电子在工作电极中的传输非常迅速，可以瞬间到达工作电极与导电玻璃的后接触面(Back contact)而进入外电路中，除吸附染料功能外，半导体的另一个主要功能就是电子的收集和传导。

1)染料敏化太阳能阳极染浴法步骤如下。

a. 基底准备：准备好含有二氧化钛薄膜的光阳极。二氧化钛可以通过涂覆、旋涂等方法在导电基底上制备。

b. 染浴液准备：配制染浴液，染浴液通常包括染料、溶剂和电解质。染料通常是有机染料，例如 N3 染料。

c. 染料浸渍：将光阳极浸入染浴液中，确保染料均匀覆盖整个二氧化钛表面。染料在二氧化钛表面吸附形成染料敏化层。

d. 浸渍时间控制：控制染料浸渍的时间，以确保染料足够吸附在二氧化钛表面。通常，染浴时间在数分钟到几小时。

e. 冲洗：从染浴液中取出光阳极，进行适当的冲洗，以去除未吸附的染料和溶剂。

f. 染浴液的配制：染浴液通常包含染料、溶剂和电解质。

2)N3 染浴液配制方法如下。

a. N3 染料：通常以约 0.3mM/L 的浓度配制。

b. 染浴液溶剂：一般使用氨基丙醇或异丙醇等有机溶剂，确保染料溶解度。

c. 电解质：常用的电解质包括碘/碘化物离子和氰基/氰化物离子。碘/碘化物离子对于 N3 染料是常用的电解质。

d. 混合：在合适的量级下混合染料、溶剂和电解质，确保形成均匀的染浴液。

e. 过滤：对染浴液进行过滤，确保其中没有杂质和颗粒。

3)N719 染浴液的配制方法如下。

a. N719 染料：获取 N719 染料的粉末。确保购买的染料是高纯度的，并且适用于染料敏化太阳能电池的应用。

b. 染浴液溶剂：选择适当的有机溶剂。常用的溶剂包括丙酮和异丙醇等。确保溶剂纯度高，以避免引入杂质。

c. 电解质：典型的电解质为碘/碘化物体系。配制碘/碘化物电解质，通常使用碘、碘化钾和异丙醇等。

d. 混合染浴液：根据实验需要，混合染料、溶剂和电解质。具体的比例可能会根据染浴液的浓度和制备的太阳能电池类型而有所不同。

e. 搅拌混合：使用搅拌器或磁力搅拌器，将染料、溶剂和电解质充分混合，确保染料充分溶解。

f. 过滤：对混合后的染浴液进行过滤，以去除悬浮颗粒和杂质。使用合适的滤膜进行过滤。

g. 检查染浴液质量：使用光谱仪等设备检查染浴液的吸收特性，确保染料在染浴液中的溶解和稳定性。

h. 密封保存：将配制好的 N719 染浴液密封保存，避免光照和湿气，以防染料的分解和杂质的引入。

4)注意事项。

a. 使用高纯度的试剂：确保购买的N719染料、溶剂和电解质都是高纯度的，以避免引入杂质。

b. 操作在洁净环境中：在制备染浴液的过程中，最好在洁净实验室中操作，以减少尘埃和杂质的污染。

c. 注意染浴液浓度：根据实验需要调整染浴液的浓度，确保最终涂覆的染料敏化太阳能电池具有理想的性能。

d. 防止光照：在制备和储存染浴液时，避免直接光照，以防止染料的降解。

e. 谨慎操作：在染浴液配制和使用过程中，遵循实验室的安全操作规程，戴上适当的个人防护设备。

f. 记录实验参数：记录染浴液配制的具体参数，包括染料浓度、电解质浓度等，以便后续实验的复现和优化。

5)二氧化钛光阳极的涂覆和染浴需要用到的实验材料及设备，分别如表1和表2所示。

表1　试剂及材料

药品名称	生产厂家或要求
介孔二氧化钛浆料(200nm)	国家纳米工程中心
介孔二氧化钛浆料(20nm)	大连七色光科技有限公司
FTO导电玻璃	辽宁优选新能源科技有限公司
无水乙醇	分析纯
丙酮	天津科密欧化学试剂有限公司
蒸馏水	2L
洗洁精	300mL
隐形胶带	2卷

表2　主要工具及设备

仪器设备名称	主要用途
500mL烧杯	放置电极
圆头镊子	夹取电极
手工刮刀	手工刮涂制膜
电子天平	准确称量
超声波清洗器	超声分散
高温烧结炉	煅烧样品

(9)真空管式高温烧结炉的使用方法。

1)开机。

设备加电：打开LOCH开关，开关仪表亮。

输入温度控制程序，运行结束语为：“ –121”。

按下绿色“Turn – on”键，听见“嘭”的一声，主继电器吸合。

按住仪表上的“▼”键 2s，SV 显示“Run”，进入仪表自动控制状态。

2) 显示切换。

在基本状态或程序运行状态下，按“ ⟳ ”键 1s 切换至(PV STEP SV XX 段)运行程序状态。(设置运行段或显示正在运行的温度段)

再按“ ⟳ ”键 1s 切换至该段运行时间状态。(显示运行段总运行时间 PVxxx min，已运行时间 SVxxx min)

再按“ ⟳ ”键 1s 返回基本状态。

3) 性能参数切换。

在基本状态下，按“ ⟳ ”键约 2s，仪表进入参数设置状态并显示性能参数 M5 的设定值。

在性能参数 M5 的状态下按“ ⟳ ”键 1s，仪表将依次显示各现场参数，采用三键可以修改各性能参数值。(出厂前各性能参数已经配置好，无特殊要求一般无须改动)

按“ ⟳ ”键约 2s，可返回显示上一参数。

先按“ ⟳ ”键接着再按“ ⟳ ”键可退出参数设置状态。如果没有按任何操作键，约 30s 后，会自动退出参数设置状态。

4) 温控程序设定。

在基本状态下按“ < ”键 1s，仪表就进入控温程序设置状态，仪表首先显示的是当前运行段起始给定值，可按“ < ∧ ∨ ”三键修改数据。

按“ ⟳ ”键 1s 将依次显示下一个要设置的程序值(当前段运行时间)，每段温控按 c 和 t 的方式依次排列，即该段的起始→该段运行时间→目标值，该段目标值是下一段的起始温度。(按“ < ∧ ∨ ”三键修改数据)

按“ < ”键约 2s，可返回设置上一参数。

按“ < ”键不放再按“ ⟳ ”键，可退出温控程序设置状态。如果没有任何按键操作，约 30s 后，仪表会自动退出参数设置状态。

5) 控温程序运行。

若仪表处于基本状态，按“ ⟳ ”键 1s，进入运行程序段状态，可以自己选择从第几段开始，程序运行段号随着程序的执行自动增加或跳转，无须人为干涉。有时因特殊因素，在程序运行中需要从程序的某一段开始，或者直接跳到某一段执行程序，通过修改“STEP”值来实现，再按“ < ”键加“ ⟳ ”键返回基本状态。

按“ ∧ ”键约 2s(下显示器 SV 显示“run”)仪表进入自动控制状态。

6) 温控程序的暂停。

在程序运行状态中按“ ∧ ”键约 2s，仪表下显示器 SV 交替显示“HOLD”符号，则仪表进入暂停状态，暂停时仪表仍执行控制，并将温度控制在暂停时的给定值符号，控制时间停止增加，暂停状态下按“ ∧ ”键 2s，仪表下显示器 SV 显示“run”，仪表又重新运行。

7) 温控程序停止。

在程序处于运行或暂停状态下，按“ ∧ ”键约 2s，仪表下显示器 SV 将显示“STOP”符号，此时结束程序控制，仪表处于停止状态的基本状态，同时参数“STEP”被修改为“1”，此时 PV 显示炉温“×××℃”，SV 显示“stop”。

四、实验方法和步骤

(一)实验准备

(1)学生 4～5 人一组，对 FTO 导电玻璃进行切割及清洗。实验最好在无尘环境中进行。

(2)利用实验室用玻璃切割器将 20cm×15cm 的导电玻璃切割成 2.0cm×1.5cm 的导电玻璃。

(3)每组领取三块切割好的 ITO 导电玻璃，并将其放置于预先清洁好的 500mL 的烧杯中，在烧杯中接入 250mL 去离子高纯水，加入适量洗洁精搅拌，产生泡沫，放入导电玻璃，超声清洁 10min；用高纯水清洗导电玻璃表面的洗洁精，再将导电玻璃放入清洁高纯水中，超声清洗 10min；用无水乙醇喷淋玻璃表面水渍两遍，再将导电玻璃放入盛有无水乙醇的小烧杯中，超声清洗 10min；最后将导电玻璃浸泡于无水乙醇中待用，避免灰尘附着。

(4)使用时，将浸泡于无水乙醇中的导电玻璃取出，放置于专用导电玻璃清洗架上晾干备用。

(二)二氧化钛光阳极制备

(1)用镊子将存放于酒精中的导电玻璃取出，待导电玻璃晾干以后，将其放于干净桌面上，用万用表进行电阻测量，并将导电面朝上。

(2)用打孔机在隐形胶带上打出 $\phi6$ 的圆孔，尽量将孔打在隐形胶带的中间，并将打有小孔的隐形胶带粘贴在导电玻璃的导电面上，使圆孔位于导电玻璃的中心靠下部位。并用干净的小药匙将圆孔周围的空气赶走。

(3)用 20nm 的 TiO_2浆料手工刮涂第一层(传输层)，并在 80℃的烘箱中烘烤 10min，然后晾至室温。

(4)待第一层干燥后，用同样的方法刮涂第二层(反射层)，并在 80℃的烘箱中烘烤 10min，凉至室温后小心撕下胶带。

(5)最后在高温管式炉中，从 20℃以 10℃/min 升温到 350℃并且保留 15min，再以 10℃/min 的速度升温到 500℃并且保温 40min 后终止程序。将制备的光阳极自然冷却至室温备用。

(三)染料敏化太阳能电池阴极材料及其制备方法

1. 阴极的作用及常用的阴极材料

染料敏化太阳能电池的阴极通常由可还原的材料构成，它在光照条件下接收电子并将它们输送到外部电路。以下是一些常见的用作染料敏化太阳能电池阴极的材料。

(1)碘/碘离子电解质：在染料敏化太阳能电池中，常用的电解质是碘/碘离子溶液。阴极的作用是向阳极输送电子，并在碘溶液中进行还原反应。在此反应中，碘离子(I^{3-})会接受电子并转变为碘离子(I^-)，从而使碘溶液中的碘离子浓度降低。

(2)可还原的导电聚合物：一些可还原的导电聚合物，如聚噻吩类、聚吡咯类等，也被用作染料敏化太阳能电池的阴极材料。这些聚合物在光照条件下能够接受电子并成为负离子，从而在电极上形成电子传导通道。

(3)贵金属催化剂：贵金属催化剂，如铂(Pt)或钯(Pd)，也可用作染料敏化太阳能电池阴极的辅助材料。它们能够提高阴极表面的催化活性，促进还原反应的进行，从而增强电池的性能。

(4)多孔性碳材料：一些多孔性碳材料，如碳纳米管、碳黑等，也被用作染料敏化太阳能电池阴极材料。它们具有高表面积和良好的导电性，能够提供足够的表面积来促进碘/碘离子电解质的还原反应。这些材料通常涂覆在导电基底(如导电玻璃)上，形成阴极电极。在染料敏化太阳能电池中，阴极电极的主要功能是接受来自染料敏化层的电子并将它们输送到外部电路，同时促进碘/碘离子电解质的还原反应，从而完成电池的电子传输和电荷平衡。

2. 染料敏化太阳能电池阴极的制备步骤

(1)基底清洗：将导电玻璃基底用清洁剂和去离子水进行清洗，去除表面的杂质和油脂，然后用丙酮或乙醇清洗干净。

(2)基底涂覆：将阴极材料溶液涂覆在导电玻璃基底上。可以采用不同的涂覆方法，如旋涂法、刷涂法、喷涂法等。涂覆后将其在适当的温度下干燥，形成均匀的阴极薄层。

(3)烘烤处理：将涂覆在导电玻璃基底上的阴极材料进行烘烤处理，以去除溶剂并增强膜的结晶度和稳定性。烘烤温度和时间根据所使用的材料和工艺参数进行调节。

(4)添加催化剂(可选)：如果需要，可以在阴极材料上涂覆一层贵金属催化剂(如铂或钯)，以增强阴极的还原活性。

(四)氯铂酸溶液的配制

氯铂酸(chloroplatinic acid)是一种无机化合物，通常以固体形式存在。在一定条件下，氯铂酸固体可以通过溶解在水中来制备氯铂酸溶液，也可用无水乙醇、异丙醇等做溶剂，溶解氯铂酸。虽然氯铂酸固体在常温常压下不易溶解，但是在适当的温度和条件下，它可以与水发生反应溶解。

一般来说，将氯铂酸固体加入去离子水中，并在适当的温度下搅拌或加热，可以促进其溶解。

需要注意的是，氯铂酸溶液具有强烈的氧化性和刺激性，操作时应该采取适当的安全措施，并遵循相关的实验室操作规范，相关注意事项如下。

(1)温度：提高溶剂的温度有助于促进氯铂酸固体的溶解。一般来说，常温下氯铂酸固体的溶解度较低，因此需要将温度升高至较高的水平。通常建议在50～80℃的温度溶解氯铂酸固体，这样可以加快溶解速度。

(2)搅拌速度：适当的搅拌速度有助于促进溶质与溶剂之间的物质传递和混合，从而加快溶解速度。一般来说，中等速度的搅拌已经足够促进溶解过程，但需注意避免产生过大的气泡或剧烈的湍流。

(3)时间：溶解时间取决于溶剂的温度、搅拌速度以及溶质的溶解度。在适当的温度和搅拌速度下，通常几十分钟至数小时的时间内就可以将氯铂酸固体完全溶解。

(4)配制流程：采用无水乙醇或异丙醇为溶剂，称取 H_2PtCl_6 固体，配制 20mM 的 H_2PtCl_6 的无水乙醇或异丙醇溶液，先超声搅拌 15min，再在室温下搅拌 30min 备用。

要用到的实验材料及设备，分别如表 3 及表 4 所示。

表 3　试剂及材料

药品名称	生产厂家或要求
氯铂酸固体	大连七色光科技有限公司
异丙醇(色谱纯)	百灵威
FTO 导电玻璃	辽宁优选新能源科技有限公司
无水乙醇	分析纯
丙酮	天津科密欧化学试剂有限公司
蒸馏水	2L
洗洁精	300mL

表 4　主要工具及设备

仪器设备名称	主要用途
500mL 烧杯	放置电极
圆头镊子	夹取电极
匀胶机	制作薄膜
搅拌台	搅拌溶液
小号磁子	搅拌溶液
电子天平	准确称量
超声波清洗器	超声分散
高温管式炉	煅烧样品

(5)实验方法和步骤。

1)学生 4 ~5 人一组，对 ITO 导电玻璃进行切割及清洗。

2)利用实验室用玻璃切割器将 20cm × 15cm 的导电玻璃切割成 2. 0cm ×1. 5cm 的导电玻璃。

3)每组领取四块切割好的 ITO 导电玻璃，并将其放置于洁净的 500mL 烧杯中，往烧杯中放 300mL 去离子水，再滴入洗洁精，置于超声波清洗机中，根据导电玻璃的清洁程度和导电玻璃的厚度，清洗 10 ~30min，清洗掉导电玻璃表面的油污。为了防止导电玻璃碰伤，可以用聚四氟乙烯的导电玻璃清洗架。接下来用蒸馏水清洗导电玻璃表面的洗洁精，并在洁净的蒸馏水中超声清洗 10 ~30min；接着用无水乙醇喷淋导电玻璃表面，并进行烘干。烘干后在丙酮中超声波清洗 10 ~30min；最后用无水乙醇清洗掉导电玻璃表面的丙酮，再在无水乙醇中超声 10 ~30min。将洁净的导电玻璃浸泡于无水乙醇中待用，以避免灰尘覆盖。

4) 使用时，将浸泡于无水乙醇中的导电玻璃取出放置于专用导电玻璃清洗架上晾干备用。

5)按照氯铂酸溶液的配制方法，配制氯铂酸溶液。

6)旋涂法制备铂电极：取出清洗好的 ITO 导电玻璃，用万用表区分导电玻璃的导电面，将导电面朝上放置于台式匀胶机托盘的正中央固定好，取配制好的氯铂酸溶液的上清液，用移液枪滴加 60μL 氯铂酸溶液滴于洁净的导电玻璃正中心，转速 2000 r/min，旋涂氯铂酸溶液于导电玻璃表面，氯铂酸溶液均匀平铺于导电玻璃的导电表面，迎着光可以看到一个彩色的矩形方框，说明旋涂效果较好。

7)自然晾干后，将旋涂好的铂电极置于高温管式炉中，以 20℃/min 的升温速度升温到 450℃，保温 30min。待高温管式炉降至室温后取出铂电极备用。

(五)染料敏化太阳能电池封装及性能测试实验

1. 太阳光谱与能量密度

太阳光谱是指太阳辐射在不同波长下的能量分布情况。太阳光谱通常通过太阳光谱辐射度(Solar Irradiance spectrum)来描述，其单位通常是功率(瓦特)每平方米每纳米($W/m^2/nm$)。能量密度(Energy density)是指单位面积上的能量，通常以焦耳每平方米(J/m^2)或者卡路里每平方厘米(cal/cm^2)来表示。

太阳光谱与能量密度之间的关系是，太阳光谱可以描述不同波长下的能量密度分布情况。太阳光谱提供了各个波长范围内的辐射能量强度，通过积分太阳光谱曲线即可得到在该波长范围内的能量密度。

通常情况下，太阳光谱在可见光范围(波长为 400～700nm)的能量密度较高，而在紫外线和红外线范围的能量密度相对较低。这是因为太阳光谱在可见光范围内的峰值辐射能量最高，而在紫外线和红外线范围内辐射能量较低。

太阳辐照强度是表示太阳辐射强弱的物理量，即在单位时间内垂直投射到单位面积上的太阳辐射能量。大气以上的太阳辐射强度取决于太阳高度角、日地距离和日照时间。太阳高度角大，太阳辐射强度大。太阳的光照强度在地球表面有空间和时间的变化，空间变化包括：纬度变化，光照强度在赤道最大，随着纬度增加，太阳高度变化，光照强度相应减弱；海拔变化，光照强度随着海拔的升高而增强，海拔越高，空气密度越少；坡向和坡度变化，北半球温带地区太阳的位置偏南，南坡接受的光照比平地多，北坡接受的光照少，夏天接受的光照强，冬天弱，一天中，中午光照强，早晚光照弱。

大气层对太阳辐射的吸收和散射具有选择性，当太阳辐射通过大气层后，辐照强度减弱，光谱成分也发生变化。太阳高度升高，紫外线和可见光所占比例增大，高度偏低，长波光比例增加，在空间上，低纬度短波光多，高纬度长光波多，海拔升高，短光波增多，夏季短光波多，冬季长光波多，中午短光波多，早晚长光波多。太阳辐射的光波划分为几个波段，波长小于 400nm 的称为紫外波段，400～750nm 为可见光波段，大于 750nm 的为红外波段。太阳辐射的能量，大部分集中在 220～4000nm 波段，占总能量的 99%，可见光占 43%，红外波段占 48.3%，紫外波段占 8.7%，能量分布最大的波长是 475nm，属于蓝色光(见图 5)。

实验室中通常用太阳模拟器模拟太阳光，太阳模拟器采用氙灯做光源，氙灯光弧发出的辐射被椭球聚光镜汇聚并反射，通过 AM1.5 光谱滤光片后，形成与太阳光光谱分布类似的模拟太阳光辐射。相对于场镜元素透镜来说，这种太阳光辐射是“大口径范围的辐照分布”，被场镜阵列中9个元素透镜划分成9个小范围的辐照分布。这个小范围辐照分布再经由光学积分器投影镜阵列中对应的元素透镜成像到无穷远，各自形成一个“辐照范围”。9个被成像到无穷远的“辐照范围”，最后再由叠加透镜叠加滤光，辐照度分布梯度对称补偿。

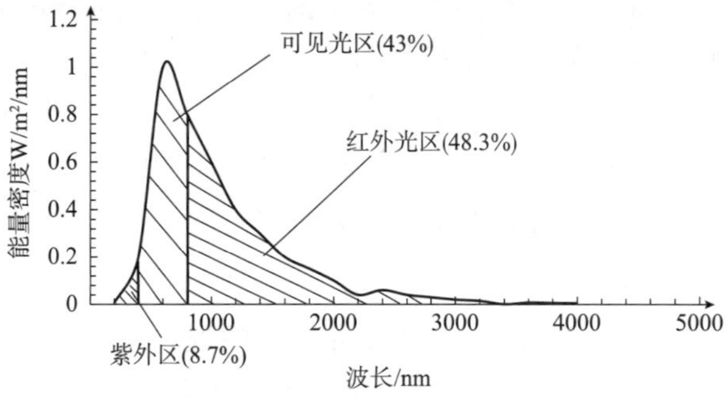

图5　太阳光谱能量密度分布曲线

2. 染料敏化太阳能电池的构造及工作原理

(1)构造。

经典的染料敏化太阳能电池主要由五部分组成：ITO、纳米晶二氧化钛薄膜、染料分子、氧化还原电解质以及对电极。其结构示意如图6所示。

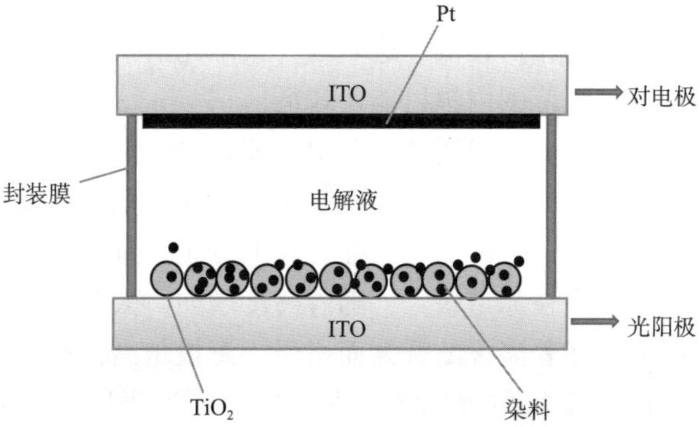

图6　染料敏化太阳能电池结构示意

(2)工作原理。

1)准备工作：在开始封装之前，确保准备好所有必要的材料和设备，包括电池组件、封装材料、密封胶水或密封胶带、透明玻璃或塑料片等。

2)组装电池：将染料敏化太阳能电池组件(包括导电玻璃基板、二氧化钛薄膜、染料、电解质等)放置在封装材料的底部。确保电池组件的正面朝上，以便光能够照射到染料上。

3)密封边缘：使用密封胶水或密封胶带沿着电池组件的边缘将封装材料的四周密封起来。确保密封胶水或密封胶带与封装材料和电池组件之间都有良好的粘连。

4)注入封装材料：根据需要，可以在封装结构的内部注入适量的封装材料(例如硅胶)，以增加封装结构的强度和稳定性。确保注入的封装材料能够充分填满封装结构的空间，并且不会影响电池组件的性能。

5）封装顶部：将透明的玻璃或塑料片覆盖在封装结构的顶部，以保护电池组件并确保光能够透过并照射到染料上。使用适当的胶水或密封胶水将顶部材料与封装结构的边缘粘连起来，确保封装结构的完整性和密封性。

6）固定结构：确保封装结构的各个部分都牢固固定，以防止在使用过程中发生移动或松动。可以使用夹具或其他固定装置将封装结构固定在一个位置上。

7）检查和测试：封装完成后，进行检查和测试以确保封装结构符合要求。检查封装结构的密封性能、稳定性和外观，并对电池组件进行性能测试，如光电转换效率、电流－电压特性等。

8）记录信息：记录封装过程中的重要信息，包括封装日期、封装材料、封装工艺参数等。这些信息有助于日后跟踪和管理封装结构的性能和稳定性。

9）最终检查和包装：进行最终的检查和包装，确保封装结构完全符合要求，并进行适当的标记，以便于存储和运输。

封装染料敏化太阳能电池需要仔细操作和精心设计，确保封装结构能够有效地保护电池组件并保持其长期稳定性和性能。

3. 染料敏化太阳能电池的封装及性能参数测试实验

（1）实验目的。

1）了解常规染料敏化太阳能电池的组装及测试技术。

2）熟悉电池各项光伏参数的分析及电池性能优劣的评价。

（2）实验内容：在了解了染料敏化太阳能电池的结构及工作原理后，将染料敏化太阳能电池各组件进行封装，组成染料敏化太阳能电池，并进行性能测试。

（3）实验原理：染料敏化太阳能电池的性能参数。

测定电池输出的光电流－电压曲线是评价太阳能电池性能优劣的简便方法，即测定染料敏化太阳能电池的 $J-V$ 曲线（光电流密度－光电压曲线），如图 7 所示。从图 7 中可以清晰看出，短路电流密度值和开路电压值分别是 $J-V$ 曲线与横坐标和纵坐标的交点。曲线上拐点对应太阳能电池的输出功率最大，而且该点对应的矩形面积（即电流和电压的乘积）就是电池的最大输出功率 P_{max}。

衡量染料敏化太阳能电池性能的参数主要包括：短路电流（Short－circuit current，I_{sc}）、开路电压（Open－circuit voltage，V_{oc}）、填充因子（Fill factor，*FF*）、入射单色光的光子－电子转换效率（Monochromatic incident photon－to－electron conversion efficiency，*IPCE*）、光电转换效率（Photoelectric conversion efficiency，η）等。

1）短路电流（I_{sc}）。

短路电流是将太阳能置于标准光源照射下，输出端短路时，流过太阳能电池两端的电流。电池处于短路，也就是工作负载电阻为零时的电流。同时，短路电流是 $V-A$ 曲线在纵坐标上的截距。影响 I_{sc} 的因素有处于激发态染料分子的数目、注入 TiO_2 半导体导带中的电子数目、电荷在 TiO_2 多孔薄膜中的传输速度和传输过程中产生的损耗以及在氧化还原电解质中的传输损耗等。

2)开路电压(V_{oc})。

在电路处于开路，即电阻无穷大时电池的电压，被称为开路电压(V_{oc})。是将太阳能电池置于100mW/cm^{2}的光源照射下，在两端开路时，太阳能电池的输出电压值。开路电压的大小与TiO_2的费米能级与氧化还原电解质的电势差有关。

3)最大输出功率。

太阳能电池的工作电压和电流是随着负载电阻而变化的，将不同阻值所对应的工作电压和电流值做成曲线就得到太阳能电池的伏安特性曲线，如果选择的负载电阻值能使输出电压和电流的乘积最大，即可获得最大输出功率，用符号P_m表示。此时的工作电压和工作电流称为最佳工作电压和最佳工作电流。

4)填充因子(FF)。

填充因子FF是衡量太阳能电池输出特性的重要指标，它是最大输出功率与开路电压和短路电流乘积之比。即代表太阳能电池在带最佳负载时，能输出的最大功率的特性，其值越大表示太阳能电池的输出功率越大。由于受串联电阻和并联电阻的影响，实际太阳能电池填充因子的值要低于理论上的理想值。串、并联电阻对填充因子有较大影响。串联电阻越大，短路电流下降越多，填充因子也随之减少的越多；并联电阻越小，这部分电流就越大，开路电压就下降的越多，填充因子随之下降的越多。

FF是染料敏化太阳能电池的最大输出功率P_m与开路电压(V_{oc})和短路电流(I_{oc})乘积的比值，即最佳电压(V_m)和最佳电流(I_m)的乘积与开路电压(V_{oc})和短路电流(I_{oc})乘积的比值。填充因子体现了染料敏化太阳能电池光伏转化性能的好坏。代表了电池内部电阻存在导致能量的损失。

$$FF = P_m/(I_{sc} \times V_{oc}) = (I_m \times V_m)/(I_{sc} \times V_{oc})$$

式中，P_m为最大输出功率；V_m为最佳工作电压；I_m为最佳工作电流；I_{sc}为短路电流；V_{oc}为开路电压。

5)入射单色光的光子－电子转换效率($IPCE$)。

$IPCE$即为单位时间内外电路产生的电子数Ne与单位时间内的入射单色光子数Np之比。其数学表达式如下：

$$IPCE\ (\lambda) = (1240\ I_{sc})/(\lambda\ P_{in}) = LHE(\lambda)\phi_{inj}\ \eta_c$$

式中，I_{sc}为短路电流，μA/cm^2；λ为入射单色光的波长，nm；P_{in}为入射单色光的功率，W/cm^2；$LHE(\lambda)$为单位波长下的光吸收效率，即为纳米晶TiO_2半导体薄膜上所有吸附染料吸收光的效率；ϕ_{inj}为电子注入效率，代表激发态的光敏剂分子有效地将电子注入纳米TiO_2半导体导带中去的概率；η_c为铂电极的电荷收集效率，即为电荷分离率。因此，想要获得较高的单色光的光电子转换效率，就要求染料分子的吸光范围要和太阳光谱的光响应范围尽可能一致，电子的转移和传输速度要快，电子在对电极上的收集效率要高。

6)光电转换效率(η)。

染料敏化太阳能电池的效率即电池的最大输出功率与入射太阳光能量的比值。其数学表达式如下：

$$\eta = P_{max}/P_{light} = (J_{sc}V_{oc}FF)/P_{light}$$

式中，FF 为电池的填充因子，它定义为电池具有最大输出功率(P_{max})时的电流(I_{max})和电压的乘积与电池的短路电流和开路电压乘积的比值。

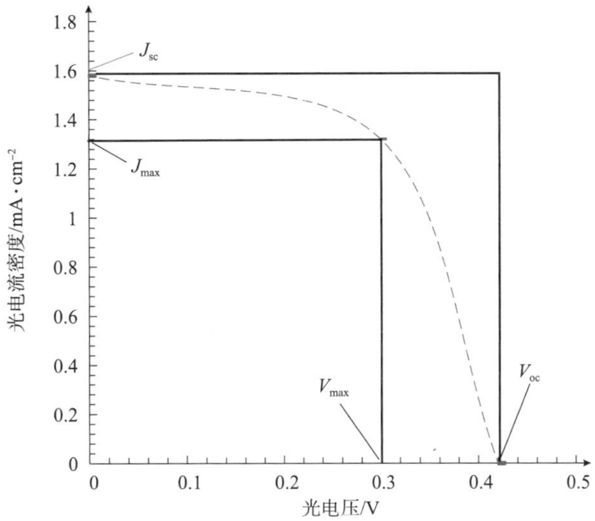

图7　太阳电池的 $J-V$ 特性曲线

光源辐照光谱和强度是影响太阳能电池效率的关键因素。太阳辐射到达地球表面必须要经过大气层，大气层对太阳辐射的吸收、反射和散射导致不同地区、不同季节以及一天中不同时间地面所接收到的太阳辐射光谱和光强有很大差异。由于太阳光辐射在全球各种不同位置都是不一样的，甚至在同一个地方不同时间光照强度都是完全不同的，所以为了便于评判太阳能电池的性能优劣，就需要建立一个统一的电池测试应用光源的国际标准。大气对地球表面接收太阳光的影响程度现在国际上规定采用 AM 1.5G 模拟太阳光作为太阳能电池测试的国际标准。当太阳光以一定角度入射到地球表面上，这时透过大气层的距离也会发生变化，空气质量(Air mass，AM)是指通过大气层的空气质量。其基准是以大气层外光线没有透过的空气质量作为 AM 0，而天顶垂直入射的透过量为 AM 1，空气质量的数值定义如下：

$$空气质量(AM)数值 = 1/\cos\theta$$

式中，θ 为太阳光照射到地球的方向与太阳光以垂直方向照射到地球所成的夹角。

标准上规定地球大气层外太阳光辐照通量定义为 AM 0，其值为 1.353kW/m^2。太阳光穿透大气层时会发生明显衰减，大气层中不同成分对光线有不同程度的吸收，因此规定太阳光垂直照射到赤道海平面时，太阳光辐照通量为 AM 1(即 θ 为 90°时)。但是世界上绝大多数国家分布在地球赤道两侧，通常情况下太阳光都是以一定的斜角照射到这些地方，因此国际上规定太阳光以 θ 值为 48.2°照射到海平面上时对应的辐照通量为太阳能电池测试的标准辐照通量，即 AM 1.5，其值为 963W/m^2。为了计算简便，一般将 AM 1.5 太阳光的辐射强度规定为 1000W/m^2，即 100mW/cm^2。

(4)实验材料及设备(见表5、表6)。

表5 试剂及材料

药品名称	生产厂家或要求
碘电解质	大连七色光科技有限公司
超干四氢呋喃(THF)	百灵威
无水乙醇	分析纯

表6 主要工具及设备

仪器设备名称	主要用途
一次性滴管	滴加电解液
夹子	组装电池
打孔器	电池隔膜打孔
透明胶带	制作简易隔膜，遮挡电极多余部分，防止短路
手术刀	封装电池切割材料

(5)实验方法和步骤。

1)将已经染浴好的光阳极粘贴上预先打过孔的透明胶带。

2)用美工刀将周围多余部分按要求裁切完整。

3)将成分为0.05mM I_2，0.1mM LiI，0.3mM DMPⅡ和0.5mM 4-叔丁基吡啶(TBP)的乙腈溶液的碘电解质滴加到光阳极电池表面。

4)然后，从一侧轻轻按压挤出气泡，组装好电池，等待测试。

5)电池 $J-V$ 曲线的测试：将组装好的电池放置于AM 1.5G（100mW/cm^2）的模拟标准太阳光条件下进行 $J-V$ 曲线测试，电池的有效面积为0.283cm^2。

6)电池性能的分析及评价：根据测试结果，分析器件的各项光伏性能参数，评价器件性能好坏。

第七节 光电转换材料测试综合创新实验

一、实验目的

(1)学会使用光电测量仪器性能评价综合实验仪。

(2)掌握不同光敏传感器线路连接方法。

(3)根据实验数据，作出光功率电流曲线、光敏传感器光照特性曲线、硅光电池短路电流和光照强度关系曲线、光电二极管和光电三极管的光照特性曲线及光电传感器的时间响应特性曲线。

二、实验仪器

红色LED光源和暖白LED光源、实验仪、万用表一块，九孔板一块，100Ω、220Ω、

510Ω、1kΩ、10kΩ、100kΩ、0.001μF、0.1μF、1μF 电阻电容各一只，光功率探头、光敏三极管、硅光电池、光敏电阻等元件各一只，传感器底座一台，连接线若干。

三、实验原理

光敏传感器是将光信号转换为电信号的传感器，也称为光电式传感器，它可用于检测直接引起光强度变化的非电量，如光强、光照度、辐射测温、气体成分分析等，也可用来检测能转换成光量变化的其他非电量，如零件直径、表面粗糙度、位移、速度、加速度及物体形状、工作状态识别等。光敏传感器具有非接触响应快、性能可靠等特点，因而在工业自动控制及智能机器人中得到广泛应用。

光敏传感器的物理基础是光电效应，即光敏材料的电学特性都因受到光的照射而发生变化。光电效应通常分为外光电效应和内光电效应两大类。外光电效应是指在光照射下，电子逸出物体表面的外发射现象，也称光电发射效应，基于这种效应的光电器件有光电管、光电倍增管等。内光电效应是指入射的光强改变物质导电率的物理现象，也称为光电导效应。大多数光电控制应用的传感器，如光敏电阻、光敏二极管、光敏三极管、硅光电池等都是内光电效应类传感器。当然近年来新的光敏器件不断涌现，如具有高速响应和放大功能的 APD 雪崩式光电二极管、半导体光敏传感器、光电闸流晶体管、光导摄像管、CCD 图像传感器等，为光电传感器的应用掀开了新的一页。本节实验主要研究光敏传感器的强度响应特性和时间响应特性。

本节实验属于创新性综合设计实验，涉及光电二极管、光电三极管、光敏电阻和硅光电池等在实际电路中的应用，学生可以动手连接线路，更深入理解光源强度随着距离和电流强度的变化，光电二极管和光电三极管属于需要外界提供电流的元器件，硅光电池是能为元器件和线路提供电源的元器件，在具体的线路连接中，让学生更深入理解新能源材料和器件的关系及作用。本节实验可以根据教学时间长短、教学内容和学生的兴趣，将不同实验内容进行组合，形成不同的实验。

光功率测量实验

光功率探头使用 PIN 光电二极管，光敏面积 $7mm^2$，在 633nm 波长的激光下校准，其他波长下的光根据如图 1 所示的光电二极管的光谱灵敏度响应曲线得到校准系数 h，所以实际光功率：某波长下的光功率(mW) = 读数 × 校准系数 h，如：实验中使用的红色 LED 光源的波长为 620 ~ 630nm，校准系数 $h \approx 1/0.98$。

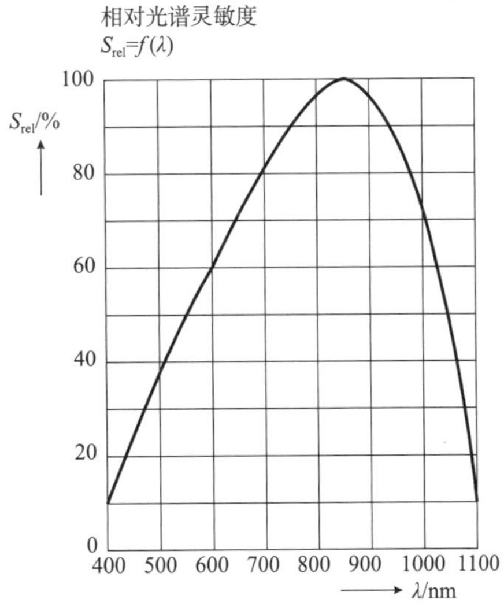

图 1　光电二极管的光谱灵敏度响应曲线

1. 使用光功率计测量红色 LED 光源的光功率曲线

将光功率探头安装在调节杆上的传感器座上，注意光功率探头有方向性(方向未标出)，接入光功率计表头的信号输入端，红色

LED 光源接信号源的恒流输出，如图 2 所示。

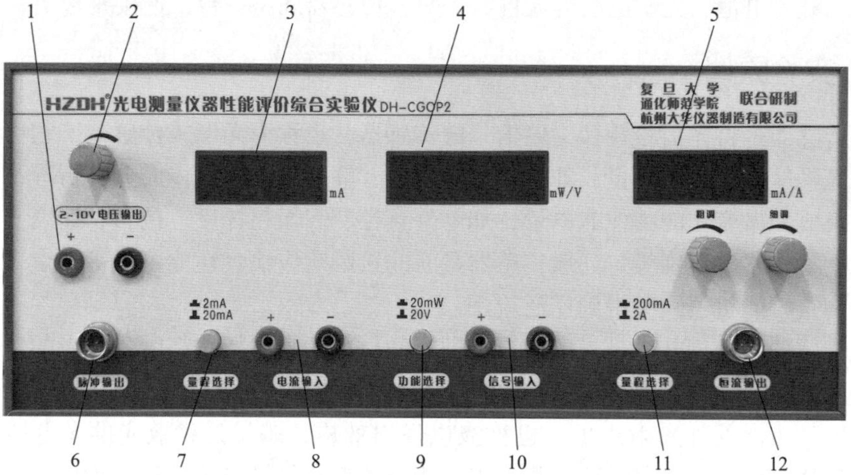

图 2　测量仪界面

2. 光强和光源距离的关系

光源的距离 X = 相对距离 b + 初始常量 a，光功率 $w = \frac{1}{(b+a)^2}k$，k 为系数，则 $\frac{1}{\sqrt{w}}$ 与 b 呈线性关系，光强与光源距离的平方呈反比关系。

四、实验内容与步骤

(1)将光功率探头安装在传感器底座上，注意光功率探头有方向性(方向未标出)，将底座装入暗筒。用万用表测量电压，将电源电压调为 4V。将红色 LED 光源装入暗筒，按照如图 3 所示的实验电路图将光源与实验仪的光功率表连接起来。

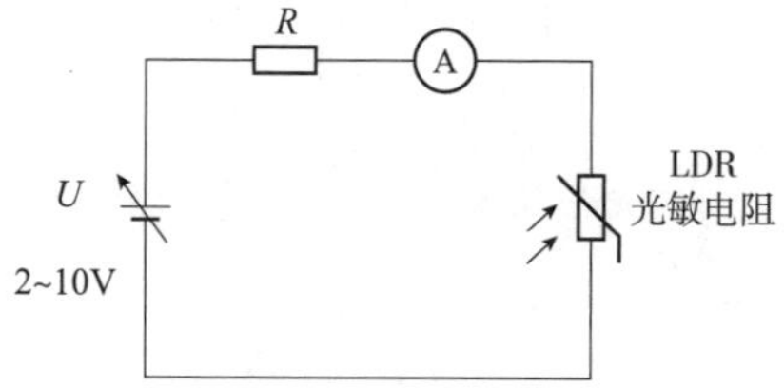

图 3　实验电路图

(2)将底座与实验仪的信号输入连接起来，将光功率探头和光源的相对距离设置为 8cm，将 LED 工作电流按照表 1 分别设置为若干个预设值，并记录对应的光功率表头读数。将数据记录在相应的表格中，并根据校准系数，计算实际光功率。根据实验数据，做出工作电流与光功率的关系曲线。从曲线可以看出，在相对距离为 8cm 时，光功率和工作电流，呈现出良好的线性关系，可以根据工作电流，推算出光功率。

(3)将光功率探头和光源的相对距离设置为 15cm，重复上述的实验步骤。将数据记录在表 2 中，并根据校准系数，计算实际光功率。根据实验数据，做出工作电流与光功率的关系曲线。

五、数据记录及处理

记录光功率探头和光源距离为 8cm 及距离为 15cm 时不同工作电流的光功率读数(如表 1 和表 2 所示)，根据校准系数，计算实际光功率，并作出距离为 8cm 和 15cm 时的光功率与电流的曲线。观察在相对距离为 8cm 和 15cm 时，光功率和工作电流，是否呈现出良好的线性关系，根据工作电流，能否推算出光功率。

表 1　光功率探头和光源相对距离为 8cm 时的光功率表读数

LED 工作电流/mA	光功率表读数/mW	光功率(mW) = 表头读数 ×1/0.98
10		
20		
40		
80		
120		
180		
230		
260		
300		

表 2　光功率探头和光源相对距离为 15cm 时的光功率表读数

LED 工作电流/mA	光功率表读数/mW	光功率/mW = 表头读数 ×1/0.98
50		
80		
120		
180		
220		
260		
300		

六、思考与分析

根据做出的光功率曲线，推算距离为 8cm 和 15cm 时电流为 50mA 和 200mA 时的光功率。

(一) 光敏电阻光照强度响应特性实验

1. 光敏传感器的光照强度响应特性

将光敏电阻安装在调节杆上的传感器底座上，将 U 调到 4V，电流表量程选 2mA，实验中忽略电流表内阻 R 的影响，实验过程中最好不要切换电流表量程(不同量程内阻不同)。表 3 中光功率值根据拟合直线计算得到。

表 3　光敏电阻和光源的相对距离为 15cm 时的读数

LED 工作电流/mA	对应光功率/mW	电流表读数/mA	计算阻值 = U/电流表读数
0.1			
0.5			

续表

LED 工作电流/mA	对应光功率/mW	电流表读数/mA	计算阻值 = U/电流表读数
1			
5			
10			
20			
30			
50			
60			
80			
100			
120			
130			

2. 实验内容与步骤

(1)用红色 LED 作为光源，将光敏电阻安装在传感器底座上，根据电路图，安装并连接各个元件，将工作电压调节为 4V，将电流表量程设置为 2mA。

(2)将光敏电阻和光源的相对距离设置为 15cm，将 LED 工作电流分别设置为若干个预设值，并记录对应的电流表读数，将数据记录在表 3 中。

(3)根据光功率测量实验做出的光功率曲线计算光功率，根据光功率计算光敏电阻的阻值，并将数据记录在表 3 中。

3. 数据记录及处理

记录光敏电阻和光源相对距离为 15cm 时，不同预设 LED 工作电流的光功率表读数，并按照表 1 的格式，记录数据，根据光功率曲线和记录值，计算光敏电阻的阻值，根据阻值，以光功率为横轴、光敏电阻阻值为纵轴，做出光敏电阻的特性曲线。

4. 思考与分析

根据实验数据，做出光功率与光敏电阻阻值的关系曲线，分析光敏电阻的光照特性是线性的？还是非线性的？光敏电阻适合作线性检测元件吗？

(二)硅光电池光照强度响应特性实验

实验步骤

(1)用红色 LED 作为光源，将硅光电池安装在传感器底座上，先研究硅光电池的短路电流特性。根据电路图安装并连接各个元件。将电流表量程设置为 2mA，硅光电池与光源的相对距离设置为 8cm。

(2)将 LED 工作电流，分别设置为若干个预设值，并记录对应的电流表读数，将数据记录在表 4 中。根据光功率曲线，计算表 4 中相应电流所产生的光功率，计算硅光电池阻值，根据实验数据，做出光功率与短路电流的关系曲线，判断硅光电池光功率与短路电流是否呈良好线性关系、能否利用硅光电池的短路电流，测量光强。

(3)研究硅光电池的开路电压特性，根据如图 4 所示的电路图，安装并连接各个元件。用电压表直接测量硅光电池两端的电压，将硅光电池和光源的相对距离设置为 15cm，将 LED 工作电流，分别设置为若干个预设值，记录对应的电压表读数。将数据记录在表 5 中，根据光功率曲线，计算光功率，并记算硅光电池的阻值，根据实验数据，作出光功率与开路电压的关系曲线，观察开路电压和光功率是否呈非线性关系，判断硅光电池的开路电压，是否适合做线性检测元件。

表 4　硅光电池和光源的相对距离为 8cm(光功率值根据表 1 拟合直线计算得到)

LED 工作电流/mA	对应光功率/mW	短路电流/mA
10		
30		
50		
60		
70		
80		
90		
100		
120		
160		
180		
200		

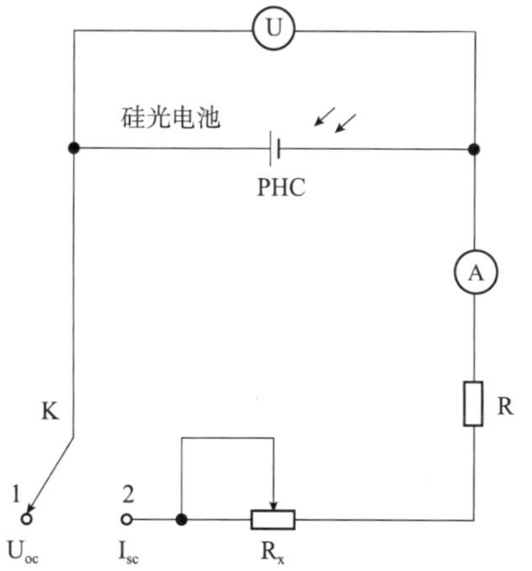

图 4　硅光电池光照特性测试电路

表 5　硅光电池和光源的相对距离为 15cm(光功率值根据表 2 拟合直线计算得到)

LED 工作电流/mA	对应光功率/mW	开路电压/V
0.4		
1		
3		

续表

LED 工作电流/mA	对应光功率/mW	开路电压/V
5		
10		
15		
20		
30		
40		
50		
60		
70		
100		
160		

(三)光电三极管光照强度测试实验

调节 $U=2V$，将光电三极管安装在调节杆上的传感器座上，电流表量程选 20mA，按图 5 接线，忽略电流表内阻 R 的影响；光电三极管到光源相对距离调节为 8cm，如图 6 所示。

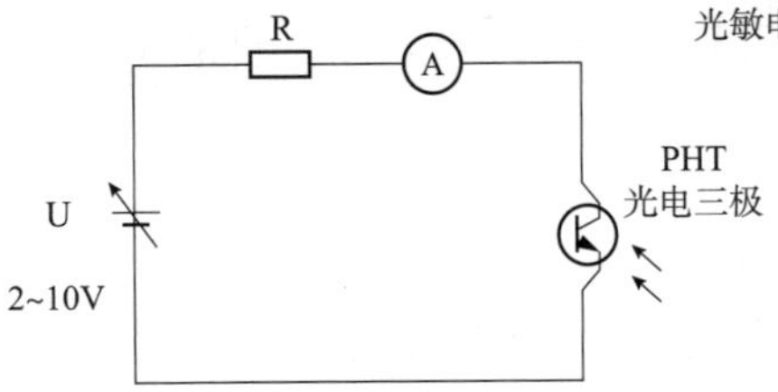

图 5　光电三极管光照强度测试电路图

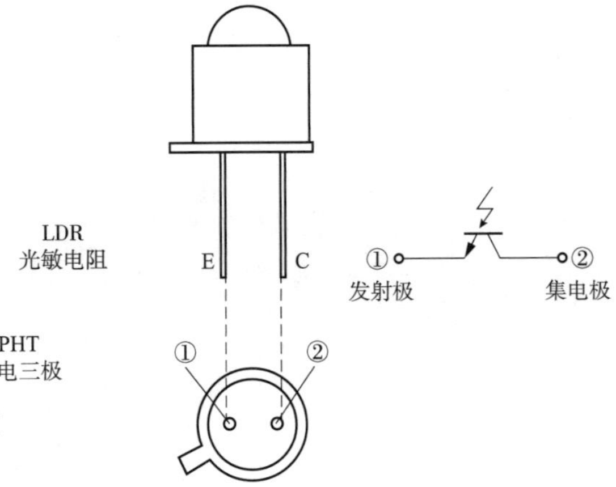

图 6　3DU33 光电三极管脚位图

表 6 所示为一组实验数据结果，根据表 6 绘制出光电三极管光照特性曲线，如图 7 所示。

表 6　光电三极管和光源的相对距离为 8cm(光功率值根据表 1 拟合直线计算得到)

LED 工作电流/mA	对应光功率/mW	$U=2V$，光电流/mA
1	0. 000643	0. 1
4	0. 002572	0. 48

续表

LED 工作电流/mA	对应光功率/mW	$U=2V$，光电流/mA
10	0.00643	1.27
20	0.01286	2.55
30	0.01929	3.84
40	0.02572	5.18
50	0.03215	6.31
60	0.03858	7.5
70	0.04501	8.7
80	0.05144	9.8
90	0.05787	10.92
100	0.0643	11.9

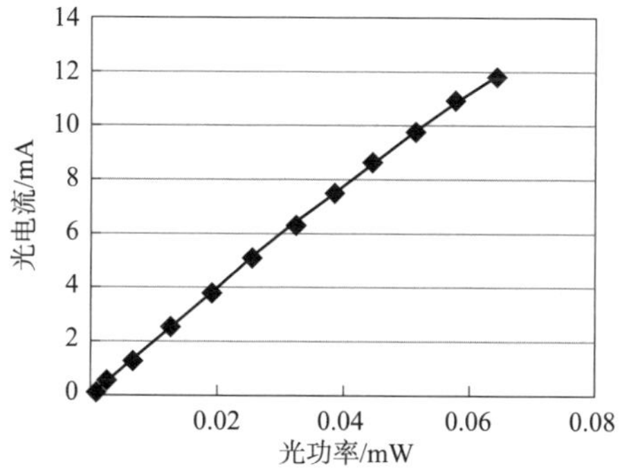

图 7　光电三极管光照特性曲线（$U=8V$）

由上文可知，光电三极管在电流较大时有饱和趋势呈现非线性，故一般在作线性检测元件时，可选择光电二极管而不能用光电三极管。

（四）光电传感器的时间响应特性实验

光电传感器的响应时间受光电器件和处理电路的影响，一般需要测量光电传感器的上升时间 t_r 和下降时间 t_f，图 8 所示为光电传感器时间响应曲线，其中上升时间 t_r 表示响应由 10% 上升到 90% 所用时间；下降时间 t_f 表示响应由 90% 下降到 10% 所用时间。

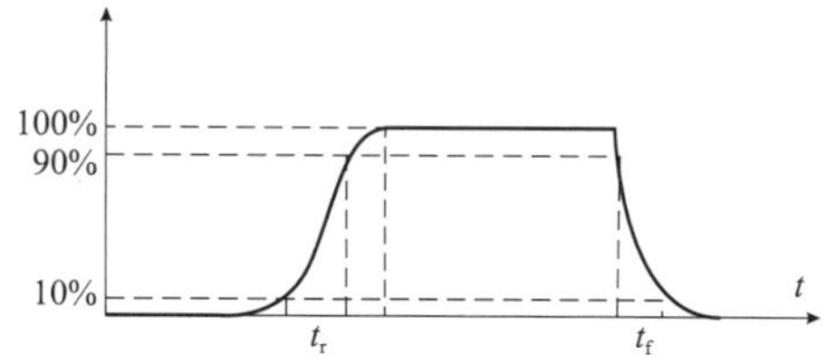

图 8　光电传感器时间响应曲线

1. 用光电二极管探测器测量光源的上升时间和下降时间

红色 LED 光源接脉冲输出，这样就产生了一个脉冲光源。光电二极管响应速度快，配合高速处理电路可以用来测量脉冲光源的上升时间和下降时间，光电二极管探测器原理示意如图 9 所示。

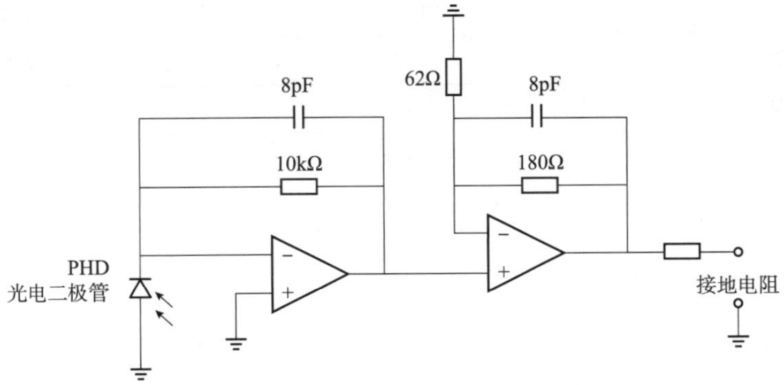

图 9　光电二极管探测器原理示意

将暗筒里调节杆取下，把光电二极管探测器放在暗筒右侧，接上 5V 电源，输出信号接示波器，从示波器上可以看到 100Hz 方波信号，用示波器测量其上升时间(由暗变亮)和下降时间(由亮变暗)，测量结果如表 7 所示。

表 7　光电二极管探测光源的上升下降时间

上升时间/μs	下降时间/μs
2.5	3

2. 硅光电池

按照图 10 接测试电路，硅光电池和光源的相对距离为 8cm。测量结果如表 8 所示。

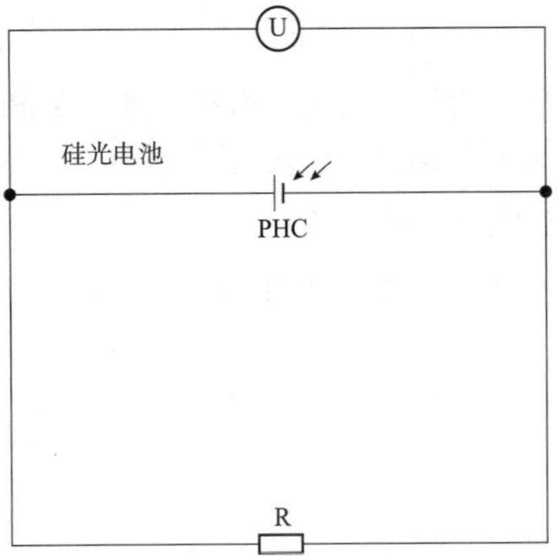

图 10　硅光电池时间响应特性测试电路

表 8　硅光电池时间响应特性

负载电阻 R/Ω	R 并联电容	上升时间/μs	下降时间/μs
1k	无	5	25
1k	0.01μF	12	50

续表

负载电阻 R/Ω	R 并联电容	上升时间/μs	下降时间/μs
100k	无	5	>600
100k	0.01μF	12.5	>1700

由上文可知，图 10 所示传感器电路负载电阻变大时，上升时间变化不明显，下降时间变长；R 两端并联电容时，上升时间和下降时间均变长，要想提高电路的响应速度，需要减小电路中的电容，提高无光照时的电流泄放速度。

3. 光敏电阻

按照图 11 接测试电路，光敏电阻和光源的相对距离为 8cm，$U=8V$。测量结果如表 9 所示。

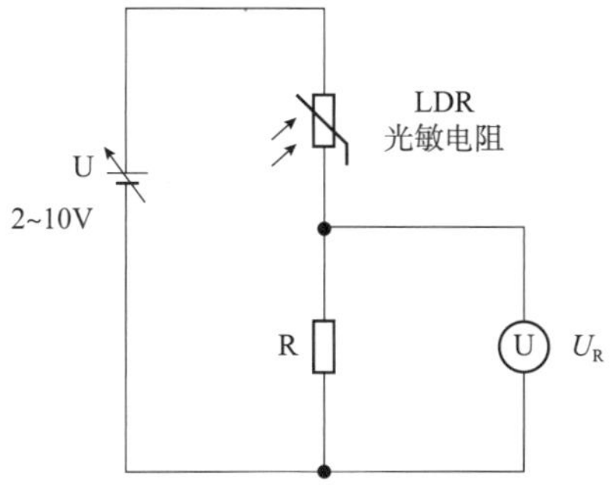

图 11　光敏电阻时间响应特性测试电路

表 9　光敏电阻时间响应特性

负载电阻 R/Ω	上升时间/μs	下降时间/μs
1k	250	>2000

由上文可知，光敏电阻响应慢，不适宜要求响应较快的地方。

4. 光电三极管

按照图 12 连接测试电路，光电三极管和光源的相对距离为 8cm，$U=8V$。测量结果如表 10 所示。

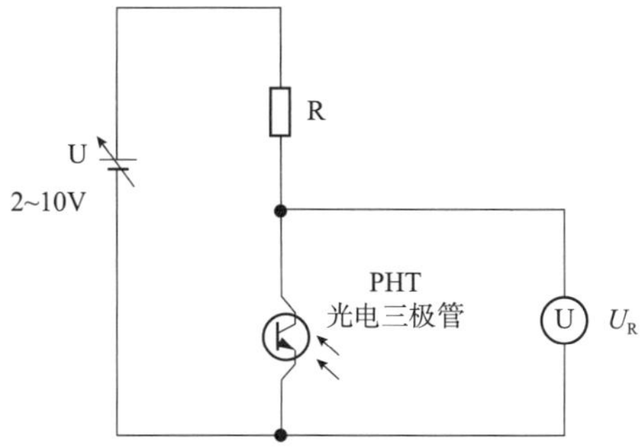

图 12　光电三极管时间响应特性测试电路

表 10　光电三极管时间响应特性

负载电阻 R/Ω	上升时间/μs	下降时间/μs
1k	25	1
100k	>2000	1

由上文可知，上述测试电路负载电阻明显影响 U_R 的上升时间(灯亮时信号由高变低，灯灭时信号由低变高)，下降时间小于光源下降时间(电路饱和所造成)。

第四章　新能源材料现代分析实验

第一节　X 射线衍射仪的物相鉴定实验

一、实验目的

(1)了解 X 射线衍射仪的结构、工作原理及操作规程。

(2)掌握 X 射线衍射仪的操作方法和粉末样品的制备方法。

(3)掌握 X 射线衍射仪物相定性分析的原理和实验方法。

(4)熟悉掌握利用 Jade 软件进行物相鉴定的方法和 PDF 卡片的查找方法。

二、实验内容

了解 X 射线衍射仪的结构和原理，利用 X 射线衍射仪获得一个多相样品的 XRD 图谱，并对获得的图谱进行定性分析，学会使用 JaDe 软件分析测试结果，确定该图谱的物相组成。

三、实验原理

(一) X 射线衍射仪的工作原理

X 射线衍射仪（X – Ray Diffractometer，XRD)是利用 X 射线衍射原理研究物质内部结构的大型分析仪器。当一束 X 射线照射到晶体样品上时会发生衍射现象，通过对衍射结果进行分析，就可以获知物质的结构。X 射线衍射仪是 X 射线晶体学领域在原子尺度范围内研究材料结构的主要仪器，也可用于研究非晶体。

(1)布拉格公式。1912 年德国物理学家劳厄(Max Von Laue)提出一个科学预见：由于 X 射线波长与一般物质中原子的间距同数量级，当反射线射入原子有序排列的晶体时，受到物体中原子的反射，每个原子都产生反射波，这些波互相干涉，产生了衍射现象。1913 年英国科学家布拉格父子(W. ET. BraEg 和 W. L. Bragg)证明了 X 射线在晶体上衍射的基本规律为

$$2d\sin\theta = n\lambda$$

式中，d 是晶体的晶面间距，即相邻晶面之间的距离；θ 是衍射光的方向与晶面的夹角；λ 是 X 射线的波长；n 是一个整数，为衍射级次。

上式称为布拉格方程，其几何示意如图 1 所示。X 射线在晶体中的衍射现象，其本质是大量原子散射波相互干涉的结果。对于不同晶体来说，所产生的衍射花样与其内部的原

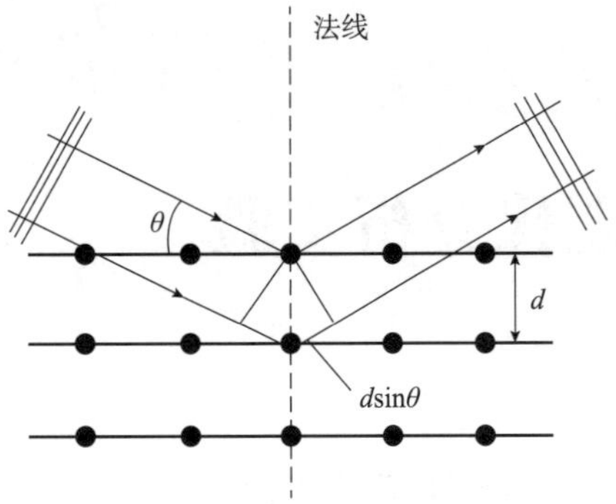

图1　晶体衍射与布拉格方程的几何示意

子分布相关，而布拉格方程所反映的是衍射线方向与晶体结构之间的关系。因此，对于任何晶体来说，只有满足布拉格方程的入射角度才能够产生干涉增强，进而表现出衍射条纹，这是 XRD 谱图的根本意义。

对于不同晶系，晶面间距(d)与晶胞参数(a、b、c、α、β、γ)之间存在确定的对应关系，对 XRD 谱图分析后可以获知衍射角(θ)和晶面指数(h、k、l)，最后通过布拉格方程就可以计算出晶胞参数。以对立方晶系为例，它的晶胞参数可由下式求得：

$$a=\frac{d_{hkl}}{\sqrt{h^2+k^2+l^2}}-\frac{\lambda}{2\sin\theta\ \sqrt{h^2+k^2+l^2}}$$

式中，d_{hkl}为晶面间距；λ 为 X 射线波长，为 0.154056nm；h、k、l 为晶面指数。

(2)谢乐(Scherrer)公式。当 X 射线入射到小晶体时，其衍射线条将变得弥散而宽化。晶体的晶粒越小，X 射线衍射谱带的宽化程度就越大。谢乐公式描述的就是晶粒尺寸与衍射峰半峰宽之间的关系，在实际应用中，谢乐公式常用来计算平均晶粒尺寸。

$$D_{hkl}=\frac{k\lambda}{\beta\cos\theta_{hkl}}$$

式中，β 为半峰宽，即衍射强度为极大值一半处的宽度，单位以弧度表示；D_{hkl}只代表晶面法线方向的晶粒大小，与其他方向的晶粒大小无关；k 为形状因子，球状粒子的$k=1.075$，立方晶体的 $k=0.9$，一般要求不高时取 $k=1$；θ_{hkl}为衍射角。

(二)多晶 X 射线衍射仪

多晶 X 射线衍射仪是基于布拉格公式研制而成的，通过它既可以利用已知的晶体(d 已知)测量 θ 角来研究未知 X 射线的波长，也可以利用已知的 X 射线(λ 已知)测量未知晶体的晶面间距。

X 射线衍射仪是由 X 射线管(如图 2 所示)的高压发生器提供一个给定的高压到 X 射线管的阴极，热阴极产生的热电子以极快的速度撞向阳极靶，产生 X 射线。它的核心部件是 X 光源发生器和入射线探测器。当入射 X 射线照射在多晶(粉末)样品上，X 射线管和探测器以相同角速度绕测角仪圆轴线相向旋转。当入射线与平行于样品表面的某一指数晶面之间的夹角满足布拉格方程时，即可产生衍射。用探测器接收衍射信号并累计其强度。随着衍射角从低角至高角增大，当 X 射线从不同的角度照射样品时，会在不同的晶面发生衍射，探测器将接收从该晶面反射出来的衍射光子，从而得到角度和强度关系的谱图。X 射线衍射分析是进行物相定性、定量分析及晶体结构研究最常用的方法，可用于物相的定性和定量分析、精确测定点阵常数和纳米晶尺寸、分析结晶度和表面残余应力等。如图 3 所示，从线焦点 S 发出的 X 射线经索拉光栏 A、发散狭缝 DS 后，成为扇形光束照射到平板样品上，衍射线通过防散射狭缝 SS、索拉光栏 B、接收狭缝 RS 进入探测器 D，被转换成电信号，经计算机处理后为数字信息。测量过程中(如图 4 所示)，H 为样品台，K 为测角仪圆，E 为支架，样品台载着样品按一定的步径和速度转过一定的角度 θ（掠射角、布拉格角或半衍射角），探测器伴随着转过衍射角 2θ，这种驱动方式称为 $\theta-2\theta$ 方式。图 5 所示为衍射仪总框图。

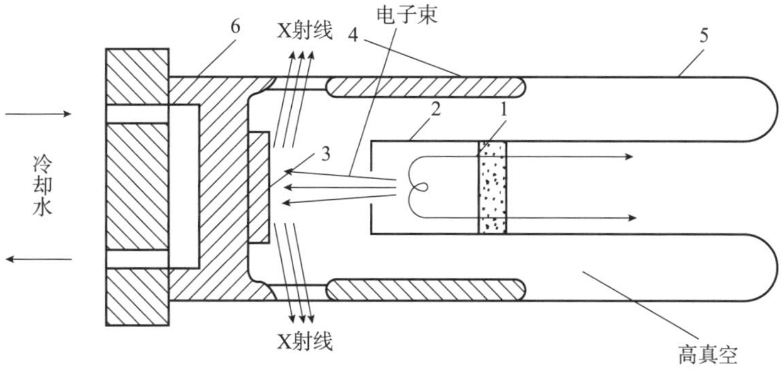

图 2　封闭式 X 射线管结构示意

1—灯丝；2—聚焦罩；3—阳极；4—窗口；5—管壳；6—管座

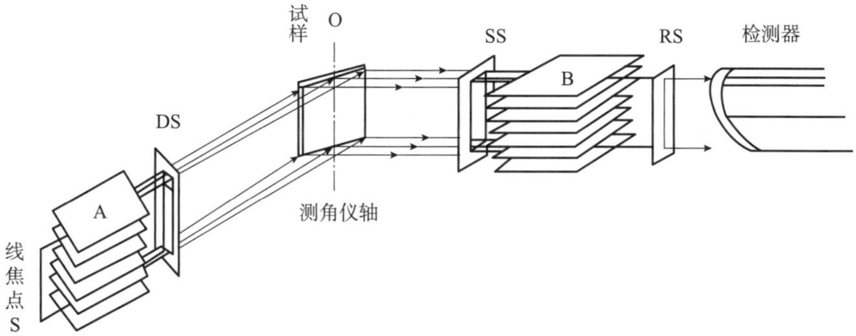

图 3　衍射仪光路图

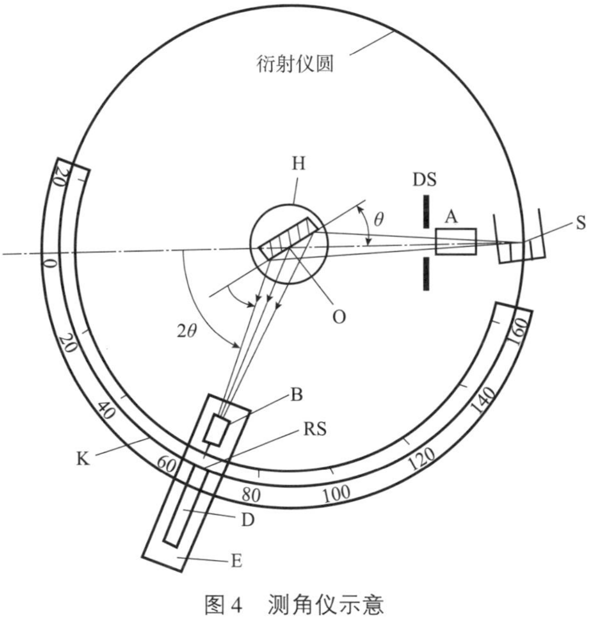

图 4　测角仪示意

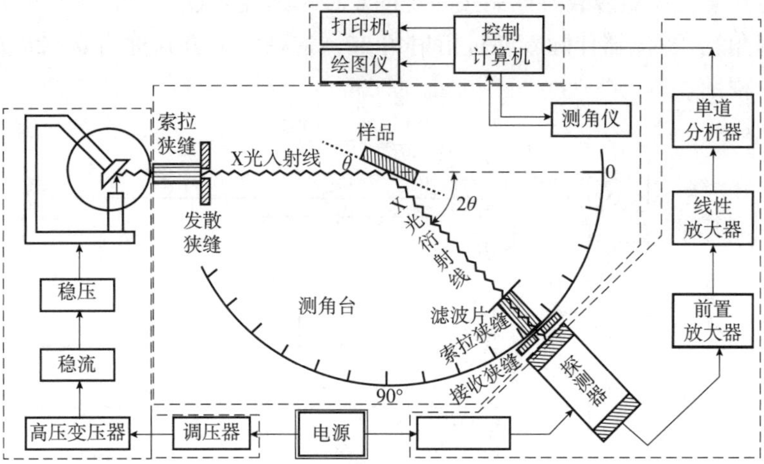

图 5　X 射线衍射仪总框图

计算机记录下样品转动过程中每一步的相对衍射强度数据(I)和探测器位置(2θ)，并以 2θ 为横坐标，相对强度 I 为纵坐标绘制出衍射图谱(如图 6 所示)。

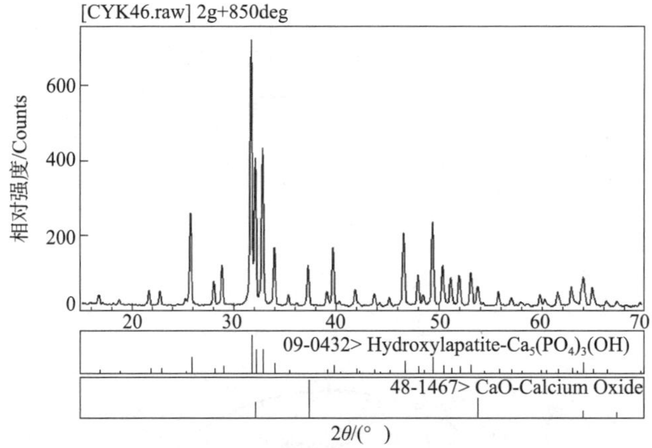

图 6　X 射线衍射图谱

(三)物相定性分析原理

1. 物相定性分析原理概述

X 射线在晶体中的衍射，本质上是晶体中各原子散射波之间的干涉结果。X 射线入射到多晶体上，产生衍射的必要、充要条件是：

$$\begin{cases} 2d\ \sin\ \theta = n\lambda \\ F\ (hkl) \neq 0 \end{cases}$$

式中，n 为正整数，称为衍射级数；θ 为入射角，或布拉格角；d 为衍射晶面的晶面间距。

必要条件：满足 Bragg 方程，在一定的实验条件下衍射方向取决于晶面间距 d。

充分条件：结构因子 $F(hkl) \neq 0$，即不发生系统消光。$F(hkl)$的数值取决于物质的结构，衍射强度正比于结构因子 $F(hkl)$模的平方，即衍射线的强度 I 决定于晶胞中原子的种类、数目和排列方式。

由于衍射线恰好是原子面对入射线的反射线，所以把 X 射线的这种反射称为选择性反射，即衍射。布拉格方程是晶体衍射的必要条件，它反映了衍射线的方向与晶体结构的关系。根据晶体对 X 射线的衍射特征 – 衍射线的位置、强度及数量来鉴定结晶物质之物相的方法，就是 X 射线物相分析法。

每一种结晶物质都有各自独特的化学组成和晶体结构。从理论上来讲，没有任何两种物质，它们的晶胞大小、质点种类及其在晶胞中的排列方式是完全一致的。当 X 射线被晶体衍射时，结晶物质都有自己独特的衍射花样，它们的特征可以用各个衍射晶面的晶面间距 d 和衍射线的相对强度 I/I_1 来表征。其中，衍射晶面的晶面间距 d 与晶胞的形状和大小有关，相对强度则与质点的种类及其在晶胞中的位置有关。所以任何一种结晶物质的衍射数据 d 和 I/I_1，是其晶体结构的严格映射，因而可以根据它们来鉴别结晶物质的物相。

决定 X 射线衍射谱中衍射方向和衍射强度的一套 d 和 I 的数值是与一个确定的晶体结构相对应的。这就是说，任何一个物相都有一套 $d-I$ 特征值。两种不同物相的结构稍有差异，其衍射谱中的 d 和 I 将有区别，这就是应用 X 射线衍射分析和鉴定物相的依据。

每种晶态物质都有其特有的结构，因而也就有其独特的衍射花样。当试样中包含有两种或两种以上结晶物质时，它们的衍射花样将同时存在，且不会相互干涉，衍射结果只是各个单相衍射图谱的简单叠加。于是在待分析试样的衍射图谱中，发现了与某种物质相同的衍射花样时，就可断定试样中包含着这种结晶物质。

2. 物相定性分析过程

先制样，并获得该样品的衍射花样，用衍射仪法测定各衍射线条的衍射角，并将其换算成晶面间距 d；再用计数管测出各条衍射线的相对强度 I/I_1；最后与各种结晶物质的标准衍射花样进行对比鉴定，确定物相。

3. PDF 卡片检索方法

PDF 卡片检索的发展已经历了三代，第一代是通过检索工具书来检索纸质卡片，现在已被淘汰。第二代是通过一定的检索程序，按给定的检索窗口条件对光盘卡片库进行检索(如 PCPDFWin 程序)。现代 X 射线衍射系统都配备有自动检索系统，根据测试获得的待分析试样的衍射数据，包括衍射曲线和 d 值(或 $2d$ 值)、相对强度、衍射峰宽等数据，通过图形对比方式检索多物相样品中的物相，如利用 MDI Jade 软件在计算机上进行 PDF 卡片的自动检索，并判定唯一准确的 PDF 卡片。

四、实验设备及材料

本节实验所采用的仪器为日本岛津股份有限公司 XRD – 6000 型 X 射线衍射仪。X 射线衍射仪主要由 X 射线发生器(X 射线管)、测角仪、X 射线探测器、计算机控制处理系统等组成。

(一) X 射线发生器

X 射线发生器的最大功率为 3kW。

(二)测角仪

测角仪是粉末X射线衍射仪的核心部件，主要由索拉光阑、发散狭缝、样品座、防散射狭缝、二次索拉光阑、接收狭缝及闪烁探测器等组成。

测角仪光路上配有一套狭缝系统：

(1)主索拉狭缝。由一组平行等间距的、平面与射线源焦线垂直的金属薄片组成，用来限制X射线在测角仪轴向方向的发散，使X射线束可以近似地看作仅在扫描圆平面上发散的发散束。

(2)发散狭缝。用来限制光束的发散。

(3)防散射狭缝。用来防止一些附加散射(如各狭缝光阑边缘的散射，光路上其他金属附件的散射)进入检测器，有助于减低背景。

(4)次级拉索狭缝。用来限制衍射线在测角仪轴向方向的发散。衍射光束的发散。

(5)接收狭缝。用来限制所接收的衍射光束的发散。

(三)X射线探测器

衍射仪中采用的探测器是闪烁计数器(磷光体)中产生的波长在可见光范围内(SC)，它是利用X射线能在某些固体物质的荧光，这种荧光再转换为能够测量的电流。由于输出的电流和计数器吸收的X光子能量成正比，因此可以用来测量衍射线的强度。

(四)计算机控制处理系统

XRD－6000型X射线衍射仪主要操作都由计算机控制自动完成，扫描操作完成后，衍射原始数据自动存入计算机硬盘中供数据分析处理。EVA数据分析处理包括平滑处理、背底扣除、自动寻峰、d值计算、衍射峰强度计算等。

实验材料：铝片及KCl和$MgSO_4\cdot 6H_2O$的混合物。

五、实验步骤

(一)样品的制备

X射线衍射分析的样品主要有粉末样品、块状样品、薄膜样品、纤维样品等。X射线衍射分析包括晶相分析和晶相定量分析，要求样品试片的表面是十分平整的平面。

1. 粉末样品

X射线衍射分析的粉末试样必须满足两个条件：晶粒要细小，试样无择优取向(晶粒随机排列)。对于粉末样品，通常要求其颗粒的平均粒径控制在5m左右，即过320目(约40μm，在两手指无明显颗粒感)的筛子，且要求试样无择优取向。因此，通常应用玛瑙研钵对待测样品进行充分研磨后使用(一般针对较硬的试样)。

2. 块状样品

对于块状样品应切割出合适的大小，即不超过铝制样品架的矩形孔洞的尺寸。另外还要用砂轮和砂纸将其测试面磨得平整光滑，无污染物。先将块状样品表面研磨抛光，大小不超过20mm×18mm。

3. 微量样品

取微量样品放入玛瑙研钵中将其研细，然后将研细的样品放在单晶硅试样架上(切割单晶硅试样架时使其表面不满足衍射条件)，滴数滴无水乙醇使微量样品在单晶硅片上分散均匀，待乙醇完全挥发后即可测试。

4. 薄膜样品制备

将薄膜样品剪成合适大小，用胶带纸粘在玻璃试样架上即可。

(二)充填试样

将适量研磨好的试样粉末填入样品架的凹槽中，使粉末试样在凹槽里均匀分布，并用平整光滑的玻片将其压紧；将槽外或高出样品架的多余粉末刮去，然后重新将样品压平实，使样品表面与样品架边缘在同一水平面上。

块状样品直接用橡皮泥或石蜡粘在铝制样品架的矩形孔洞中，要求样品表面与铝制样品架表面平齐。

(三)样品测试

X 射线衍射仪的物相定性分析实验条件如表 1 所示。样品测试步骤如下：

1. 开机前的准备和检查

将制备好的试样插入衍射仪样品台，关闭防护罩；检查 X 光管窗口应关闭，管电流管电压表指示应在最小位置。

2. 开机操作

开启衍射仪总电源，启动循环水泵；等待几分钟后(水温为 10 ~ 18℃)，打开计算机 X 射线衍射仪应用软件，设置管电压、管电流至需要值，设置合适的衍射条件及参数(如表 1 所示)，开始样品测试。

3. 停机操作

测量完毕，保存测试数据，关闭 X 射线衍射仪应用软件；取出试样；15min 后关闭循环水泵，关闭水源；关闭衍射仪总电源及线路总电源。

表 1　X 射线衍射仪的物相定性分析实验条件

参数名称	参数值
扫描范围	$2\theta = 10° \sim 80°$
扫描速度	8°/min
扫描方式	$\theta \sim 2\theta$ 连续扫描

(四)物相检索，数据处理和结果输出

(1)用 Jade 软件打开测量图谱。

(2)单击常用工具栏中的 S/M 按钮，输入样品中包含的元素等参数，系统自动检索出与样品衍射谱最匹配的几种 PDF 卡片并列表显示。

(3)在检索结果列表中，根据谱线角度匹配情况并参考强度匹配情况，选择最匹配的 PDF 卡片作为物相鉴定结果。

(4)重复(2) ~ (3)的步骤，直到全部衍射线都有相应的物相归属，物相鉴定完毕。

(5)选择 Report – Phase ID Report 命令，打印输出物相鉴定结果。

六、注意事项

(1)仪器运行过程中禁止打开封闭门。

(2)实验室禁止打闹，自觉遵守学生实验守则，爱护仪器，按照操作要求进行实验。

七、实验报告要求

(1)用实验报告专用纸撰写实验报告，简述实验目的、实验原理、实验仪器、实验步骤(并注明相应的测试条件)等。

(2)简述 X 射线物相分析的原理。

(3)测试样品物相时，应该给实验室老师提供哪些信息？

(4)记录所分析试样的测试条件，用 Jade 软件分析测试结果，确定该图谱的物相组成(用图谱呈现)，并将两种试样的实验数据及结果以表格列出。要求写出所得物相名称(中英文)、PDF 卡片编号、衍射角 2θ、其他测试数据等信息。如表 2、表 3 所示(混合物的数据，在表 3 中每种物相列出 3 行即可，其他数据可以省略)。

表 2　铝片试样的 X 射线衍射实测数据

实测数据										
2θ	10.00	10.02	10.04	10.06	10.08	10.10	10.12	10.14	10.16	10.18
I										
2θ	10.20	10.22	10.24	10.26	10.28	10.30	10.32	10.34	10.36	—
I										—

表 3　铝片试样的 X 射线衍射数据

实验数据										
实测数据							PDF 卡片数据			2θ Delta
Phase ID	2θ	d (Å)	*Height*	*Height/%*	*FWHM*	*BG*	d(Å)	*hkl*	2θ	

表 4　KCl 和 $MgSO_4 \cdot 6H_2O$ 混合物试样的 X 射线衍射实测数据

实测数据										
2θ	10.00	10.02	10.04	10.06	10.08	10.10	10.12	10.14	10.16	10.18
I										
2θ	10.20	10.22	10.24	10.26	10.28	10.30	10.32	10.34	10.36	—
I										—

表 5　KCl 和 $MgSO_4 \cdot 6H_2O$ 混合物试样的 X 射线衍射数据

实验数据										
实测数据							PDF 卡片数据			2θ Delta
Phase ID	2θ	d (Å)	*Height*	*Height/%*	*FWHM*	*BG*	d(Å)	*hkl*	2θ	

第二节　LED 荧光粉的制备及光谱分析实验

一、实验目的

(1)掌握燃烧法制备黄光 YAG：Ce^{3+}荧光粉(钇铝石榴石 $Y_3Al_5O_{12}$：0.6% Ce^{3+})。

(2)掌握 LED 荧光粉的荧光光谱测定。

(3)掌握 LED 荧光粉的紫外－可见漫反射光谱测定。

(4)利用 CIE 软件和 LED 荧光粉的荧光光谱数据计算色度坐标。

(5)了解 LED 灯的封装工艺。

二、实验原理

2014 年 10 月 7 日下午，瑞典皇家科学院宣布，将 2014 年诺贝尔物理学奖授予日本科学家的赤崎勇(Isamu Akasaki)、天野浩(Hiroshi Amano)以及美国加州大学圣巴巴拉分校的美籍日裔科学家中村修二(Shuji Nakamura)，以表彰他们在发明一种新型高效节能光源即蓝色发光极管(LED)方面的贡献。LED 为 light－emitting diode(发光二极管)的英文缩写。利用半导体 GaN 芯片的 p－n 结在电场的激发下发射蓝色的光，发射峰的位置位于 465nm 波长处，与 YAG：Ce 的激发谱的范围重合，可以激发发射出峰值为 530nm 左右的黄绿光，芯片发出的蓝光透过荧光粉与荧光粉受激发射的黄绿光相匹配，可以得到白光。

色调为彩色物质在光照射下反射或透射光的光谱成分(比如绿色、红色等)；饱和度是指颜色的纯度；色度是色调和饱和度的合称；明度是指颜色的明亮程度。红色(red)、绿色(green)、蓝色(blue)被称为三基色，这三种颜色的光混合可得到白色的光，其中(R)(G)(B)表示代表产生混合色的红、绿、蓝三基色的单位量。当这三原色光的相对亮度比例为 1.0000∶4.5907∶0.0601 时就能匹配出等能白光，所以 CIE(国际照明委员会)选取这一比例作为红、绿、蓝三原色的单位量，即(R)∶(G)∶(B)＝1∶1∶1。尽管这时三原色的明度值并不等，但 CIE 却把每一原色的明度值作为一个单位看待，所以色光加色法中，红、绿、蓝三原色光等比例混合结果为白光(white)，即：(R)＋(G)＋(B)＝(W)。

X、Y、Z 分别为匹配待配色所需要的红、绿、蓝三原色的数量，称为光谱三刺激值。

在理论上，为了定量地表示颜色，采用色度坐标：

$$x=\frac{X}{X+Y+Z},\quad y=\frac{Y}{X+Y+Z},\quad z=\frac{Z}{X+Y+Z}$$

x、y、z 分别是红、绿、蓝三种颜色的比例系数。所有的光谱色在色度坐标上为一马蹄形曲线，该图称为 CIE1931 色度坐标。图 1 所示为国际照委会制定的 CIE1931 色度图。

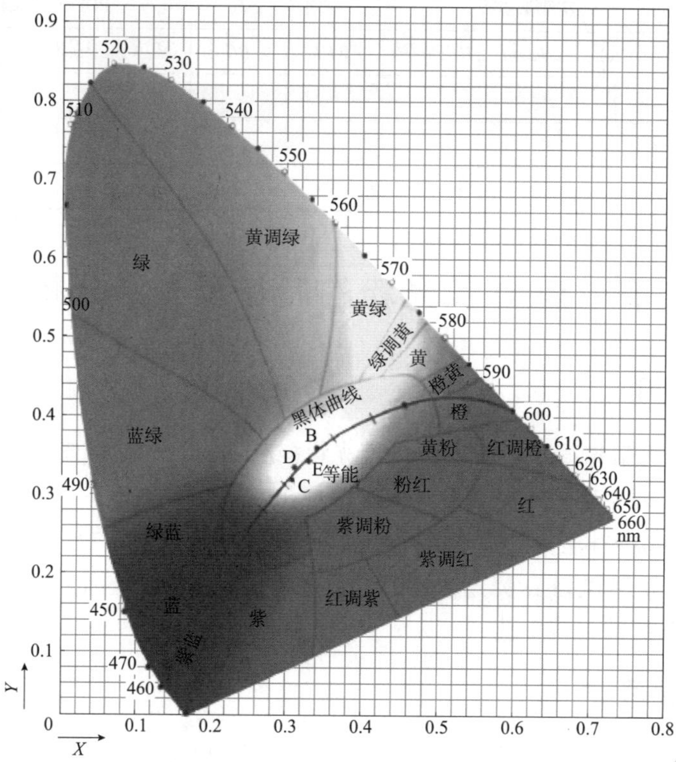

图 1　CIE1931 色度图

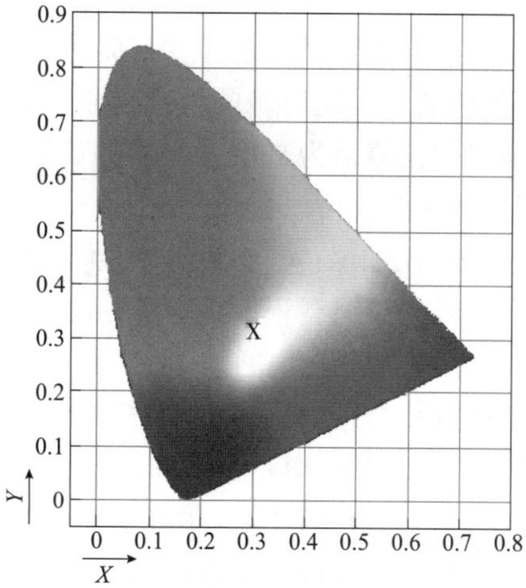

图 2　白光的 CIE1931 色度坐标
(0.3101，0.3162，0.3737)

图 1 中红(R)、绿(G)、蓝(B)三基色的色度坐标点为顶点，围成的三角形内的所有颜色可以由三基色按一定的量匹配而成。色度图中的弧形曲线上的各点是光谱上的各种颜色即光谱轨迹，是光谱各种颜色的色度坐标。红色波段在图的右下部，绿色波段在左上角，蓝紫色波段在图的左下部。图下方的直线部分，即连接 400nm 和 700nm 的直线，是光谱上所没有的由紫色到红色的颜色系列。靠近图 2 中心的颜色是白色，相当于中午阳光的光色，其色度坐标为 $x=0.3101$，$y=0.3162$，$z=0.3737$。

三、实验试剂、材料和仪器

(一) 实验试剂和材料

硝酸铝九水合物(AR，99.0%)、硝酸钇六水合物(99.5%)、硝酸铈六水合物(99.5%)、乙炔黑(AR)、葡萄糖(AR)、蔗糖(AR)、尿素(AR)、乙二醇(AR)、草酸

(AR)、气相法制备 SiO 粉末、功率型 LED 半成品单灯(瑞可达 MR16 - 3W：芯片装在衬底基座上，金丝球完成，功率为 3W)、自制黄光 LED 荧光粉、甲基系有机硅胶——LED 混荧光粉硅胶和灯珠封装硅胶、载玻片、玛瑙研钵、透明胶、打孔器、蓝光 LED 激光电筒(波长 458nm)等。

(二)实验仪器

荧光分光光度计(RF - 5301PC)、紫外可见分光光度计(UV - 2006)、X 射线粉末衍射仪、0mno - 300 单色仪、箱式电阻炉、电子分析天平(FA2004)等。

四、实验内容

(一)LED 荧光粉制备

先采用燃烧法制备黄光 YAG：Ce^{3+}荧光粉($Y_3AL_5O_{12}$：0.6% Ce^{3+})。其具体方法是将 $Y(NO_3)\cdot 6H_2O$(99.99%)、$Al(NO_3)_3\cdot 9H_2O$(AR)和 $Ce(NO_3)_3\cdot 6H_2O$(99.99%)按一定的化学计量比称量，这些金属硝酸盐作为燃烧反应的氧化剂并引入 Y^{3+}、Al^{3+}以及作为激活剂的 Ce^{3+}。称取 2.2843g$Y(NO_3)\cdot 6H_2O$(分子量：383.06)(99.99%)、3.7514g $Al(NO_3)_3\cdot 9H_2O$(分子量：375.14)(AR)、0.01565g$Ce(NO_3)_3\cdot 6H_2O$(分子量：434.23)(99.99%)溶解于少量去离子水中，再加入 6.00 尿素粉末或其他还原剂并混合均匀。放置于陶瓷蒸发皿中(110℃)，在通风橱中，把溶液的水分蒸发后，转移到 500℃马弗炉中，反应剧烈进行，并可以观察到明亮的火焰。反应停止后可以得到蓬松的泡沫状的先驱物，为了得到发光效率更好的样品，把先驱物研磨后即可放入坩埚，在 1000℃下灼烧 2h。

反应机理如下：

$$4M(NO_3)_3 = 2M_2O_3 + 12NO_2 + 3O_2$$

$$CO(NH)_2 + H_2O + 2NO_2 = 2NH_3 + CO_2 + 2O_2 + N_2$$

反应式中的 M 为 Y、AI 和 Ce。

(二)荧光粉荧光光谱的测定

把研磨好的荧光粉装在试样测定架上，分别测定样品荧光激发光谱和荧光发射光谱。记录为激发波长 460nm，扫描范围 380 ~ 800nm 的荧光发射光谱。以文本格式文件保存，作为计算色度坐标的光谱数据。

(三)紫外 - 可见漫反射光谱的分析

光谱仪开机热稳定后，用 2 个硫酸钡白板标样分别挂在仪器的参比和样品窗口做基线校正，波长范围 210 ~ 800nm。把研磨细的荧光粉压平压实在平板试样架的孔洞里，尽可能使样品的表平面和试样架的表面保持在同一水平面，然后把样品挂在样品的测试窗口位置上进行扫描测试，并记录 210 ~ 800nm 的漫反射吸收光谱。

(四)YAG：Ce^{3+}荧光粉的色度坐标的计算及标示

运行 CIE 软件，在文件界面下，打开 YAG：Ce^{3+}荧光粉的发射光谱文件，选定计算波长范围，点下计算按钮，即可得到色度坐标(x，y，z)的值。双击 CIE1931 软件图标，运行 CIE1931 软件。把荧光粉色度坐标 x 和 y 值输入，并按“Enter”确定，即可得到色度坐标

(x，y，z)的图形文件。

(五)模拟组装 LED 灯

将研磨细的 YAG：Ce^{3+} 黄色荧光粉和白色 SiO_2 粉体按一定的比例混合均匀待用。使用打孔器在裁剪好的透明胶上打孔，然后粘贴在一片干净的载玻片上，把混合均匀的荧光粉负载在透明胶的孔洞里，用另一块载玻片盖上，把荧光粉压实均匀并用胶带固定。打开蓝光 LED 激光电筒，让蓝色光斑穿过负载荧光粉的孔洞，使用手机或其他照相设备记录透过光斑的颜色。

(六)功率型 LED 灯封装

(1)调荧光粉。取一定量的 AB 双组分的有机硅树脂、YAG：Ce^{3+} 黄色荧光粉、气相法制备的 SiO_2 粉末，按一定比例将其混合，经搅拌、超声分散、抽真空等操作步骤，使其成为分散相对均匀、黏度适中的胶粉混合物。

(2)涂抹荧光粉。采用荧光粉薄膜式涂布，把荧光粉均匀涂布在芯片表面。功率型白光 LED 灯荧光粉的使用是否合理，对其发光效率影响较大。首先要选用与芯片波长相匹配的高受激转换效率的荧光粉；其次是选用合适的载体胶调配荧光粉，并使其以良好的涂布方式均匀而有效地覆盖在芯片的表面，以达到最佳的激发效果。

如图 3 所示，在荧光粉涂布之前，芯片已经装在衬底基座上，并进行了金丝球焊，对单个芯片，在已球焊好的芯片表面直接涂布荧光粉。而对于功率型 LED，为了解决其大功率的热量问题，芯片是通过导热树脂等安装在一个金属基座上，以加速热传导，金属基座采用表面镀银的铜基座或铝基座等。

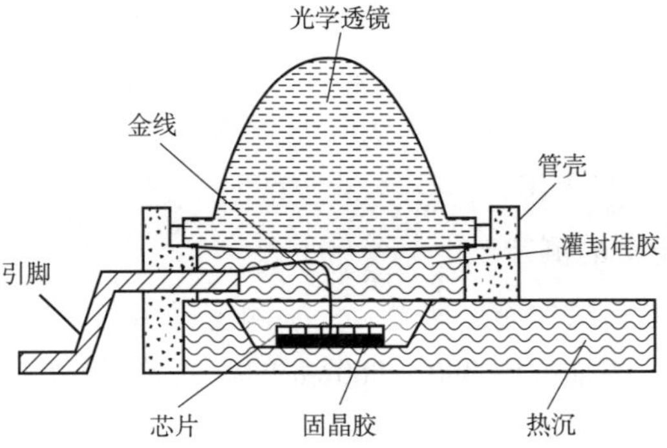

图 3　功率型 LED 灯的结构示意

(3)固化。将均匀涂布荧光粉的芯片放入烘箱，在 110℃条件下，固化 0.5h。

(4)封装。使用灯珠封装硅胶将固化后的芯片灌封，并在 130℃条件下固化 1.0h，将其封装好。

(5)检测。把封装好的高功率 LED 灯(HPLED)，加上电压，检测是否能点亮，并和同一型号的 HPLED 商品灯作比较。

(6)LED 灯发光性能检测。器件之间的均匀性：对于应用在照明领域的大功率白光 LED，其光学特性有着特别重要的意义，器件的光通量、色度值、光学均匀性是其重要的指标。

光学均匀性有两个方面的考虑。一是同一个 LED 器件在空间不同方向上的色度均匀性，即其出射光斑的均匀性，该均匀性是大功率白光 LED 能否用于照明的关键指标之一。二是同一批器件之间的色度、色温均匀性，该均匀性是考察工艺可控性的重要指标，如果同一批器件之间的色度分布太大，则制作工艺的可控性差，制作出的产品色度分布太广，离散性太大，成品率低；如果同一批器件之间的色度、色温均匀性好，则说明制作工艺可控性好，能制作色度分布集中的产品，产品的成品率、品质特性高。器件之间的色度均匀性可由色度坐标的标准差和色温标准差来表示。

单个 LED 发光的空间均匀性：用色度坐标的离散性、主波长分布和理想白光点(0.33，0.33，0.33)的色差来分析单个 LED 的空间色度的均匀性，其中色度坐标的离散性是考察白光 LED 的色度值和发光均匀性的主要参数。

五、结果与讨论

(1) YAG：Ce^{3+}荧光粉的荧光光谱和紫外－可见漫反射光谱的分析。解析 YAG：Ce^{3+}荧光粉的荧光光谱和紫外－可见漫反射光谱。

(2) 根据 YAG：Ce^{3+}荧光粉的荧光光谱的解析结果和组装 LED 灯的发光性能，讨论不同还原剂对制备黄光 YAG：Ce^{3+}荧光粉的发光性能的影响。

(3) 根据色度坐标对 YAG：Ce^{3+}荧光粉的性能进行评价，并提出可能的改进方法。

(4) YAG：Ce^{3+}黄色荧光粉和白色 SiO_2粉体的不同混合比例和负载的厚度对产生的白光的影响。

(5) 对 YAG：Ce^{3+}荧光粉的性能给出一个整体的评价和总结。

第三节　透射电镜样品的分类和制备实验

一、实验目的

(1) 掌握透射电镜样品的制样原则。

(2) 学习三种 TEM 制样方法的原理，了解相关仪器的操作方法。

(3) 熟悉粉末样品制备方法，能够选择出不同实验目的和条件下最合适的支持膜。

(4) 学习使用电解双喷减薄仪，练习金属薄膜样品双喷减薄制备流程。

二、实验仪器

MTP－1A 电解双喷减薄仪、多功能离子减薄仪、线切割机、红外烘烤灯等。

三、实验原理

透射电子显微镜具有非常高的空间分辨率，可以在不同原子尺度上观测和分析材料的微结构特征，是材料微结构研究的重要分析仪器之一。透射电镜通过加速高压发射电子，并使电子束透射试样后，与试样内部原子发生相互作用，从而改变其能量及运动方向。由于不同结构具有不同的相互作用，因而，可以根据透射电子图像所获得的信息，来了解试样内部的晶体结构。材料科学研究中 TEM 样品的制备对电子显微学的研究具有重要的作用，它是一项很细致的技术工作。为了获得良好的 TEM 结果必须先制备良好的薄膜样品，而 TEM 样品的制备对于电子显微学的研究具有十分重要的意义。

由于电子同时受原子中核电荷及核外电子的散射，因此电子穿透试样的能力很弱，适用于透射电子显微镜观察的样品厚度要求比较薄，一般为 5～200nm。这种试样可以是由块状样品直接制备成薄膜，即薄膜法；也可以将原始块状样品表面形态用有机物质(如 AC 纸)或碳膜复制而成，即复型法。一般试样的电子显微像的衬度是由于试样不同部位对电子散射能力的差异使透过试样的电子束强度不同引起的。如果构成试样的单个原子对电子的有效散射截面为 σ_a，它表征原子对电子的散射概率，与原子序数有关。若元素的原子量为 A，试样的样品密度为 ρ，则试样中相邻两部位(分别用角标 1，2 表示)由于厚度及构成试样原子类型不同所引起的衬度(称质厚衬度)可以由下式表示：

$$G = N_A\left(\frac{\sigma_{a2}}{A_2}\rho_2 t_2 - \frac{\sigma_{a1}}{A_1}\rho_1 t_1\right)$$

式中，N_A 为阿伏加德罗常量；t 为试样厚度。

对于一般复型试样，由于 σ_a、ρ 以及 A 保持恒定，故衬度仅由试样各部位的厚度差异所引起。为提高衬度，可以用投影法，增加试样各部位厚度差，同时由于用重金属元素作投影材料，可增加各部位的 σ_a、ρ 及 A 的明显差异，达到改善衬度的目的。对于萃取复型试样，则其衬度由于存在 Δt、ΔA、$\Delta\sigma_a$、$\Delta\rho$ 等，故其衬度明显优于一般的复型。

目前新材料的发展日新月异，对样品制备提出了更高的要求。样品制备的发展方向应该是制备时间更短，电子穿透面积更大，薄区的厚度更薄，高度局域减薄。由于电子束的穿透能力有限，透射电镜只能观察薄膜样品。薄膜样品的制备方法很多，有碳一级复型、碳二级复型、萃取复型、双喷电解、离子减薄等。金属薄膜的制备方法汇总详见附录 1 和附录 2。与新能源材料与器件专业相关的样品类型包括金属材料、金属基复合材料和陶瓷及陶瓷基复合材料的薄膜样品，以及纳米材料等。这些材料常用的制备方法主要分为三类：双喷电子减薄法、离子减薄法和 TEM 载网支持膜附着样品制备法。

(一)电解化学双喷制备块状透射电镜样品

电解双喷仪示意如图 1 所示，电解化学双喷制备块状透射电镜样品中电解化学双喷的原理为：(1)将样品接正极、电解液接负极。(2)电解液从两侧喷向样品，当样品穿孔后，自动停机。(3)获得中间薄边缘厚，呈面窝状的透射电镜薄膜样品。(4)电压电流值须处于抛光区才会出现好的薄区，理想电压与电流的变化关系如图 2 所示。电解液由泵控制，并循环反复使用，通过双喷嘴直射试样。直径为 3mm 的试样置于一侧装有铂丝的试样架内(为阳极)，直径为 1mm 的喷嘴内置有铂阴极，在合适的电解液和抛光条件下试样被均匀抛光减薄直到穿孔时，由光敏电阻进行报警而自动断电。

电解化学双喷适用于的材料类型：(1)非粉末冶金试样。(2)组织中各相电解性能相差不大的材料。(3)不易于腐蚀的裂纹端试样。(4)不易于脆断、不能清洗的试样。

电解化学双喷的影响因素有：(1)电解液成分：合适的电解液是制备透射电镜样品薄区的基础。(2)电压电流：不同金属材料电解过程不同，电流一般范围 20～60mA，具体的参数需要依赖不断地实践摸索，积累经验。理想电压与电流曲线如图 2 所示。(3)温度：低温会减少腐蚀和氧化，一般采用液氮冷却，但有的材料无须冷却。(4)流速：合适的流速可控制材料的穿孔速度，不宜过大，须注意电解液与样品时刻保持接触。(5)安全注意事项：双喷电解结束后，立即取出并清洗样品，时间尽可能短，防止腐蚀污染。常用材料所需电解液的参数汇总于表1。

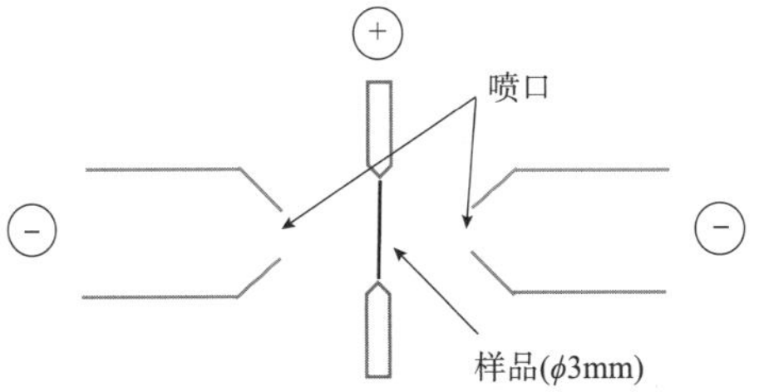

图1　电解双喷仪示意

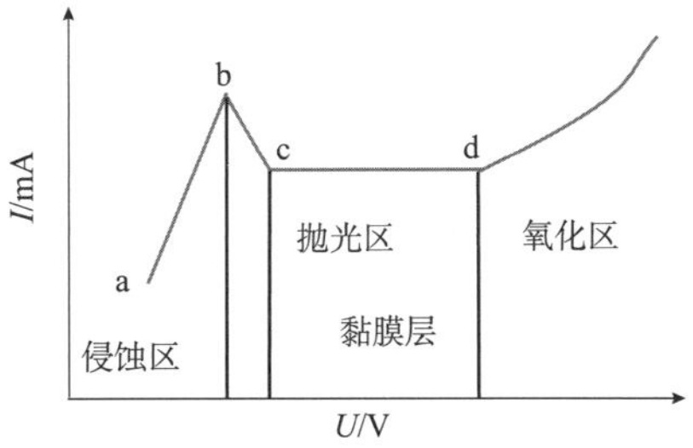

图2　理想电压与电流曲线

表1　常用材料所需电解液参数

材料	电解液及浓度	电压/V	温度/℃
高温合金	10%高氯酸+90%无水乙醇	30	-20
高熵合金	8%高氯酸+92%无水乙醇	30	-20
钛	5%高氯酸+70%甲醇+35%正丁醇	28	-30
铝合金	30%硝酸+70%甲醇	20	-20
纯镍	高氯酸：乙醇：乙酸=1：4：3	12	-20
碳钢及低合金钢	10%高氯酸+90%无水乙醇	20	-20
耐热钢	8%高氯酸+92%无水乙醇	18	-20

MTP-1A型电解双喷减薄仪是专用于透射电镜(TEM)的样品减薄系统，能够极为快捷地将样品减薄到纳米级厚度，以适应透射电镜的观测需求。MTP-1A型磁力驱动双喷电解减薄器由电解冷却与循环部分、电解抛光减薄部分和样品观察部分三部分组成，仪器照片如图3所示。

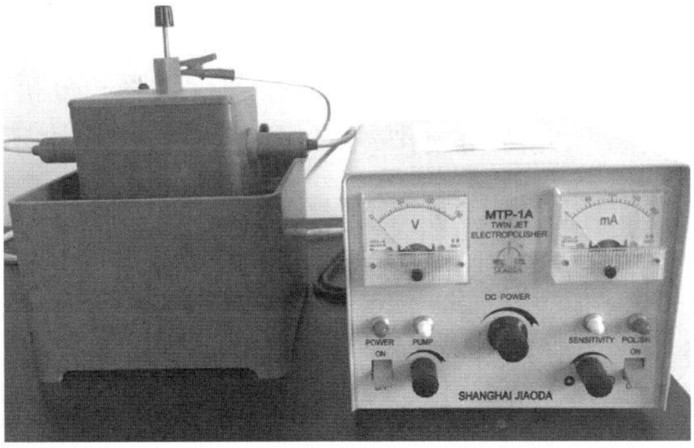

图3　MTP-1A型电解双喷减薄仪

电解冷却与循环部分：通过耐酸磁力泵把低温电解液经喷嘴喷射到样品表面。低温循环电解减薄不会使样品因过热而氧化，同时也可以得到平滑而光亮的薄膜。

电解抛光减薄部分：电解液由磁力泵打出后喷射到样品表面，样品在电解液的作用下不断被减薄，直至最后产生穿孔。

样品观察部分：电解抛光时一根光导纤维管把外部光源传送到样品的一个侧面。当样品刚一穿孔时，透过样品的光通过在样品另一侧的光导纤维传送到外面的光电管，切断电解抛光液流，并发出报警声响。

MTP－1A 型电解双喷减薄仪由磁力驱动，增设自压式液氮冷却系统，有效提高电解液冷却速度，使用更方便。此外，本装置仍保留原有的干冰冷却槽，可根据具体条件选择电解液冷却方式。

MTP－1A 型磁力驱动双喷电解减薄器具有以下特点：

(1)采用同轴光导控制，对中性好、使用过程无须调整、操作方便。一对同轴光导封装在喷管中，操作过程不会被折断，还能屏蔽外界光源的影响，提高信噪比。因此，在金属薄片抛光减薄穿孔时能接收到较强的光信号，穿孔报警控制灵敏、准确。

(2)电解液喷射循环泵的驱动马达与电解槽分隔开，马达不会被电解液污染，运行安全可靠。

(3)样品采用双斜面压紧方式，既适用于装直径为3mm 的圆形薄片，又可以装 3mm × 5mm 的矩形金属薄片。由于金属薄片在压紧过程不产生扭力，即使脆性的金属薄片在压紧过程也不会引起变形或破裂。

(4)自压式液氮冷却系统，快速冷却电解液，此外还保留干冰冷却系统，可根据具体条件选择电解液冷却方式。

(5)电气线路安全可靠。

首先用金刚石圆锯或线切割机将块体材料切割成厚度为 0.5mm 以下、面积为 $2cm^2$ 以上的薄片，再用砂纸将其厚度打磨到 0.1mm 以下。然后用样品冲片器将薄片冲成直径为 3mm 的小圆片，再用凹坑仪在小圆片的中心位置凹一个小坑，以备用，导电材料可通过双喷电解的方法，对样品进行电解腐蚀，最终减薄样品。电解抛光减薄是制备金属薄膜最常用的方法之一。双喷电解减薄器是其中主要的一种装置。

合乎要求的透射电镜薄膜样品必须具备下列条件：(1)薄膜样品的组织结构必须和大块样品相同，在制备过程中，这些组织结构不发生变化。(2)样品相对于电子束而言必须有足够“透明度”，因为只有这样，才有可能对样品进行观察和分析。(3)薄膜样品应有一定的强度和刚度，便于制备、夹持和操作。(4)样品制备过程中不允许表面产生氧化和腐蚀。

常见的电解化学双喷问题：(1)如果样品的孔太大或者孔出现在边缘，一般是因为流速过高。(2)如果样品的表面发灰、发黑或发亮，一般是因为电压过低或过高。(3)如果样品的一面发亮一面发白，一般是由于接触不良所造成的。(4)如果样品出现点蚀或表面腐蚀，一般是由于时间过长引起的。(5)如果出现了筛子孔，一般是由于过度腐蚀或存在第二相。

(二)离子减薄技术

离子减薄技术是一种常见的透射电镜制样技术，其原理是利用高能氩离子轰击 ϕ3mm 样品，获得纳米级薄区供后续透射电镜观察使用。离子枪在高真空环境中产生两个 Ar 离子束，以轰击方式去除样品表面物质或对样品表面起到修饰作用，主要适用于扫描电镜和透射电镜的样品制备。可以用于扫描电镜制样的样品抛光与表面修整，去除物理抛光的表面污染，也可以对材料样品进行离子减薄，制备出用于透射电镜实验的薄区。

对于脆性材料或非导电材料，可使用离子减薄的方法得到材料的薄试样，它是采用3～6kV的离子直接轰击试样，使样品中的原子或分子逸出表面。该方法的优点是不受材料电性能影响、污染小，缺点是效率低，操作复杂，需要丰富的经验才能减薄好样品。这个过程需要在高真空中进行。故离子减薄装置由工作室、电器系统以及真空系统组成，其中真空系统是由机械泵、扩散泵以及真空阀 V_1、V_2、V_3 组成，如图4所示，型号 Leica EM RES102。试样薄化的工作室部分由离子枪、显微镜、微电机等组成。纯净 Ar 在6000V的电场中产生等离子体 Ar^+，在3～6kV加速电压下的 Ar^+ 轰击围绕 SS' 轴旋转的试样上，试样旋转轴 SS' 与仪器轴 yy' 的夹角 φ 是试样薄化中的一个重要控制参数，φ 角即为入射氩离子束与试样表面的夹角，φ 角影响氩离子的穿透深度以及薄化速率，其相应关系如图5所示。为了获得具有较大薄区的试样，应该选择较小的 φ 角，但太小的 φ 角将降低减薄速率，为此选择合适的 φ 角是满足试样制备过程既快又好的必要条件。

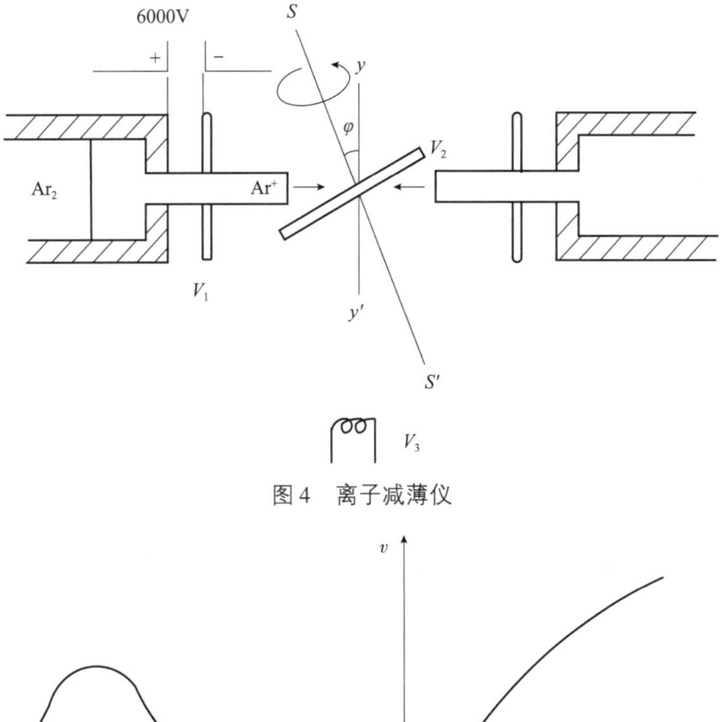

图4　离子减薄仪

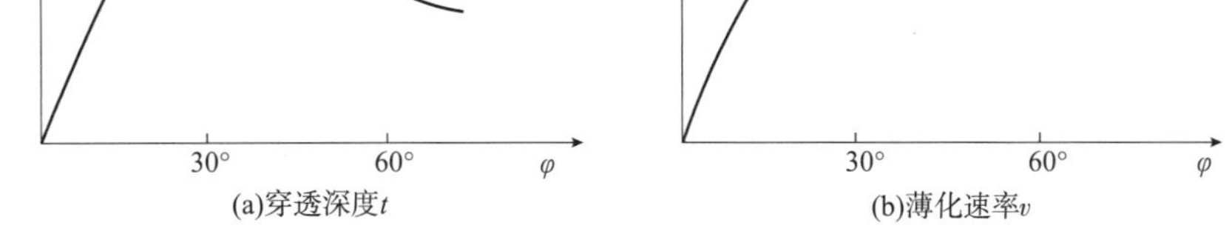

图5　离子束与样品夹角 φ 对氩离子穿透深度 t(a)及薄化速率 v(b)的影响

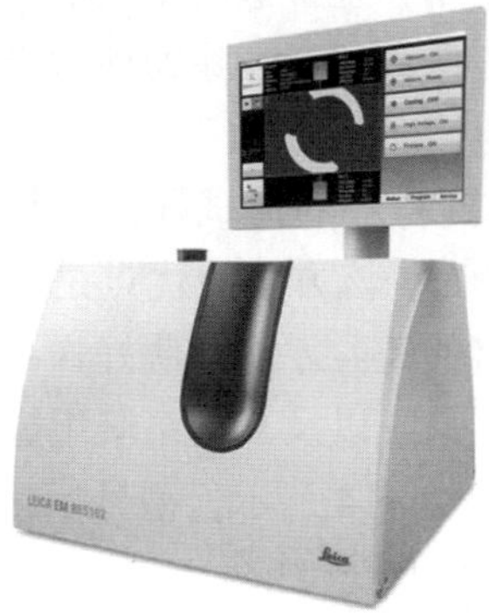

图6　MTP－1A Leica EM RES102 多功能离子减薄仪

Leica EM RES102 多功能离子减薄仪是莱卡公司生产的一款集透射电镜、扫描电镜和 LM 样品制备功能于一体的全自动桌面式设备，如图6所示。该设备具有高能量离子研磨功能，也能用于低能量及温和的离子束研磨，抛光区域可达25mm，研磨过程参数全电脑控制。该设备广泛用于无机薄片样品的大面积减薄以有利于透射电镜观察，也可对样品表面污染层或涂层进行清洁，或用于样品表面的离子束刻蚀和切割，使样品具有轻薄、清洁、抛光、切割的坡度和结构。其可用于制备透射电镜、扫描电镜测试样品等。氩气的电离采用高压来进行，在电场作用下，电离后的氩离子对样品表面进行轰击，氩离子持续轰击，样品慢慢减薄，一直到满足电镜观察需求。

核心参数：

(1)离子束加速电压调节范围：0.8～10keV(步长0.1keV)。

(2)离子束流：单枪最大4.5 mA(双离子枪)。

(3)离子枪倾斜角度：±45°(精确度为0.1°)。

(4)样品摆动角度：最大360°，每步1°。

(5)样品台倾斜角度：－120°～210°(精确度为0.1°)。

(6)研磨角度范围：－90°～90°(由样品台倾斜角度决定)。

制样尺寸要求：TEM 样品：边长<3mm(2.5mm×2mm 较理想)，厚度20～30μm，粗糙度<2μm；SEM 样品：直径<25mm，厚度<8mm，表面粗糙度<2μm。不可制塑料样品。

(三)TEM 载网支持膜附着样品制备法

1. 不同支持膜的特点

透射电镜测试从样品的制备、载网的选择，到仪器的操作与使用，再到图像和数据的分析，每一步都需要小心细致，否则难以得到可靠、有用的信息。通过透射电镜所用的载网来叙述表征前的制备方法。

经研磨、过滤等方法，将粉末颗粒的粒径控制在50nm以下，然后取少量粉末放入装有无水乙醇(根据材料不同，也可选用甲苯、丙酮等)溶液的小试管中，再放入超声波振荡器中震荡10min左右，使粉末颗粒充分悬浮在溶液中。最后将溶液滴到铜网或微栅上(观测倍数在20万倍以下时，用铜网；观测倍数在20万倍以上时，用微栅支持膜)，即可放入透射电镜中观测。

载网支持膜，俗称铜网，或者碳网，具体组成如图7所示。其主要分为三个部分：最下层是具有一定目数的金属网，可以是铜网、镍网、金网等。金属网上面为有机层(方华膜)，最上面为一层碳膜。根据测试和样品需求不同，载网的选择也不尽相同。

图7　载网支持膜组成

支持膜需要具备以下特点：①一定的机械强度。②电子束照射下稳定性好。③电子射线透过性好。④实验条件下自身无结构。⑤化学稳定性好。⑥厚度易确定。⑦制作容易。

载网支持膜分为铜网、方华支持膜、碳支持膜、微栅支持膜、超薄碳支持膜、多孔碳支持膜。它们的特点如下。

(1)铜网：透射电镜所用的铜网，即为承载样品的载网。载网若是铜材质，就称铜网，也称“裸网”。如果是镍、钼、金、尼龙，就相应的称镍网、钼网、金网、尼龙网。主要应用在生物制样中，可配合切片机，在水槽中用捞取样品，再进行喷碳处理，然后进入电镜观察。从制作成本和使用效果看，铜网最经济实用，所以被普遍采用。

(2)方华支持膜：化学成分为聚乙烯醇缩甲醛，可溶于二氯乙烷或三氯甲烷，膜厚度通常为 10 ~ 15nm。方华支持膜强度高，透过率好，弹性好，背底影响小，可支持多种样品观察，是承载超薄切片的理想载体，在观察纳米粉末等材料时，也表现得非常出色。但其导电性能不好，在电子束照射下，会因高温或电荷积累，引起局部受热碳化，产生局部黑斑，样品漂移，甚至使膜破碎，损伤被观察样品。通常在 100kV 电镜上使用较多，方华支持膜的组成如图 8 所示。

(3)碳支持膜：大多数透射电镜样品在制样时，为了确保样品能搭载在“载网”上，会在“载网”上覆有一层有机膜，称为“支持膜”。这种具有支持膜的载网，称为“载网支持膜”。当样品接触载网支持膜时，会较牢固吸附在支持膜上，不至于从载网的孔洞处滑落。当样品放在电镜中，“载网支持膜”会被电子束照射，有机支持膜上就会产生电荷积累，也会引起样品放电，发生样品漂移、跳动、支持膜破裂等情况。所以，需要在支持膜上喷碳，提高支持膜的导电性，达到良好的观察效果。这种经过“喷碳的载网支持膜”，简称碳支持膜，其组成如图 9 所示，一般膜厚度为 10 ~ 20nm。碳膜层具有较强的导电及导热性，改善了方华膜的荷电效应及热效应，从而增强了碳支持膜整体的稳定性，适合大多数纳米材料和生物样品的形貌像观察，如需进行高分辨观察，推荐使用微栅或者超薄碳支持膜。

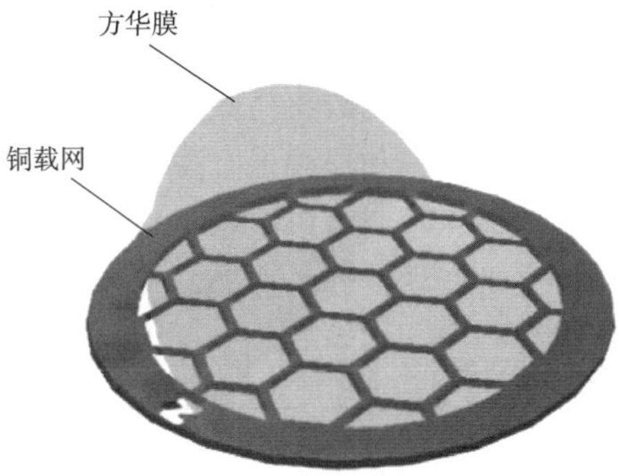

图 8 方华支持膜组成

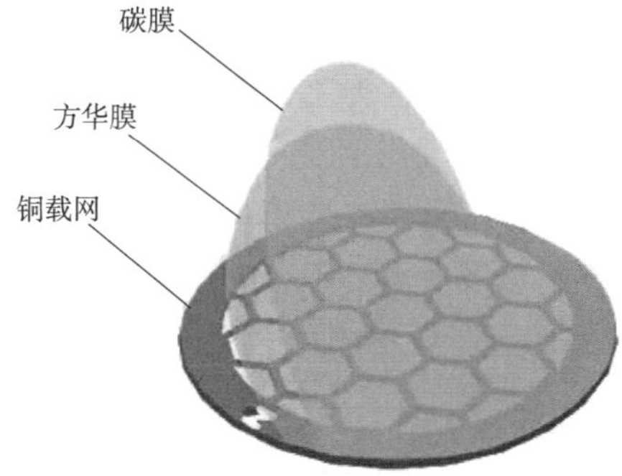

图 9 碳支持膜组成

(4)微栅支持膜：在制作支持膜时，特意在膜上制作微孔，其是经过喷碳的支持膜，一般厚度为 15 ~ 30nm，主要为了能够使样品搭载在支持膜微孔的边缘，以便使样品“无膜”观察，提高图像衬度。所以，观察管状、棒状、纳米团聚物等，常用微栅支持膜效果较好，尤其表现在这些样品的高分辨像观察中，图 10 所示为微栅支持膜的组成及电镜下观察到的微栅网。

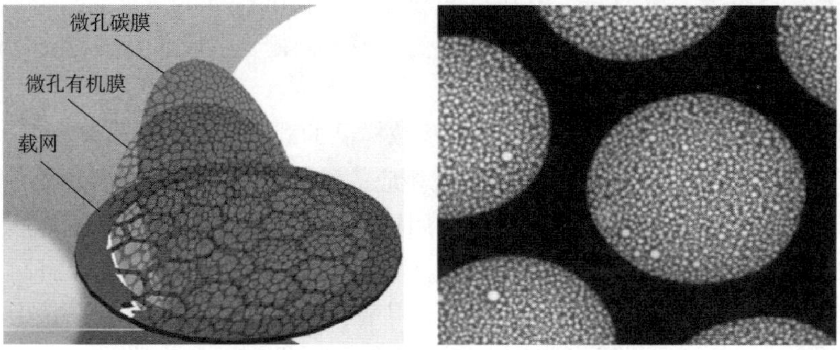

图 10　微栅支持膜组成及电镜下的微栅网

(5)超薄碳支持膜：如图 11 所示，超薄碳膜是在微栅的基础上，叠加了一层很薄的碳膜，一般为 3 ~ 5nm。其目的是用薄碳膜把微孔挡住，主要针对分散性较好的纳米材料，如 10nm 以下的样品。

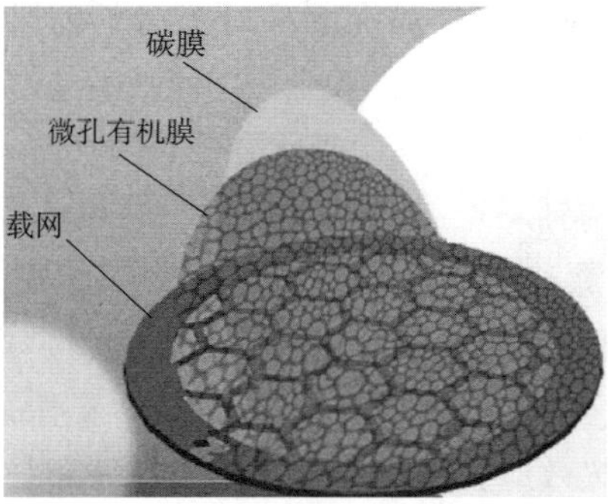

图 11　超薄碳膜组成

(6)多孔碳支持膜：具有普通碳支持膜和微栅支持膜的共同特点。普通碳支持膜以观察形貌和考察分散性为主，微栅支持膜以看高分辨为主。多孔碳支持膜有较大的支持膜面积，膜上又偶有微孔，因而可以兼得纳米微粒的分散性考察和形貌像、高分辨像获取。

表 2 整理了常用支持膜性能的区别。在实际实验中，我们可以根据材料的化学性质和物理性质，以及所需要观察的放大倍数等需求条件来进行支持膜的选择。

表 2　常用支持膜性能对照

支持膜种类	膜厚/nm	衬度	强度	适用倍率	适用范围
碳支持膜	10 ~ 20	良好	良好	中	一般样品形貌像观察
微栅支持膜	15 ~ 30	优秀	良好	高	纳米线/颗粒或切片样品的高分辨观察
多孔碳支持膜	5 ~ 20	良好	一般	中/高	一般样品的形貌及高分辨观察
超薄碳膜	3 ~ 5	良好	一般	高	10nm 以下分散性较好样品的形貌及高分辨观察

在实际应用中，我们选择载网支持膜时，可能遇到以下 2 种常见的情况。

1)长度不等的纳米管的高分辨观察，选用哪种膜?

纳米管观察一般有两个目的：一是看长度，主要用低倍观察；二是看管壁，主要是看高倍像。无论长度多少，只要看高倍像，特别是高分辨，最好用微栅支持膜或多孔碳支持膜。它既可以满足低倍观察长度，也可以满足高分辨观察的要求。但是一定要选择“高分辨透射电镜(HRTEM)”，否则微栅支持膜就很难发挥作用。

2)观察纳米材料和生物材料用什么铜网支持膜合适？

通常情况下，做纳米材料选用300目或230目铜网、碳支持膜较适宜；做生物材料(切片样品)选用200目或150目铜网、碳支持膜较适宜。如果做纳米材料(50nm以下)，而且要看高分辨像，最好选择微栅支持膜；如果做纳米材料(10nm以下)，样品分散性很好，最好选用超薄碳支持膜。

2. 载网支持膜的使用方法

(1)取用方法：在洁净的环境下打开，先将透明盒盖向左轻轻滑动，切忌过快推开透明盒盖，以免导致支持膜散落。勿将透明盒盖长期打开，以免支持膜受污染。夹取支持膜时建议使用电镜专用高精细镊子轻夹载网边缘，避免触碰膜面，勿用镊子用力夹取载网，以免载网褶皱和支持膜破裂。其不能重复使用，也不能使用被污染的镊子，以免影响使用效果。

(2)制样要点：支持膜取出时，朝字母为有膜面，膜面朝上平放于滤纸上，将制备好适当浓度的样品滴加在支持膜上。制样后，建议使用红外烘烤灯进行预干燥处理。载网固定到样品杆后，置入电镜前，用高级洗耳球对支持膜表面进行清洁，避免污染电镜，影响观察效果。支持膜不慎散落时，表面亮度均匀为正面，载网边缘亮度高于中间区域为反面。

(3)存放要求：支持膜应存放于专业TEM样品盒，密封干燥避光保存并注意其保质期。

四、实验内容与步骤

(一)透射电镜样品双喷电解制备法

(1)首先用线切割机将块体材料切割成厚度为0.5mm以下、面积为$2cm^2$以上的薄片。

(2)通过手工研磨将金属试样研磨成厚度为0.1mm的金属薄片。操作要点：简单的平面磨可以产生大面积的薄区，但却使样品过于脆弱，很容易损坏，以我们的经验一般Si材料可以平磨到50μm左右，对于脆性材料可适当增加厚度。手工平磨时，应采用不断变换样品角度，或者沿“8”字轨迹的手法。磨至原始厚度一半后进行打磨，打磨完成后用清水洗净，然后用无水乙醇棉球抹干，即可翻面磨面，手工平磨示意如图12所示。

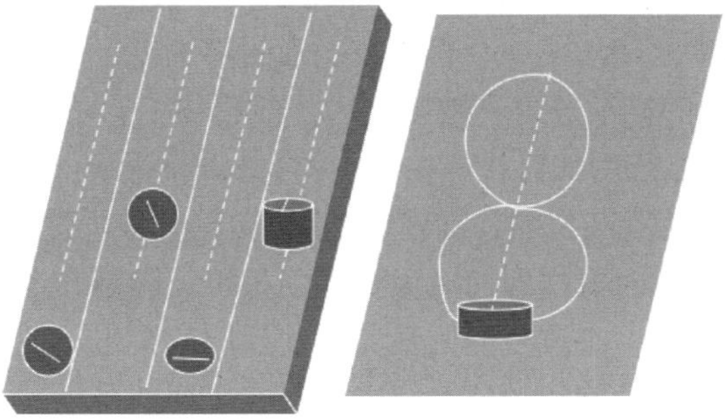

图12 手工平磨示意

(3)在制备高质量的电镜样品时，需要样品有大面积薄区，还要有厚度的变化支持，为了达到这样的效果需要对样品进行钉薄(凹坑)，凹坑仪可以将样品的中心部减薄至几个微米的厚度。用冲片器将金属薄片冲成直径为3mm的小圆片。如图13所示，如果有精密凹坑研磨仪，最好先用凹坑仪在小圆片中心研一个凹坑，然后再进行电解减薄。

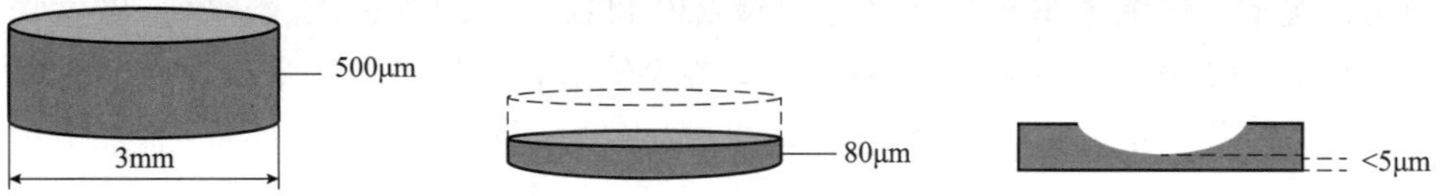

图13　磨样、钉薄过程示意

(4)仔细地把需要减薄的金属薄片嵌入样品夹白金电极凹槽中，用镊子夹住双斜面块放入样品夹，推下斜面压杆使小圆片与白金电极保持良好的接触。试样与铂圈需对准，一定要防止试样未将铂圈覆盖，否则首先在边缘穿孔将得不到薄区。

(5)将理想的电解液置于电解槽中，通电，逐渐升高电压，记录电流值，作出该溶液的电压－电流曲线，如图14所示，并选取AB段作为合适的抛光条件。在$V_A \sim V_B$电压值下进行抛光。

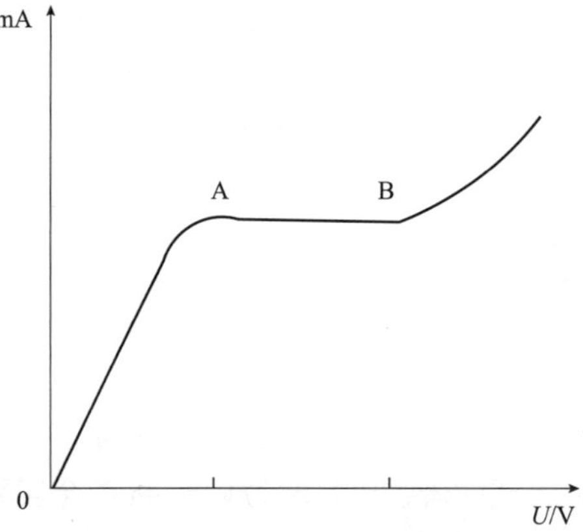

图14　电解抛光电压－电流曲线

(6)样品夹插到电解槽中，电解抛光电源的阳极(红色夹子)接到样品夹侧面的接线柱上。灵敏度“SENSITIVITY”旋钮沿顺时针方向旋转到底(0)，合上总电源“POWER”开关，调节喷射泵“PUMP”旋钮，调节用于循环电解液的电机的速度，使双喷嘴射出的相向电解液柱相接触，在两个喷嘴之间形成一个直径数毫米的小水盘。

(7)调节穿孔警报器的光敏电阻灵敏度。为了获得中心小孔的金属薄膜，可采用已有中心小孔的试样(或用厚黑纸用细针扎一中心小孔)来调整报警器的灵敏度并配合调节其照明灯泡的亮度。先将灵敏度“SENSITIVITY”旋钮调节到中心位置或逆时针方向旋转到底，灯泡亮度置于中间位置，此时试样即使有大孔也不报警。随后在参照样品具有小孔时，调节灵敏度直到报警为止，并检查改变照明强度时其反应的快慢，就可找出合适的灵敏度与照明亮度的匹配。确定这两个旋钮的位置，进行正式试样的抛光。

(8)合上电解抛光电源“POLISH”开关，顺时针方向旋转抛光电源“DC POWER”旋钮，把电解抛光电压和电流调到所需要的数值。

(9)最佳的电解液浓度、温度以及抛光电压和电流值确定后，抛光可继续进行至穿孔报警声响。一旦金属薄片抛光减薄出现穿孔，光导控制系统会断续地自动切断电解抛光电源和磁力泵电源，而且会发出报警声。此时应立即关闭总电源“POWER”，迅速取出样品夹，放到无水酒精中浸洗，然后取出双斜面压块，用镊子夹住金属小圆片放到清洁的无水酒精中浸洗。

制作好透射电镜样品之后，即可用滤纸包好，尽早进行透射电镜观察实验。建议每种样品制备3～4个双喷电解薄膜样品，以确保可以观察到形貌状态良好的薄区。

(二)透射电镜样品离子减薄制备法

离子减薄常用于已经机械减薄后样品的最后减薄。同时，还被广泛应用于清洁试样表面损伤层，非晶层以及污染物层等。一般来说是在透射电镜制样的最后一步使用，全过程依靠仪器完成。

试样要求：由于轰击作用所带来的试样减薄是在比较微观的水平上进行的，因此要求试样自身已经减薄到非常薄时才会产生明显的作用。离子减薄法不受材料电性能的影响，即不管材料是否导电，金属或非金属或者二者混合物，不管材料结构多复杂均可用该方法制备薄膜。

步骤1：将样品制成薄片($<100\mu m$)。

步骤2：启动水循环设备

依次按“POWER”“COOL”“PUMP”按钮。

步骤3：启动离子减薄仪

(1)依次按总电源“POWER”、机械泵“R－PUMP”、扩散泵“D－PUMP”键。

(2)扩散泵加热40min后，拉出预真空阀杆到死点位置。

(3)当真空表指针接近100μA时，推回预真空阀杆到死点位置。

(4)将高真空碟阀扳手扳至“开启”位置，将气流阀扳平。

(5)当真空指示接近25μA时，按下高压按钮，打开两个气阀门。

(6)通过调节电压和气流旋钮，根据薄片厚度和TEM测试要求选择合适的工作电压(一般是kV量级)和工作电流(一般是mA量级)。

步骤4：停机

(1)将两个高压调到0，按灭高压按钮。

(2)将真空碟阀扳手扳到“关闭”位置，将气流阀扳下。

(3)按灭扩散泵“D－PUMP”键，等待45min后，按灭机械泵“R－PUMP”键，关闭总电源，关闭水循环。

步骤5：更换样品

(1)依次操作步骤3中(1)～(2)步。

(2)按住预真空阀杆，再按住放气键“VENTING”，直至彻底放气。

(3)取下样品台及样品。

(三)透射电镜支持膜附着样品的制样法

1. 溶液相纳米颗粒

常见的纳米粒子(金属纳米颗粒、量子点、氧化物纳米颗粒等)都能够很好溶解，或者分散在溶剂中，其制样过程较为简单。

常见的方法有两种：

(1)捞取法：用特制的镊子夹取载网放置于分散好的胶体溶液中，适当晃动，取出载网晾干即可，如图 15(a)所示。

(2)滴液法：在干净桌面上铺一张 A4 纸或者无尘纸，在 A4 纸上放一张滤纸。将载网正面朝上放置在滤纸中央。用滴管或移液器取液滴加到载网上，如图 15(b)所示。

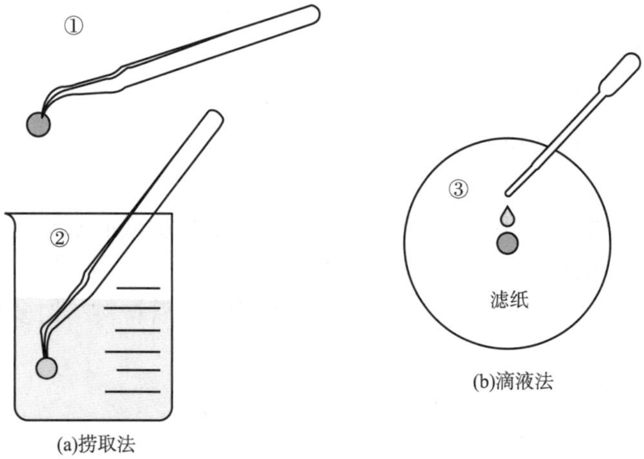

图 15　捞取法、滴液法制样

需要注意的是，无论使用何种方法，溶液浓度需适中，否则测试时要么很难发现样品、要么样品叠加在一起。如果溶液浓度较稀，可以多次滴加，但是每次滴加需间隔一定时间保证前一滴溶剂挥发完全。

2. 粉末状多相催化剂

对于多相催化剂而言，样品通常呈现为粉末状。这类样品需要分散到溶剂中，再挂网。理论上，样品越薄越利于观察，所以对于粉末样品，挂网前务必充分研磨，确保样品足够薄。研磨后的粉末置于酒精，水或丙酮等溶剂中(注意两者不应起作用或溶解)，并用超声波发生器超声 15min 以上使之成为分散均匀的悬浮液。对于溶剂的选择一般是乙醇、甲醇等易挥发类物质，也可用水作为溶剂，但其挥发性小，表面张力大，制样时可适当加热或者通风以加速挥发。分散完全后，参照上面两种方法挂网即可。

五、实验报告要求

(1)简述实验目的、实验原理、实验仪器、双喷电子减薄制透射电镜样品的实验步骤等。

(2)观察纳米材料用什么铜网支持膜合适？

(3)简述 Ag 及 Ag 合金的金属薄膜的制备方法，并说明在双喷电解实验时，这种材料应选择的电解液、温度、电压和电流分别是多少？

附录1 从大块材料初步减薄的方法

材料	减薄方法	化学溶液、电解液	最终试样厚度	备注
Ag	喷射电解	20% HNO_3，80% H_2O	100～150nm	电压约20V，电流<1A
Ag合金	化学溶解	50% HNO_3，50% H_2O	1500A	可从圆棒上锯下一个截面
Al及Al合金	化学溶解	20g NaOH，100mL 水	100～150nm	控制溶液温度70℃
Al_2O_3	离子轰击		可减薄到透过电子	初始厚度为1mm时，轰击几个小时即可
Be	化学溶解	60% H_3PO_4，40% HF	100～150nm	摇动试样以保证均匀减薄
Cu和Cu合金	化学溶解	80% HNO_3，20% H_2O	100～150nm	也可用喷射电解法，这时电压20V
Cu－Al	化学溶解	40% HNO_3，50% H_3PO_4，10% HCl	100～150nm	—
金刚石	氧化法	王水	可减薄到透过电子	在CO_2中，1350℃氧化，然后在溶液中煮沸，以除去碳
Fe和合金钢	化学溶解	30% HNO_3，15% HCl，10% HF，45% H_2O	100～150nm	保持溶液温度70℃
Fe－Mn	化学溶解	75% HCl，25% H_2O	100～150nm	摇动试样
Ge	化学溶解	25mL HNO_3，15mL HF，15mL CH_3COOH，0.3mL Br	可减薄到透过电子	摇动试样时，薄片将漂在溶液中
Inconel及同样合金	喷射电解	42% H_3PO_4，34% H_2SO_4，24% H_2O	可透过电子	总电流～1A
Mg	化学溶解	5% HCl，95% H_2O	100～150nm	—

续表

材料	减薄方法	化学溶液、电解液	最终试样厚度	备注
Mg 合金	化学溶解	2% HCl，98% 酒精	100 ~ 150nm	试样先在 2% HNO_3 酒精溶液中减薄
Mg - Al，Zn	化学溶解	15% HNO_3， 85% H_2O	100 ~ 150nm	—
MgO	化学溶解	95% H_3PO_4， 5% H_2SO_4	可透过电子	溶液温度保持 100℃
云母	解离		直接撕开至透过电子	用胶带粘住撕下一片，然后在二甲苯中溶去胶带
Nb	化学溶解	70% HNO_3，30% HF	可透过电子	当试样很薄时，加 HCl，使其浓度达到 40%，这时温度要降至 0℃
Ni 和 Ni 合金	喷射电解	42% H_3PO_4，34% H_2SO_4， 24% H_2O		—
Si	化学溶解	A）1100mL 冰醋酸中加 2. 5g 碘； B）75% HNO_3，25% HF； 一份 A 加到二份 B 中	可透过电子	—
Si	化学溶解	95% HNO_3，5% HF	可透过电子	—
SiO_2	化学溶解	50% HNO_3，50% HF	可透过电子	摇动试片，以均匀减薄
Ta	化学溶解	50% HNO_3，50% HF	可透过电子	—
Ti 和 Ti 合金	喷射电解	50% H_2SO_4，50% H_3PO_4	100 ~ 150nm	直流电压 ~ 30V
V	喷射电解	70% CH_3OH，30% H_2SO_4	100 ~ 150nm	直流电压 30 ~ 50V，溶液温度保持 < 30℃
W	喷射电解	80% NaOH 溶液	可透过电子	摇动喷嘴，电压保持 10 ~ 20V，最后抛光时，应在电解液中加少许水
Zn	化学溶解	10% HCl，5% HNO_3， 10% CH_3OH，75% H_2O	100 ~ 150nm	摇动试样，溶液保持 < 30℃

附录2 电镜透射观察金属薄膜的制备方法

材料	制样方法	电解液	温度/℃	电压(直流)/V	电流/A	备注
Ag 及 Ag 合金	窗口法或 点状电极法	1L 水中 AgCN, KCN 和 KCO_3 各 36g, 1.5% KCN 溶液	0 0	可变 6~8	0.2 <0.1	电压决定于所选方法。选择条件应使阳极沉淀尽可能少。在酒精中清洗，采用不锈钢阴极
Ag - Ag	窗口法	20% $HClO_4$(高氨酸), 10% $C_3H_5(OH)_3$(三丙醇), 70% C_2H_5OH(乙醇)	30	20~40	<1	采用不锈钢阴极
Al 及 Al 合金	窗口法	20% $HClO_4$, 80% C_2H_5OH	20	15~20	0.5	采用不锈钢阴极
Al - Cu	点状电极	617mL H_3PO_4, 240mL 水, 134mL H_2SO_4, 156g H_2CrO_4	60	9~12	0.1~0.2	在下述溶液中浸泡，以去除氧化层：35mL H_3PO_4，65mL 水，再加 16g H_2CrC_4 在浸泡以前和以后在水中清洗
Au 及 Cu - Au	窗口法	34g KCN, 7.5g $K_3Fe(CN)_6$, 7.5g $KNaC_4H_4O_6$, 10mL H_3PO_4, 2mL NH_4OH(氨水), 加 500mL H_2O	60	6~8	1	采用不锈钢阴极，抛膜时应采用新鲜溶液
Be	窗口法	60% H_3PO_4, 35% $C_3-H_5(OH)_3$，2.5% 水, 2.5% H_2CrO_4 溶液	60	30		薄膜必须在热蒸馏水和酒精中清洗，或在酒精中用超声波清洗
CO	窗口法	77% CH_3COOH(冰醋酸), 23% $HClO_4$	20	22	2	采用不锈钢阴极

续表

材料	制样方法	电解液	温度/℃	电压(直流)/V	电流/A	备注
Cr－Fe	点状电极	77% CH_3COOH(冰醋酸)，23% $HClO_4$	<10	12	2	采用不锈钢阴极
Cu 及 Cu 合金	窗口法	67% CH_3OH(甲醇)，33% HNO_3	－30～10	10～20	0.1	采用铜环或铜片作电极搅动试样或用刷子去掉泡沫，在冷甲醇或去离子水中清洗
Cu－Al	窗口法	50% H_3PO_4，50% H_2O	0	3～5	0.5～1.0	采用铜环或铜片作电极搅动试样或用刷子去掉泡沫，在冷甲醇或去离子水中清洗
Cu－Ni	窗口法	55% CH_3COOH，34% HNO_3，11% H_3PO_4	20	3～4	0.1	采用铜环或铜片作电极搅动试样或用刷子去掉泡沫，在冷甲醇或去离子水中清洗
Fe 碳钢	点状电极	20 份 CH_3COOH，1 份 $HClO_4$	15	40	1	保持电压恒定，酒精中清洗试样，如果可能在 N_2 气氛中，从电解液取出试样，溶液每分钟转 200 次搅动
Fe－Mn	窗口法或点状电极	500mL H_3PO_4，200mL H_2O，150g H_2CrO_4	60	6～8	1～3	
Fe－Ni	窗口法或点状电极	42% H_3PO_4，34% H_2SO_4，24% H_2O	30	8～9	9～10	不锈钢阴极，在流动的水或酒精中清洗
Fe－Ni－Cr 合金（不锈钢）	窗口法或点状电极	42% H_3PO_4，34% H_2SO_4，24% H_2O	30～60	8～9	9～10	直到厚度为 8mm 的试样，均可用此法直接减薄。不锈钢阴极，在流动的水或酒精中清洗

续表

材料	制样方法	电解液	温度/℃	电压(直流)/V	电流/A	备注
Inconel 合金	点状电极	42% H_3PO_4, 34% H_2SO_4, 24% H_2O	30~80	8~9	9~10	如材料初始厚度 <0.1mm，可很快减薄，在流动的水中和酒精中清洗，注意搅动溶液
Mg 及 Mg 合金 (MgA1，Mg-Zn)	窗口法	33% HNO_3, 67% CH_3OH	0	9~10	1~2	不锈钢阴极，薄膜先在 1:5 磷酸酒精中后在纯酒精中漂洗
Mo	窗口法	87% CH_3OH, 13% H_2SO_4	0	5	1~2	抛膜时摇动试样，或定时用刷子除去试样上的气泡，在 NH_4OH 中浸泡除去氧化膜
Mo-Re	窗口法	浓 H_2SO_4	20	10	1	不锈钢阴极，先在氨水中，后在酒精中清洗
Nb	窗口法	85% HNO_3, 15% HF	50	8	1	Pt 作阴极，在酒精中清洗
Ni，Ni-Cr Ni-Cr-Fe (Ni 合金) TD-Ni 和 TD-Ni-Cr (2% ThO_2)	点状电极	42% H_3PO_4, 34% H_2SO_4, 24% H_2O	30~60	9~10	9~10	在流动水和酒精中清洗某些合金用此溶液减薄效果不错。溶液要搅动，如试样有腐蚀现象可加一点水
Pt	窗口法	Na 和 KCL 的低共溶混合物	500		<1	在沸腾的王水中清洗
Ta	窗口法	94% CH_3OH, 5% H_2SO_4, 1% HF	0	50~70	8	在甲醇中清洗

续表

材料	制样方法	电解液	温度/℃	电压(直流)/V	电流/A	备注
Ti，Ti－Al，Ti－Al－V，Ti 合金	窗口法	65% CH_3COOH，30% C_4H_9OH，5% P_3PO_4	15	6～8	1	搅动溶液(～300rpm)，在丁醇($C_4H_{10}O$)中清洗，也可在乙醇中清洗
TiC	窗口法	50% HNO_3，25% HF，25% CH_3COOH	20	5～10	1	不锈钢阴极
U	点状电极	133mL CH_3COOH，33mL H_2O，39g H_2CrO_4	<30	20	1	不锈钢阴极。75% H_2SO_4，18% 甘油，7% 水中清洗
V	点状电极	80% CH_3OH，20% H_2SO_4	20	12～20	2～3	Ni 或不锈钢阴极，在水和酒精中漂洗
W	窗口法	94% CH_3OH，5% H_2SO_4，1% HF	0	50～70	8	不断摇动试样
Zn	窗口法	63% C_2H_5OH，37% $HClO_4$	－30	2～4	0.1	不锈钢阴极，在水中清洗
Zr 和 Zr 合金	点状电极	80% C_2H_5OH，20% $HClO_4$	0	25	0.5～1	不锈钢阴极，搅动溶液(100～300rpm)
Si 钢	状板电极	15mL 过氯酸，800mL 乙醇，100mL 丙醇，60g 硫氰酸钠，75g 柠檬酸	<20	25	<1	不锈钢阴极

附录3 电解液试剂的性质、保存和应急处理措施

电解液名称	高氯酸
基本简介	高氯酸，无机化合物，六大无机强酸之一，氯的含氧酸。 外观与性状：无水物为无色透明的发烟液体，加热即猛烈爆炸(但市售恒沸高氯酸不混入可燃物则一般不会爆炸)。 化学性质：强氧化剂。与有机物、还原剂、易燃物如硫、磷等接触或混合时有引起燃烧爆炸的危险。在室温下分解，加热则爆炸。无水物与水起猛烈作用而放热。具有强氧化作用和腐蚀性。高氯酸在无机含氧酸中酸性最强。可助燃，具强腐蚀性、强刺激性，可致人体灼伤。工业上用于高氯酸盐的制备，人造金刚石提纯，电影胶片制造，医药工业，电抛光工业，用于生产砂轮，除去碳粒杂质，还可用作氧化剂等。
相关危害	健康危害：有强烈腐蚀性。皮肤黏膜接触、误服或吸入后，会引起强烈刺激症状。 燃爆危险：助燃，具强腐蚀性、强刺激性，可致人体灼伤
相关应急措施	1)急救措施 皮肤接触：立即脱去污染的衣物，用大量流动清水冲洗至少15min并尽快就医。眼睛接触：立即提起眼睑，用大量流动清水或生理盐水彻底冲洗至少15min并尽快就医。 吸入：迅速脱离现场至空气新鲜处，保持呼吸道通畅。如呼吸困难，给输氧；如呼吸停止，立即进行人工呼吸并尽快就医。 食入：用水漱口，饮牛奶或蛋清。 2)消防措施 有害燃烧产物：氯化氢。 灭火方法：考虑到火场中可能存在有机物会引起爆炸，不可轻易接近。 灭火剂：雾状水、泡沫、二氧化碳、沙土
电解液名称	冰醋酸
基本简介	乙酸，也叫醋酸、冰醋酸，化学式 CH_3COOH，是一种有机一元酸，为食醋内酸味及刺激性气味的来源。纯的无水乙酸(冰醋酸)是无色的吸湿性液体，凝固点为16.6℃(62℉)，凝固后为无色晶体
相关危害	尽管根据乙酸在水溶液中的解离能力判断它是一种弱酸，但是乙酸是具有腐蚀性的，其蒸汽对眼和鼻有刺激性作用

续表

电解液名称	甲醇
基本简介	甲醇(Methanol)，又称木醇或木精，是结构最为简单的饱和一元醇。 1)物理性质 外观与气味：常温常压下为无色透明、易挥发、有刺激性气味的液体，这使得它在常温下容易挥发成气体。 沸点与熔点：沸点为 64.7℃，熔点为 -97.8℃。 溶解性：甲醇与水互溶，也能与许多有机溶剂如乙醇、乙醚、苯等混溶。 密度：相对密度为 0.7918，比水轻。 2)化学性质 可燃性：甲醇具有可燃性，在空气中燃烧时产生淡蓝色火焰。 氧化反应：甲醇可以被氧化，例如在催化剂存在下，可被氧气氧化为甲醛，进一步氧化可生成甲酸。 酯化反应：能与羧酸发生酯化反应，生成相应的酯类化合物
相关危害	甲醇对人体有强烈毒性，因为甲醇在人体新陈代谢中会氧化成比甲醇毒性更强的甲醛和甲酸(蚁酸)，因此饮用含有甲醇的酒可引致失明、肝病，甚至死亡。误饮 4mL 以上就会出现中毒症状，超过 10mL 即可因对视神经的永久破坏而导致失明，30mL 能导致死亡。 初期中毒症状包括心跳加速、腹痛、上吐(呕)、下泻、无胃口、头痛、晕、全身无力。严重者会神志不清、呼吸急速至衰竭。失明是它最典型的症状，甲醇进入血液后，会使组织酸性变强产生酸中毒，导致肾衰竭。最严重者是死亡。 然而，仍然有不少不法商人不顾人命安全，用含有甲醇的工业酒精勾兑假酒并出售。但是，正品酒中也有极微量的甲醇，是宿醉的原因之一。甲醇中毒可以用乙醇解毒。因为甲醇在肝脏中被酒精脱氢酶氧化成甲醛，然后是甲酸。乙醇可以和甲醇竞争醇脱氢酶，使人体有时间排出甲醇。 身体危害：对中枢神经系统有麻醉作用；对视神经和视网膜有特殊选择作用，引起病变；可致代谢性酸中毒。 慢性影响：神经衰弱综合征，神经功能失调，黏膜刺激，视力减退等。皮肤出现脱脂、皮炎等
相关应急措施	皮肤接触：脱去污染的衣物，用肥皂水和清水彻底冲洗皮肤。 眼睛接触：提起眼睑，用流动清水或生理盐水冲洗并尽快就医。 吸入：迅速脱离现场至空气新鲜处。保持呼吸道通畅。如呼吸困难，给输氧；如呼吸停止，立即进行人工呼吸并尽快就医。 应急处理小量泄漏：用砂土或其他不燃材料吸附或吸收。也可以用大量水冲洗，洗水稀释后放入废水系统。 操作：密闭操作，加强通风。避免与氧化剂、酸类、碱金属接触。佩戴化学安全防护眼镜、橡胶手套。 储存：储存于阴凉、通风的库房。远离火种、热源。库温不宜超过 30℃。保持容器密封。应与氧化剂、酸类、碱金属等分开存放，切忌混储。禁止使用易产生火花的机械设备和工具

续表

电解液名称	丙酮
基本简介	1)物理性质 外观与气味：常温常压下为无色透明液体，易挥发，具有特殊的辛辣气味。 沸点：56.53℃，较低的沸点使得丙酮在常温下容易挥发成为气体。 溶解性：能与水、乙醇、乙醚、氯仿等多种有机溶剂以任意比例互溶。这一特性使得丙酮成为一种重要的溶剂，在许多化学反应和工业过程中都有广泛应用。 密度：相对密度为 0.788，比水轻。 2)化学性质 稳定性：在一般条件下比较稳定，但在特定条件下，如遇到强氧化剂、火源等，可能会发生反应甚至燃烧爆炸。 羰基反应：丙酮分子中含有羰基，这是其具有活泼化学性质的关键基团。它可以发生多种与羰基相关的反应，如与氢氰酸发生加成反应，生成氰醇；与氨及其衍生物发生缩合反应，生成相应的亚胺类化合物等。 卤代反应：在一定条件下，丙酮可以发生卤代反应，例如与氯气在光照条件下，甲基上的氢原子会被氯原子取代。 氧化还原反应：丙酮可以被还原为异丙醇，常用的还原剂如硼氢化钠、氢化铝锂等都能实现这一转化。同时，在强氧化剂作用下，丙酮也可以被氧化，但其氧化产物较为复杂，取决于具体的反应条件和氧化剂的种类
相关危害	健康危害：急性中毒主要表现为对中枢神经系统的麻醉作用，出现乏力、恶心、头痛、头晕、易激动。重者发生呕吐、气急、痉挛，甚至昏迷。对眼、鼻、喉有刺激性。 慢性影响：长期接触该品出现眩晕、灼烧感、咽炎、支气管炎、乏力、易激动等。皮肤长期反复接触可致皮炎。 燃爆危险：极度易燃，具刺激性
相关应急措施	1)急救措施 皮肤接触：脱去污染的衣物，用肥皂水和清水彻底冲洗皮肤。 眼睛接触：提起眼睑，用流动清水或生理盐水冲洗并尽快就医。 吸入：迅速脱离现场至空气新鲜处。保持呼吸道通畅。如呼吸困难，给输氧；如呼吸停止，立即进行人工呼吸并尽快就医。 食入：饮足量温水，催吐并尽快就医。 2)消防措施 危险特性：其蒸气与空气可形成爆炸性混合物，遇明火、高热极易燃烧爆炸。与氧化剂能发生强烈反应。其蒸气比空气重，能在较低处扩散到相当远的地方，遇火源会着火回燃。若遇高热，容器内压增大，有开裂和爆炸的危险。 有害燃烧产物：一氧化碳、二氧化碳。 灭火剂：抗溶性泡沫、二氧化碳、干粉、砂土。用水灭火无效。 3)泄漏应急处理 小量泄漏，用砂土或其他不燃材料吸附或吸收。也可以用大量水冲洗，洗水稀释后放入废水系统
操作注意事项	密闭操作，全面密封。佩戴橡胶耐油手套。远离火种、热源，工作场所严禁吸烟。防止蒸气泄漏到工作场所空气中。避免与氧化剂、还原剂、碱类接触。搬运时要轻装轻卸，防止包装及容器损坏。倒空的容器可能残留有害物

续表

电解液名称	硝酸
基本简介	1）化学性质 硝酸是一种具有强氧化性、腐蚀性的强酸。化学式：HNO_3。熔点：－42℃，沸点：78℃，易溶于水，常温下纯硝酸溶液无色透明。 硝酸不稳定，遇光或热会分解而放出二氧化氮，分解产生的二氧化氮溶于硝酸，从而使外观带有浅黄色，应在棕色瓶中于阴暗处避光保存，也可保存在磨砂外层塑料瓶中（不太建议），严禁与还原剂接触。 浓硝酸是强氧化剂，遇有机物、木屑等能引起燃烧。含有痕量氧化物的浓硝酸几乎能与除铝和含铬特殊钢之外的所有金属发生反应，铝及含铬合金钢在浓硝酸中会发生钝化现象，浓硝酸与乙醇、松节油等有机物接触会发生剧烈氧化还原反应，操作时须严格隔离这类物质。硝酸在工业上主要以氨氧化法生产，用以制造化肥、炸药、硝酸盐等；在有机化学中，浓硝酸与浓硫酸的混合液是重要的硝化试剂，其化学式是 HNO_3，浓盐酸和浓硝酸按照体积比 3∶1 混合可以制成具有强腐蚀性的王水。硝酸的酸酐是五氧化二氮（N_2O_5）。 2）物理性质 纯硝酸在标准状态下为无色透明液体，常态浓硝酸（68%）因溶有微量二氧化氮常呈淡黄色，发烟硝酸呈现红棕色雾状，有窒息性刺激气味。浓硝酸含量为68%，易挥发，在空气中产生白雾，是硝酸蒸气与水蒸气结合而形成的硝酸小液滴。见光能产生二氧化氮而变成棕色。有强酸性。能使羊毛织物和动物组织变成嫩黄色。能与乙醇、松节油、碳和其他有机物猛烈反应。能与水混溶。能与水形成共沸混合物。相对密度 D_4^{20} 1.5129，熔点－41.6℃（无水），沸点 120.5℃（68%）。对于稀硝酸，一般我们认为浓稀之间的界线是 6mol/L，市售普通试剂级硝酸浓度约为68%，而工业级浓硝酸浓度则为98%，通常发烟硝酸浓度约为98%
相关危害	与硝酸蒸气接触有很大危险性。硝酸液及硝酸蒸气对皮肤和黏膜有强刺激和腐蚀作用。浓硝酸烟雾可释放出五氧化二氮（硝酐）遇水蒸气形成酸雾，可迅速分解而形成二氧化氮，浓硝酸加热时产生硝酸蒸气，也可分解产生二氧化氮，吸入后可引起急性氮氧化物中毒。人在低于 12ppm（30mg/m^3）时未见明显的损害。吸入可引起肺炎。 吸入硝酸烟雾可引起急性中毒。口服硝酸可引起腐蚀性口腔炎和胃肠炎，可出现休克或肾功能衰竭等。 危险性类别：酸性腐蚀品、氧化剂、易制爆、强腐蚀（含量高于70%）/氧化剂（含量不超过70%）。 侵入途径：吸入、食入。 健康危害：吸入硝酸气雾产生呼吸道刺激作用，可引起急性肺水肿。口服引起腹部剧痛，严重者可有胃穿孔、腹膜炎、喉痉挛、肾损害、休克以及窒息。眼和皮肤接触引起灼伤。长期接触可引起牙齿酸蚀症。 环境危害：对环境有害。 燃爆危险：助燃，与可燃物混合会发生爆炸
相关应急措施	1）急救措施 皮肤接触：立即脱去污染的衣物，用大量流动清水冲洗 20～30min。如有不适感，尽快就医。 眼睛接触：立即提起眼睑，用大量流动清水或生理盐水彻底冲洗 10～15min。如有不适感，尽快就医。 吸入：迅速脱离现场至空气新鲜处。保持呼吸道通畅。如呼吸困难，给输氧；呼吸、心跳停止，立即进行心肺复苏术并尽快就医。 食入：用水漱口，饮牛奶或蛋清并尽快就医。 2）泄漏应急措施 应急处理：穿上适当的防护服前严禁接触破裂的容器和泄漏物。 小量泄漏：用干燥的砂土或其他不燃材料覆盖泄漏物。 大量泄漏：构筑围堤或挖坑收容。用飞尘或石灰粉吸收大量液体。用农用石灰（CaO）、碎石灰石（$CaCO_3$）或碳酸氢钠（$NaHCO_3$）中和。用抗溶性泡沫覆盖，减少蒸发。用耐腐蚀泵转移至槽车或专用收集器内

续表

电解液名称	无水乙醇
基本简介	无色液体，具有特殊香味。易流动。极易从空气中吸收水分，能与水和氯仿、乙醚等多种有机溶剂以任意比例互溶。能与水形成共沸混合物（含水4.43%），共沸点78.15℃。相对密度是0.789。熔点-114.1℃。沸点78.5℃。折光率(n20D)1.361。闭杯时闪点（在规定结构的容器中加热挥发出可燃气体与液面附近的空气混合，达到一定浓度时可被火星点燃时的温度）13℃。易燃。蒸气与空气混合能形成爆炸性混合物，爆炸极限3.5%～18.0%（体积）。该有机溶剂用途极其广泛，主要用于医疗、化妆品、卫生用品、油脂与染料方面。
相关危害	1）健康危害：该品为中枢神经系统抑制剂。首先引起兴奋，随后抑制。急性中毒：急性中毒多发生于口服。一般可分为兴奋、催眠、麻醉、窒息四阶段。患者进入第三或第四阶段，出现意识丧失、瞳孔扩大、呼吸不规律、休克、心力循环衰竭及呼吸停止。慢性影响：在生产中长期接触高浓度该品可引起鼻、眼、黏膜刺激症状，以及头痛、头晕、疲乏、易激动、震颤、恶心等。长期酗酒可引起多发性神经病、慢性胃炎、脂肪肝、肝硬化、心肌损害及器质性精神病等。皮肤长期接触可引起干燥、脱屑、皲裂和皮炎。 2）燃爆危险：易燃，具刺激性
相关应急措施	1）急救措施 皮肤接触：脱去污染的衣物，用流动清水冲洗。 眼睛接触：提起眼睑，用流动清水或生理盐水冲洗并尽快就医。 吸入：迅速脱离现场至空气新鲜处并尽快就医。 食入：饮足量温水，催吐并尽快就医。 2）消防措施 危险特性：易燃，其蒸气与空气可形成爆炸性混合物，遇明火、高热能引起燃烧爆炸。与氧化剂接触发生化学反应或引起燃烧。在火场中，受热的容器有爆炸危险。其蒸气比空气重，能在较低处扩散到相当远的地方，遇火源会着火回燃。 灭火方法：尽可能将容器从火场移至空旷处。喷水保持火场容器冷却，直至灭火结束。 灭火剂：抗溶性泡沫、干粉、二氧化碳、沙土。 3）泄漏应急处理 应急处理：迅速撤离泄漏污染区人员至安全区，并进行隔离，严格限制出入。切断火源。建议应急处理人员戴自给正压式呼吸器，穿防静电工作服。尽可能切断泄漏源。防止流入下水道、排洪沟等限制性空间。 小量泄漏：用砂土或其他不燃材料吸附或吸收。也可以用大量水冲洗，洗水稀释后放入废水系统。 大量泄漏：构筑围堤或挖坑收容。用泡沫覆盖，降低蒸气灾害。用防爆泵转移至槽车或专用收集器内，回收或运至废物处理场所处置。 4）操作处置与储存 操作注意事项：密闭操作，全面通风。操作人员必须经过专门培训，严格遵守操作规程。建议操作人员佩戴过滤式防毒面具（半面罩），穿防静电工作服。远离火种、热源，工作场所严禁吸烟。使用防爆型的通风系统和设备。防止蒸气泄漏到工作场所空气中。避免与氧化剂、酸类、碱金属、胺类接触。灌装时应控制流速，且有接地装置，防止静电积聚。配备相应品种和数量的消防器材及泄漏应急处理设备。倒空的容器可能残留有害物
储存注意事项	储存于阴凉、通风的库房。远离火种、热源。库温不宜超过30℃。保持容器密封。应与氧化剂、酸类、碱金属、胺类等分开存放，切忌混储。采用防爆型照明、通风设施。禁止使用易产生火花的机械设备和工具。储区应备有泄漏应急处理设备和合适的收容材料

第四节 透射电子显微镜的结构、工作原理和基本操作实验

一、实验目的

(1)结合透射电镜实物介绍，了解透射电子显微镜的结构包括电子光学系统、真空系统及供电控制系统，了解电子枪、聚光镜、物镜、中间镜、投影镜及各级光阑的结构组成及作用。

(2)理解明暗场成像原理，领悟透射电子显微镜的工作原理。

(3)完成样品杆的装样和卸样操作，熟悉透射电镜测试试样基本步骤。

二、透射电镜的工作原理

在电子显微分析中，透射电子显微分析是20世纪30年代发展起来的一种分析技术，它主要是利用聚焦电子束代替可见光作为光源，用于对电子束透明的薄膜试样，以透过试样的透射电子束或衍射电子束所形成的图像来分析试样内部的显微组织结构的一种技术。

透射电子显微镜是一种具有高分辨率、高放大倍数的电子光学仪器，被广泛应用于材料科学等研究领域。透射电镜以波长极短的电子束作为光源，电子束经由聚光镜系统的电磁透镜将其聚焦成一束近似平行的光线穿透样品，再经成像系统的电磁透镜成像和放大，然后电子束投射到主镜筒最下方的荧光屏上而形成所观察的图像。在材料科学研究领域，透射电镜主要可用于材料微区的组织形貌观察、晶体缺陷分析和晶体结构测定。

电子显微镜中，除电子枪使用静电透镜原理外，均使用电磁透镜，也即利用通电流的轴对称短线圈产生的磁场，使电子束改变运动方向而起到聚焦、放大的作用。描述电磁透镜性能的指标用焦距 f 表示，f 与该透镜的磁场的关系如下：

$$1/f = \frac{e}{8mV}\int_{-\infty}^{\infty} H_z^2 \mathrm{d}z \qquad (1-1)$$

式中，H_z 为磁场在透镜轴方向上的分量；V 为电子的加速电压；m、e 分别为电子的质量和电荷。

对于半径为 R、载有电流 I 的 N 匝线圈，轴上磁场 H_z 由式(1-2)决定：

$$H_z = \frac{2\pi R^2 NI}{(z^2 + R^2)^{3/2}} \qquad (1-2)$$

因此磁透镜的焦距是通过改变透镜电流而进行调整的，而透镜的放大倍数是由焦距决定的，故电镜中的聚焦与放大都是通过改变透镜电流来达到。运动电子在磁透镜的磁场中运动，由于受洛伦兹力的作用，不仅受向轴靠拢力的作用，同时还受到绕轴旋转力的作用，加速电压为 V 的电子通过励磁强度为 H_z 的磁场后，旋转角度 θ 由式(1-3)决定：

$$\theta = \left(\frac{e}{8mV}\right)^{1/2}\int_{-\infty}^{\infty} H_z \mathrm{d}z \qquad (1-3)$$

在电子显微镜中，对于一般像的观察无须考虑像的旋转，但在分析物相的晶体学特征时，就要考虑这种相对旋转角的关系。式(1-1)和式(1-3)均在轴对称磁场和傍轴成像前提下成立，若此条件被破坏，则焦距 f 和像转角 θ 将与 H_r 及 H_Q 有关，即放大倍数与像转

角均为 r 与 Q 的函数，这必导致像与物的对应性破坏，产生了像差。为此，透射电镜的严格合轴(满足傍轴条件)以及附加一可调节的磁场(消像散器)，确保磁场满足轴对称性是获得高质量像的必要条件。

三、透射电镜的结构

图 1 所示为 JEM－2100Plus 透射电镜的实物照片，该型号透射电镜的三个主要性能指标如下。

加速电压：最高加速电压：200kV。

分辨率：此电镜的极靴为 HR 极靴，晶格分辨率为 0.14nm。

放大倍数：30 万～150 万倍。

透射电镜一般由电子光学系统和供电系统、电源及控制系统三大部分组成。此外，还包括一些附加的仪器和部件、软件等。以下仅对透射电镜的基本结构作简单介绍。

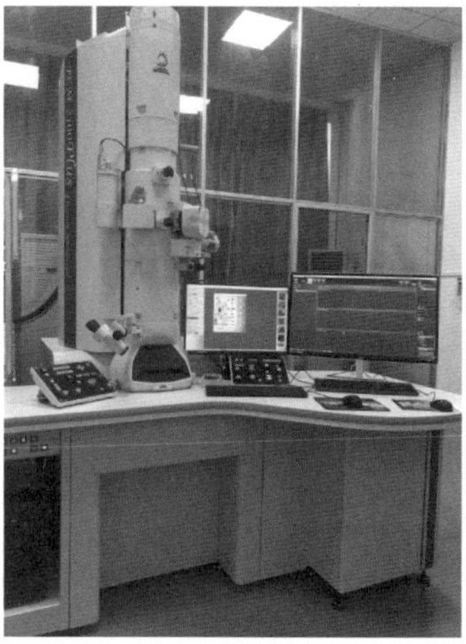

图 1　JEM－2100Plus 透射电镜照片

(一) 电子光学系统

电子光学系统通常又称为镜筒，是电镜的最基本组成部分，是用于提供照明、成像、显像和记录的装置。整个镜筒自上而下排列着电子枪、双聚光镜、样品室、物镜、中间镜、投影镜、观察室、荧光屏及照相室等。通常又把电子光学系统分为照明、成像和观察记录部分。电子光学系统的组成部分示意如图 2 所示。其中各部分功能如下：

照明系统包括电子枪和第一、二聚光镜。三极电子枪是发射电子的照明源，它采用自偏压系统确保电子束电流的稳定。由于偏压电阻负反馈的作用，电子枪的束电流在阴极温度(发射热电子的温度)达到某一数值后，束电流不再随阴极温度的增高而变化，此值称为束电流的饱和值。为此，偏压电阻和阴极温度的合理匹配可以使灯丝达到饱和时电子束的亮度较高，而且可以延长灯丝使用寿命。第一聚光镜为短焦距的强透镜，其作用是将电子束最小交叉截面缩小(最小可达 1μm)，并成像在第二聚光镜的共轭面(第二聚光镜的物平面)上，因此光斑的大小是由改变第一聚光镜焦距控制(即励磁电流)。第二聚光镜是在第一聚光镜确定的光斑条件下，进一步改变样品上的照明面积和照明孔径角。而照明部分的总功能是为成像系统提供一个亮度大、尺寸小的照明光斑。

成像放大部分由物镜、中间镜及投影镜构成。一般电镜的中间镜及投影镜均由数个透镜组成。物镜是衍射成像透镜，根据阿贝成像原理，平行电子束与物体交互作用后，除透射束外，还有各级衍射束，因而在物镜的后焦平面上得到物体的各级衍射斑点，各级衍射束通过干涉重新在像平面上形成反映物体特征的像。中间镜、投影镜将物镜后侧的这两种信息逐一进行放大。利用可变倍率的中间镜控制电子显微镜的总放大倍数，中间镜的另一作用是把物镜形成的一次中间像或衍射谱投射到投影镜的物平面上，从而通过改变中间镜电流可以选择在荧光屏上得到的是衍射花样还是形貌像。而物像的聚焦是由物镜电流所控制的。

电子显微镜有三个可移动的光阑，第二聚光镜光阑用于改变照明孔径角。位于物镜后焦平面上的物镜光阑可以挡去散射电子面提高物像衬度，选区光阑(或称视场光阑)置于物镜的像平面附近，通过选择一次放大像的范围来限制试样成像或产生衍射的范围。

一般电子显微镜均具有第二聚光镜与物镜的消像散器，有的电镜还备有中间镜消像散器，通过调整消像散器的方向与大小，使所对应透镜的磁场满足轴对称条件。

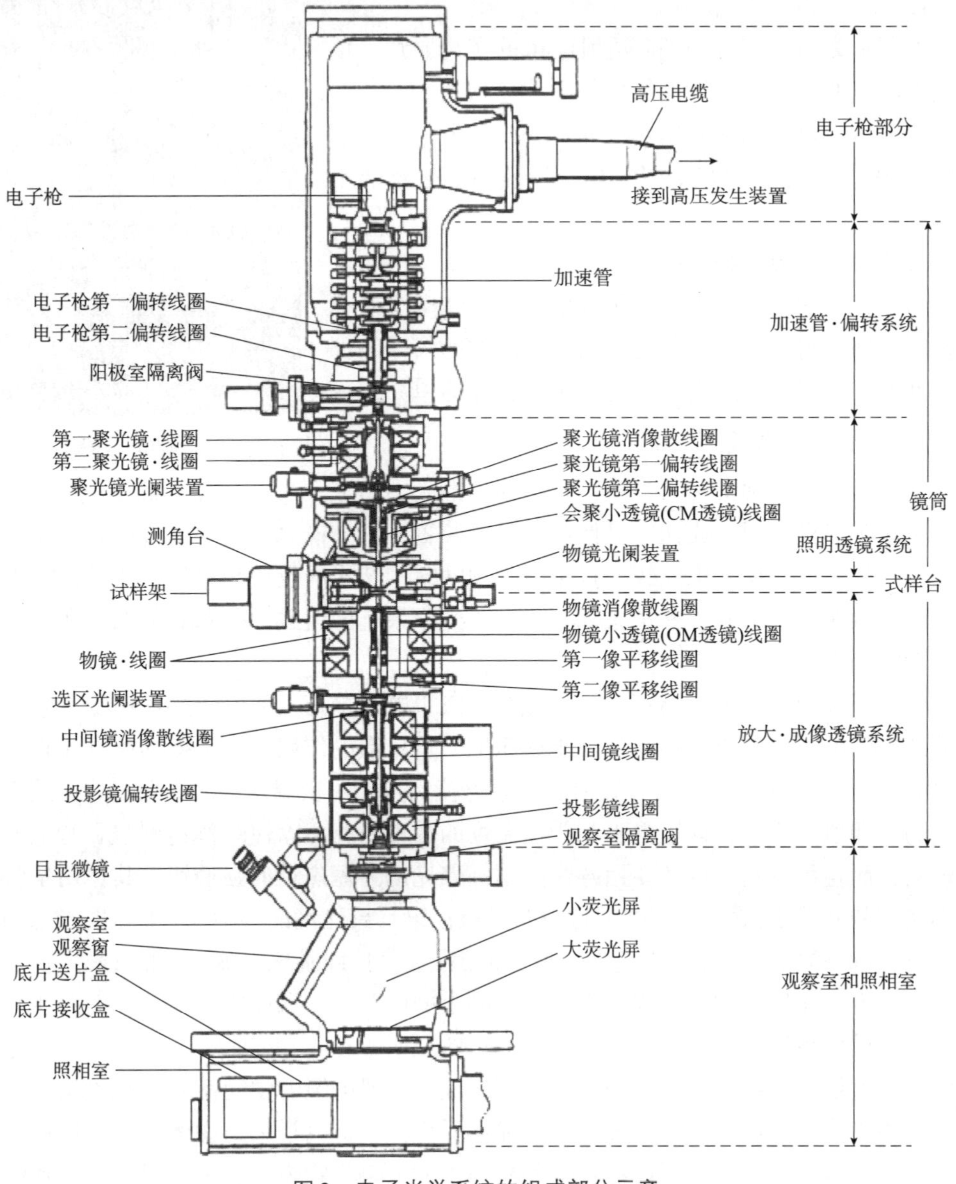

图2　电子光学系统的组成部分示意

(二)真空系统

为保证电镜正常工作，要求电子光学系统应处于真空状态下。本仪器为机械泵+扩散泵+离子泵，自动控制。样品室真空度要好于 2.7×10^{-5} Pa，离子泵的真空度要求低于 2×10^{-5} Pa。

如果电镜的真空度达不到要求会出现以下问题：

(1)电子与空气分子碰撞改变运动轨迹，影响成像质量。

(2)栅极与阳极间空气分子电离，导致极间放电。

(3)阴极炽热的灯丝迅速氧化烧损，缩短使用寿命甚至无法正常工作。

(4)试样易于氧化污染，产生假象。

(三)供电控制系统

供电控制系统主要提供两部分电源：一是用于电子枪加速电子的小电流高压电源；二是用于各透镜激磁的大电流低压电源。本仪器的稳压电源单元输出电压为单相 200V AC，输入电压波动范围是 20V AC ±10%，频率为 50/60Hz。

四、透射电镜的功能键和按钮

由于各种电子显微镜具体设计各异，各功能钮的位置也不相同，因此在使用仪器前首先要阅读所用仪器的说明书，特别是面板上各功能钮的介绍。现以 JEM－2100Plus 为例将主要功能钮作一一介绍，图 3～图 5 是控制面板的常用按钮照片。

图 3　主面板照片

主要功能键含义如下：

【MAIN】除真空系统之外的所有设置复位

【GUN AIR】灯丝放气(换灯丝时用)

【GUN LIFT】换灯丝时，控制电子枪升降(柱上也有一个开关，作用相同)

【LENS】开灯丝之前一定要先开 LENS

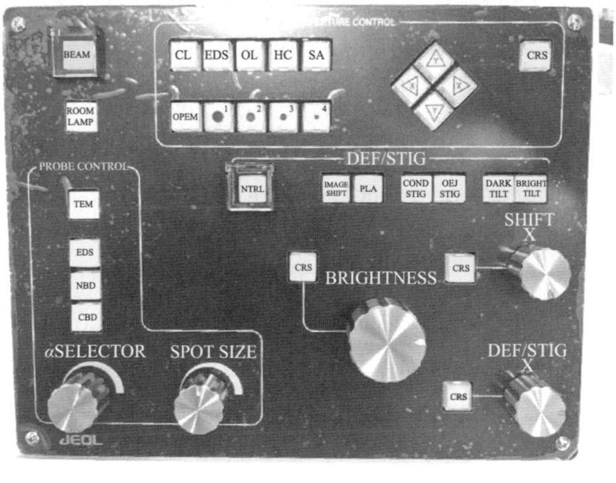

图 4　左控制板照片

【BEAM】灯丝开关

【PROBE CONTROL】会聚束

【TEM】平行光

【EDS】能谱

【NBD】纳米电子束衍射(小角度 小面积)

【CBD】(高电流 小面积)

【α SELECTOR】α 角旋钮

【NTRL】清零，电脑 Normal 下才能用，恢复到工程师数据

【COND STIG】聚光镜消像散

【OBJ STIG】物镜消像散

【IMAGE SHIFT】一般在“客户下用”倍数高(×50 万～60 万)时用，低倍也可以用

【DAEK TILT】电子束“暗”(暗场)

【Bright TILT】电子束“亮”(明场)

【CRS】加速键

【DEF/STIG XY】XY 偏转/像散

【SHIFT XY】XY 电子束平移

【Brightness】调亮度

图5　右控制板照片

【Z】样品高度

【IMAGE WOBB XY】使图像摆动，调样品高度时用

【HT WOBB】使高压摆动，调节高压中心时用

【F1、……】功能键

【MAG1】高倍率

【MAG2】可自己设置一个放大倍数

【MAG Low】低倍率

【SA MAG】选区放大

【SA DIFF】选区衍射

【OBJ Focus】物镜聚焦

【STD Focus】标准电压复位键，初调样品高度的时候要先按一下

五、实验内容

(1)了解电子显微镜面板上各个钮的位置和作用。

(2)在电子显微镜正常运转下，加高压，逐渐升高灯丝加热电流，使之达到饱和点，在荧光屏上观察到均匀亮度。再逐渐降低灯丝加热电流，同时改变第二聚光镜电流，获得聚焦的灯丝像。

(3)改变第一、二聚光镜、物镜和中间聚的电流，观察其各透镜的作用。

(4)检查电子显微镜中不严格合轴所造成的影响，如移动聚光镜光阑，观察当改变第二聚光镜电流时，光的移动情况。

(5)在无试样时，检查聚光镜是否存在像散，并通过聚光镜消像散进行调整，使像散消失。如果改变第二聚光镜电流时，光斑呈同心收扩，则像散已消除。加入微栅试样用以观察物镜的像散情况。改变物镜电流，使处于过聚焦状态，在微栅试样的微洞内侧出现黑色条纹即弗涅尔衍射环。当物镜磁场是均匀时，该弗涅尔衍射环是均匀的——环与微洞边缘呈等距离分布，且环的粗细也是均匀的。若呈现非均匀性，通过调节物镜消像散器，使之均匀。为使物镜磁场尽可能轴对称，调节物镜电流使之逐渐接近正聚焦状态，此时磁场的微小不均匀性均可反映。

(6)将单晶 MoO_3 晶体(粉末试样)作为进行衍射与成像，以及观察像转角的对象。

1)改变中间镜电流，观察规则 MoO_3 晶体边缘在荧光屏上方向的改变。

2)将成像模式改为衍射模式(即减小中间镜电流，使中间镜的物平面由物镜的像平面上移到物镜的后焦平面)，得到 MoO_3 的电子衍射花样。

六、操作步骤

透射电镜拍摄图像操作步骤为：

(1)检查实验室内洁净程度，确定温度、湿度符合要求。

(2)开机，检查高压箱气压、电子枪气压表、电镜空气压缩机压力表、氮气减压阀、水阀、机械泵和水箱的状态是否符合要求。先开空气压缩机，等到它工作完(不响了)，长按开机按钮 2s，听到机械泵“蹦蹦蹦”响，表明开机成功。电镜开启之后，启动计算机(先开电镜，后开计算机)，然后打开 TEM CENTER 控制软件(现在默认为开机自启动)。看一下离子泵的真空，等到 30 ~ 60min(时间并不是固定的)，主要看真空好不好(真空好，SIP 真空度 $<3.5\times10^{-5}$，如果真空度 SIP $>3.5\times10^{-5}$，则需要烘烤)，再加高压。

(3)逐步升高压至 200kV，打开 Lens(在主控制面柜上)，Lens 为电磁透镜，发热量很大，需水冷却。一般开机之后就打开 Lens，后升高压，且开灯丝之前一定要开 Lens，因其要稳定一段时间。原则上是越慢越好，看束电流是否稳定。

开机直接点击 120kV

120 ~ 160kV：step：0.5，timestep：6sec，耗时 8min

160～180kV：step：0.1，timestep：2～3sec，耗时10min

180～200kV：step：0.05，timestep：2～3sec，耗时15min

加高压之前要看一下真空图，V14阀开，离子泵工作（真空1×10^{-5}）。自动升高压过程中，电脑不能关机，否则升高压会自动停止。

电流值Beam Current算法：关灯丝时，$A\approx(1\sim3)+HT/2$

开灯丝时，$B\approx A+3\sim4$

Conditioning操作：

1）操作条件：在电镜使用过程中，电流不稳定，需要做conditioning，持续时间10min。

2）操作步骤：关灯丝，降压至170kV，间断性地点击"on"，观察电流值是否稳定，选中"hold"，点击"on"，保持10min。同样，按照升2kV降1kV加压至180kV。

3）注意事项：做conditioning必须确保关灯丝，最高做到185kV。

（4）添加液氮，观察镜筒各部分真空情况，检查离子泵读数，确保小于2×10^{-5} Pa，打开冷阱盖，用漏斗将液氮加入冷阱中，先加800mL，等待冷阱热平衡，到猛地喷气后，（内部温度均一），再补充液氮到满罐即可。（总计约需要2L）加满一次可以支撑8h左右，如果设备要继续使用，中途必须补充液氮。

（5）安装试样，并将样品杆插入样品室内：用样品杆自带的铁杆撬开取出装样品的金属片，用洗耳球吹一下底座或者用无尘纸擦一擦，把金属片放在底座上，固定金属片的两个螺钉中一个螺钉是固定的，是用螺丝刀拧动范围小些，另一个螺钉是活动的，需多松开些，切勿将两个螺钉拧下来。轻轻拨开金属片，使用精密镊子夹起样品轻轻放下去，一定要保证样品的所有边缘都在槽底下。如果试样没有放到槽里，有掉进镜筒的风险。样品厚度要求是放进去之后金属片能压下去，铜片不能高于边缘。测角台里面有许多小马达和小齿轮，保持力量集中于轴上，销钉和豁口对准，稍稍逆时针一点点，听到"噗呲"一声，把泵拔上去，然后等待真空图上反映样品空气压情况（以转化后的电流值体现）的电流值由250μA到30μA左右，说明真空已抽好（特别注意：拔样品杆之前，一定要让样品杆归零！右手握住样品杆往外拔至拔不动，逆时针转动样品杆至转不动，再往外拔至拔不动，逆时针转动至转不动。将开关拨至AIR状态，这时样品杆放气，手在样品杆把手处挡一下，防止样品杆被弹出。当皮拉尼值为220以上，就可以将样品杆完全拔出了）。

（6）开灯丝，点击Filament下的"ON"或面板上的【Beam】。开完灯丝之后，Beam current升高5μA左右，在106μA左右正常。后期光暗时，可以调节Target值（灯丝的发热百分比，值越高越热，值越高寿命越短，当灯丝越来越细时不得不加热灯丝），当调到70%左右时灯丝会断，这时需要换灯丝。

（7）调节图像，拍摄照片。其中电子显微镜的合轴调整步骤为：

1）聚光镜系统合轴（又称1－3合轴）。

a. 按下FUNCTION键中的"F1（SCAN）"键。

b. 将SPOT SIZE（即第一聚光镜调节钮）置于1。

c. 调节GUN ALIGNMENT的TRANS（x，y）钮，使光斑位于荧光屏中心（即用电子枪的偏转线圈平移电子束）。

d. 将SPOT SIZE置于3（束斑尺寸小于第二步）。

e. 调节 ALIGNMENT 的 TRANS(x, y)钮，使光斑位于屏心(即用置于第二聚光镜下的偏转线圈平移电子束)。

f. 重复步骤 b ~ e，直至改变 SPOT SIZE 时，光斑均位于荧光屏中心。

2)聚光镜光阑对中。

a. SPOT SIZE 置于 2(通常使用时的光斑尺寸)。

b. 加入聚光镜光阑。

c. 改变第二聚光镜电流(调节"CONDENSER"钮)，检查光斑是否同心收扩；若否，则调节光阑位置(光阑上有 x、y 两方向的移动钮)，使光斑随第二聚光镜的改变而同心收扩。

3)聚光镜消像散。

a. 按下 FUNCTION 中的"F1(SCAN)"键。

b. 将 SPOT SIZE 置于所需档次。

c. 将 CON STIGMATOR 的开关置于"ON"。

d. 调节 CONDENSER 钮，改变光斑大小。若光斑保持圆形，表明聚光镜无像散，步骤 e 可以略去。

e. 调节 CONDSTIGMATOR 的 x、y 钮，使光斑形状不随第二聚光镜电流的改变而变化。

4)照明系统合轴检查(SCAN 模式)。

a. 将 COND ALIGNMENT 开关置于"ON"。

b. 调节 IMAGE WOBB XY，使光斑合一。

5)电子枪对中(SCAN 模式)。

a. 调节 CONDENSOR 钮，使荧光屏上照明面积减小(但不要过小，以免烧毁荧光屏)。

b. 减小 FILAMENT EMISSION(即灯丝加热电流)，得到欠饱和的灯丝像。

c. 调节 GUN ALIGNMENT 的 TILT(x、y)钮，使灯丝像对称。

d. 增加灯丝电流，使灯丝像消失，即回到灯丝饱和状态。

6)IMAGE WOBBLER 调整。

a. IMAGE WOBBLER 开关置于"ON"，若光斑分成两个，调节 IMAGE WOBBLER 的 x、y 钮，使光斑合一。

b. 将 IMAGE WOBBLER 置于中间。

7)电流中心调整。

a. 将灯丝电流降为 0，插入电镜试样。

b. 按下 FUNCTION 的"MAG"键，使放大倍数为 20K ×(调节 MAGNIFICATION 钮)，加灯丝电流，在荧光屏上观察物体的像。

c. 调节 FOCUS 钮(即改变物镜电流)，使像聚焦，并将某一特征物像点位于荧光屏中心。

d. 将 FOCUS 的 MEDIUM 钮逆时针转六档，检查特征点移动情况。若特征点移动，调节 TILT(x, y)钮，其移到荧光屏中心。

e. 重复步骤 c、d，直到改变物镜电流时，特征点不移动为止。

8)物镜消像散。

a. 插入试样，在衍射模式(按下 FUNCTION 的“DIFF”键)加入物镜光阑，使光阑与透射束对中。

b. 按下 FUNCTION 的“MAG”键，在放大倍数高于 10K 下聚焦物像。

c. 使小荧光屏斜立起来，并用双目望远镜(×10)观察物像。

d. 将试样上小孔或细小颗粒(或试样边缘)移到屏心，调节 FOCUS，使弗涅尔衍射环出现。过聚焦时，孔内有明显暗条纹。

e. 点开 OBJ STIGMATOR。

f. 调节物镜消像器的 COARSE(x、y)及 FINE(x、y)钮，使弗涅尔衍射环的各方向均匀。

g. 改变物镜电流使之向正聚焦方向逼近，再反复调消像散器直至像散全部消除。

七、注意事项

(1)进实验室前对学生进行实验室安全教育，重点强调安全操作规范和实验室管理规定，要求学生依规行事。指导教师需讲清楚仪器结构，指明仪器的高压部分，接口位置，电源位置以及重点布线位置，明确告知学生禁止触碰，防止出现安全事故。

(2)样品杆装样，插拔样品杆是关系到仪器安全的重要操作。操作不当会影响真空，甚至可能致使样品掉入仪器，危及仪器安全，教师应一直在旁，及时处理突发状况。

(3)高分子样品和生物样品极易受热辐射影响，发生形貌变化，在拍摄过程中要避免样品经受长时间电子辐照。

(4)对上机观测的样品尺寸进行严格限制，禁止拍摄带有磁性的样品。

八、实验报告要求

(1)简述透射电镜的基本结构。

(2)描述聚光镜、物镜、中间镜、投影镜分别有什么功能。

第五节　透射电子显微镜低倍成像与分析实验

一、实验目的

(1)了解透射电子显微镜成像理论中振幅衬度、相位衬度的概念，理解明暗场成像原理，了解质厚衬度成像、衍射衬度成像理论。

(2)掌握在低放大倍数下操作电镜并使用物镜光阑获取高衬度明场像的方法。

(3)掌握形貌图像的数据测量和分析方法。

二、实验原理

晶体薄膜样品明暗场像的衬度(即不同区域的亮暗差别)，是由于样品相应的不同部位结构或取向的差别导致衍射强度的差异而形成的，因此称其为衍射衬度，以衍射衬度机制为主而形成的图像称为衍衬像。如果只允许透射束通过物镜光栏成像，称其为明场像；如果只允许某支衍射束通过物镜光栏成像，则称为暗场像。有关明暗场成像的光路原理如图 1 所示。就衍射衬度而言，样品中不同部位结构或取向的差别，实际上表现在满足或偏离布拉格条件程度上的差别。振幅衬度是由于入射电子通过试样时，与试样内原子发生相互作用而发生振幅的变化，引起反差。振幅衬度主要有质厚衬度和衍射衬度两种，其中衍射衬度分为明场像和暗场像。满足布拉格条件的区域，衍射束强度较高，而透射束强度相对较弱，用透射束成明场像该区域呈暗衬度；反之，偏离布拉格条件的区域，衍射束强度较弱，透射束强度相对较高，该区域在明场像中显示亮衬度。而暗场像中的衬度则与选择哪支衍射束成像有关。如果在一个晶粒内，在双光束衍射条件下，明场像与暗场像的衬度恰好相反。

电子束透过试样得到的透射电子束，其强度及方向均发生了变化，由于试样各部位的组织结构不同，因而透射到荧光屏上的各点强度是不均匀的，这种强度的不均匀分布现象就称为衬度，所获得的电子像称为透射电子衬度像。振幅衬度是指在电子显微镜成像中，入射电子通过试样时，与试样内原子发生相互作用而发生振幅的变化，引起反差，由于样品不同部位对电子的散射或衍射程度不同，导致透过样品的电子束强度分布不同，从而在图像上形成明暗对比的现象。振幅衬度主要有质厚衬度和衍射衬度两种。

(一)质厚衬度原理

电子与样品的相互作用：当电子束穿透非晶样品时，会与样品中的原子核和核外电子发生相互作用。其中，与原子核的相互作用主要是弹性散射，使电子改变运动方向但能量基本不变。与核外电子的相互作用主要是非弹性散射，会使电子的能量和运动方向都发生改变。

散射吸收程度与衬度的关系：样品中质量厚度(可理解为试样上表面单位面积以下柱体中的质量)大的区域，意味着原子序数大或厚度大，对电子的散射作用强，更多的电子被散射到光阑以外，通过物镜光阑参与成像的电子数少，在图像上显示为较暗的区域；而质量厚度小的区域，对电子的散射作用弱，透过的电子数多，图像上呈现为较亮的区域。

(二)衍射衬度原理

晶体对电子的衍射：对于晶体样品，当电子束照射时，晶体中的晶面会对电子产生衍射作用。只有当晶面满足布拉格条件时，才会产生较强的衍射束。

衍射强度差异形成衬度：由于晶体样品中不同区域的晶体取向不同，或者存在晶体缺陷等，使得不同区域的晶面满足布拉格条件的程度不同，从而产生的衍射束强度也不同。例如，在双光束近似下(即只考虑透射束和一个较强的衍射束)，某个区域的晶面满足布拉格条件，产生了较强的衍射束，那么该区域的透射束强度就会减弱，因为入射电子束的能量在透射束和衍射束之间重新分配。当用透射束成像(明场像)时，产生衍射的区域由于透射束强度低而显示为暗区，未产生衍射或衍射较弱的区域则显示为亮区；反之，若用衍射束成像(暗场像)，产生衍射的区域就会显示为亮区，其他区域为暗区，衍射衬度成明场像及暗场像原理示意如图 1 所示。

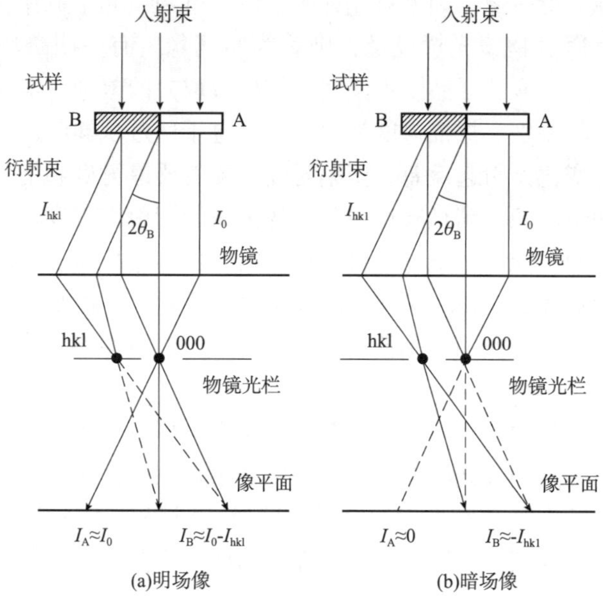

图 1　明暗场成像的光路原理示意

三、实验仪器和材料

(1)实验仪器：高分辨透射电子显微镜、单倾样品杆、双倾样品杆等。

(2)实验材料：已制备好的透射电镜样品。

四、实验步骤

(1)调入对应电压下的合轴数据。

(2)在低放大倍数下使用物镜光阑获取高衬度明场像(<200K)：

在 X150K 下寻找样品位置 →按下“Image Wobb X”，调整 Z 轴高度，使图像不再颤抖(正焦)→按下“Image Wobb”停止 Z 轴高度调整。

调整“Brightness”旋钮散开光斑至最暗→按右面板 SA DIFF→看到衍射图像后顺时针旋转物镜光阑，待 1 号或 2 号光阑插入后，微调光阑位置旋钮使光阑对中→按右面板“MAG1”回到成像模式→调整“Brightness”旋钮确认光圈能够同轴收缩(否则重复按右面板 SA DIFF→看到衍射图像后顺时针旋转物镜光阑，待 1 号或 2 号光阑插入后，微调光阑位置旋钮使光阑对中→按右面板“MAG1”回到成像模式步骤，直至调整“Brightness”旋钮时光圈能够同轴收缩)。

调整“Brightness”使光斑变暗→按“F1”抬起荧光屏→点击软件摄像控制按钮，选择曝光时间 500ms→点击软件动态采集按钮(观察过程中一定要散开光斑，保持亮度 value < 3000，否则会烧坏 CCD 探头，无法维修)。

调节 Focus(coarse)使图像清晰(略欠焦，样品边缘稍有一点白边，图像衬度最好，最清晰)→点击软件冻结按钮拍照→按“F1”落下荧光屏。

样品测试结束后，放大倍数调回至 50K→调整“Brightness”旋钮散开光斑→逆时针旋转物镜光阑，使 1 号或 2 号光阑取出，确认无光阑插入状态。

五、实验结果与数据处理

（1）在测试软件时，对样品的形貌、尺寸、分散程度进行测定，记录与分析。

（2）将测试结果保存拷贝。

（3）对图像进行编辑、标定及后处理。

（4）举例：图2为在150K倍下透射电镜观察到的金颗粒试样。

一般分析步骤和要点：

1）颗粒尺寸分布。

测量方法：使用图像分析软件，在电镜图谱上随机选取一定数量的金颗粒，测量其直径或等效直径（对于不规则形状的颗粒）。然后统计不同尺寸范围的颗粒数量，绘制颗粒尺寸分布直方图或累计分布曲线。

分析结果：确定金颗粒的平均尺寸、尺寸范围以及尺寸分布的均匀性。例如，颗粒尺寸主要集中在20～50nm，且分布较为狭窄，说明该金颗粒粉末的尺寸均匀性较好；若尺寸分布范围很宽，从几纳米到上百纳米都有分布，则表明颗粒大小差异较大。

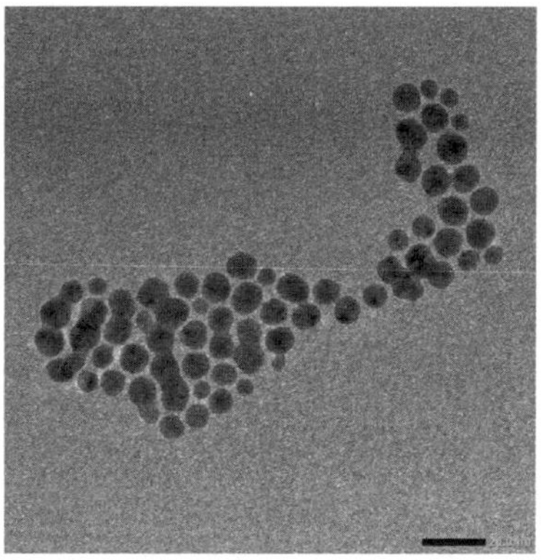

图2　金颗粒试样TEM形貌图谱

2）颗粒形状。

观察内容：仔细观察每个金颗粒的形状，常见的形状有球形、类球形、多面体、棒状、片状等。记录不同形状颗粒的占比情况。

影响因素与意义：颗粒形状可能受到制备方法、生长条件等因素的影响。例如，球形颗粒通常在溶液中均匀成核和生长时形成，而棒状或片状颗粒的出现可能暗示着在特定方向上的生长优势，这对于理解金颗粒的生长机制以及其在某些应用中的性能（如催化活性、光学性质等）具有重要意义。如果大部分颗粒为球形且表面光滑，这可能有利于其在药物载体、生物标记等领域的应用，因为球形颗粒具有较好的流动性和分散性；而具有特定形状的颗粒（如纳米棒）在表面等离子体共振等光学性质方面可能表现出独特的性能，适用于光学传感、光热治疗等领域。

3）团聚情况。

判断依据：观察金颗粒之间是否存在团聚现象。团聚的颗粒会相互连接形成较大的聚集体，其边界可能不清晰，与单个分散颗粒的界限难以区分。通过测量团聚体的大小和组成团聚体的颗粒数量，来评估团聚程度。

影响因素与解决方法：团聚可能是由颗粒表面的电荷、表面活性剂的存在与否、干燥过程中的毛细管力等因素引起的。高团聚程度会影响金颗粒的分散性和稳定性，进而影响其性能。例如，在制备金纳米颗粒墨水用于印刷电子器件时，团聚可能导致墨水的流变性能变差，影响印刷质量和器件性能。为了减少团聚，可以采取在制备过程中添加合适的分散剂、优化干燥方法（如冷冻干燥、超临界干燥等）或对颗粒表面进行改性等措施。

4）对比度差异。

原因探讨：注意图谱中不同金颗粒或同一金颗粒不同区域之间的对比度差异。这可能是由颗粒厚度不均匀、成分不均匀(如存在杂质元素)、晶体结构的局部变化(如存在非晶区域或不同相结构)等原因引起的。

对性能的影响：对比度差异可能反映了金颗粒内部的微观结构变化，这些变化可能会对金颗粒的电学、磁学、光学等性能产生影响。例如，在光学应用中，局部成分或结构的变化可能导致光吸收和散射特性的改变，从而影响金颗粒的光学响应性能。通过进一步的能谱分析(EDS)或电子能量损失谱(EELS)等技术，可以确定对比度差异区域的元素组成和化学键合状态，从而深入了解其对性能的影响机制。

通过对300K倍下金颗粒粉末试样透射电镜形貌图谱的上述多方面分析，可以全面了解金颗粒的微观结构特征，为其制备工艺优化、性能调控以及在材料科学、催化、生物医学、电子等领域的应用提供重要的基础数据和理论依据。需要注意的是，具体的分析结果还需要结合金颗粒的制备方法、实验条件以及预期的应用方向进行综合解读和讨论。

六、实验注意事项

(1)“F1”抬屏CCD曝光前一定要散开光斑，保持亮度 value < 3000，否则会烧坏CCD探头，并无法维修。

(2)“F1”抬屏用CCD曝光后及时再按“F1”落屏，延长CCD使用寿命，切勿在使用CCD观察时进行数据分析和讨论。

(3)旋转插入或取出物镜光阑时切勿用蛮力，发现旋转操作后无光阑显示及时与实验员汇报，勿擅自处理。

(4)实验结束后，确认无光阑插入状态。

七、思考与分析

(1)绘图并简述明暗场成像的原理。

(2)分析拍摄的透射电镜样品的形貌图像。

第六节　透射电子显微镜高分辨成像与分析实验

一、实验目的

(1)了解相位衬度的概念及透射电子显微镜相位衬度成像理论。

(2)掌握在高放大倍数下操作电镜并使用物镜光阑获取粉末样品高衬度明场高分辨图像的方法。

(3)掌握高分辨图像数据测量分析方法。

二、实验原理

相位衬度是指通过样品的不同区域的电子波的相位差异而形成的衬度。电子波的相位变化与样品对电子的作用有关。当电子穿过样品时，样品中的原子核和电子会与电子波发生相互作用，使电子波的传播路径和相位发生改变。对于薄样品，电子的散射主要是弹性散射，此时相位变化是主要的，而强度变化相对较小。相位衬度成像就是要将这种微小的相位变化转化为可观察的图像衬度。在透射电子显微镜中，电子波穿过样品时，样品不同部位的厚度、密度或晶体结构等因素的差异，会导致电子波的相位发生变化。这种相位变化本身并不能直接被探测器所感知，但通过特定的成像技术，可以将相位差转化为强度差异，从而在图像上表现出衬度，即相位衬度。

在透射电子显微镜中，从电子枪发射出的电子束经过加速后形成具有一定能量和波长的相干电子波。当这束电子波穿过样品时，由于样品不同区域对电子波的相位调制作用，使得透过样品不同部位的电子波具有不同的相位。这些具有不同相位的电子波在物镜的后焦面上发生干涉叠加。根据波的叠加原理，相位相同的部分会相互加强，相位相反的部分会相互减弱，从而在像平面上形成与样品相位分布相关的强度分布，即相位衬度图像。物镜是实现相位衬度成像的关键部件。物镜的功能是将透过样品的电子波进行聚焦和成像。在相位衬度成像中，物镜不仅要将电子波聚焦到像平面上，还要对电子波的相位进行适当的处理。物镜的球差和色差等像差会对相位衬度产生重要影响。球差会导致不同散射角的电子波在成像时产生相位误差，色差则会使不同能量的电子波的相位发生变化。为了获得良好的相位衬度，需要对物镜的像差进行校正或补偿。

当透射束与衍射束重新组合并保持它们各自的振幅和位相时，则可获得衍射晶面的晶格像，或者一个个原子的晶体结构像（仅适于很薄的晶体试样≈100Å），即相位衬度像，包括高分辨像和原子序数衬度像，其中相位衬度成像基于 phase object approximation（POA）理论，该模型如图 1 所示。对于大多数生物样品和一些薄的晶体样品，可以采用弱相位物体近似理论来解释相位衬度成像。弱相位物体是指电子穿过样品时，只引起电子波相位的微小变化，而对电子波的振幅影响可以忽略不计的样品。在这种情况下，透过样品的电子波可以表示为一个未受扰动的入射波和一个与样品相位分布成正比的微小相位调制项的叠加。通过对这种弱相位物体散射电子波的分析和处理，可以得到与样品结构相关的相位衬度信息。

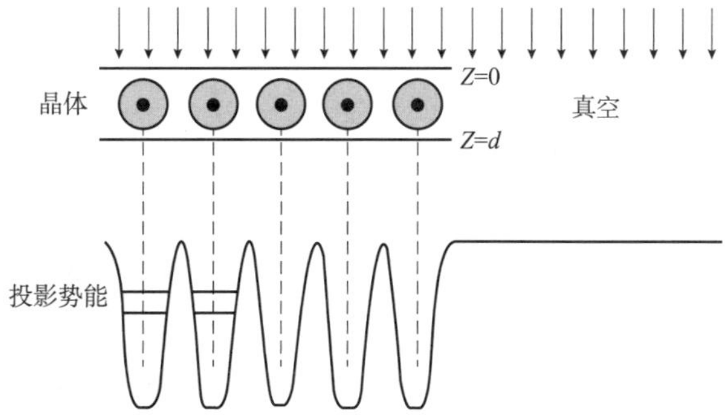

图 1　理论模型（phase object approximation，POA）

三、实验仪器和材料

（1）实验仪器：高分辨透射电子显微镜、单倾样品杆、双倾样品杆等。

（2）实验材料：已制备好的电镜样品。

四、实验步骤

(1)调入对应电压下的合轴数据。

(2)在高放大倍数下使用物镜光阑获取粉末样品高衬度明场高分辨图像(>200K):

1)在 X40K 下寻找样品位置 →按下"Image Wobb X",调整 Z 轴高度,使图像不再颤抖(正焦)→按下"Image Wobb"停止 Z 轴高度调整。

2)调整"Brightness"旋钮散开光斑至最暗→按右面板"SA DIFF"→看到衍射图像后顺时针旋转物镜光阑,待 1 号或 2 号光阑插入后,微调光阑位置旋钮使光阑对中→按右面板"MAG1"回到成像模式→调整"Brightness"旋钮确认光圈能够同轴收缩(否则重复按右面板"SA DIFF"→看到衍射图像后顺时针旋转物镜光阑,待 1 号或 2 号光阑插入后,微调光阑位置旋钮使光阑对中→按右面板"MAG1"回到成像模式步骤,直至调整"Brightness"旋钮时光圈能够同轴收缩)。

3)调整"Brightness"使光斑变暗→按"F1"抬起荧光屏→点击软件摄像控制按钮,选择曝光时间 500ms→点击软件动态采集按钮。(注意:观察过程中一定要散开光斑,保持亮度 value <3000,否则会烧坏 CCD 探头,无法维修)

4)调节"Focus(coarse)"使图像清晰(略欠焦,样品边缘稍有一点白边,图像衬度最好,最清晰)→点击软件冻结按钮拍照→按"F1"落下荧光屏。

5)在低倍拍照完毕的基础上,将放大倍数升到 200K 以上→调整样品位置。

6)调整"Brightness"旋钮散开光斑→按"F1"抬起荧光屏→点击软件摄像控制按钮,选择曝光时间 500ms→点击软件动态采集按钮。(注意:观察过程中一定要散开光斑,保持亮度 value <3000,否则会烧坏 CCD 探头!无法维修)

7)略微调节"Focus(coarse)"使图像清晰,并能够看到精细结构→调节"Focus(Fine)"使精细结构足够清晰→点击软件冻结按钮拍照→按"F1"落下荧光屏。

8)样品测试结束后,放大倍数调回至 40K→调整"Brightness"旋钮散开光斑→逆时针旋转物镜光阑,使 1 号或 2 号光阑取出,确认无光阑插入状态。

五、实验结果与数据处理

(1)在测试软件中对样品的形貌、尺寸、分散程度、晶面间距进行测定,记录与分析。

(2)将测试结果保存拷贝。

(3)对图像进行编辑、标定及后处理。

(4)举例:图 2 为在 800K 倍下透射电镜观察到的金颗粒试样。

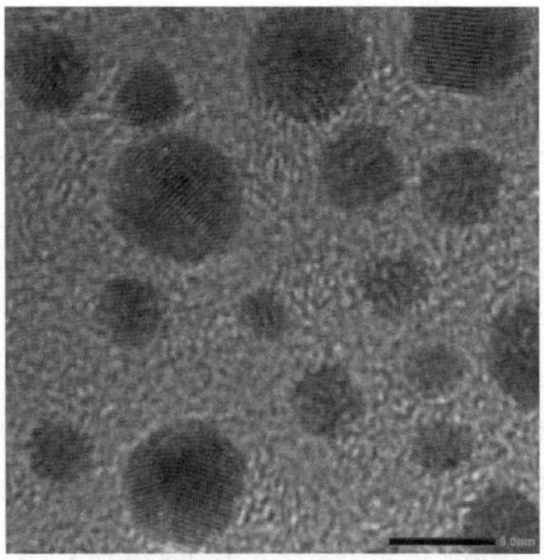

图 2　金颗粒试样 TEM 高分辨图谱

观察与分析:在高分辨率的透射电镜图像中,部分金颗粒可能会显示出清晰的晶格条纹。通过测量晶格条纹的间距,可以确定金的晶体结构和晶面取向。金具有面心立方(FCC)晶体结构,其对应的晶格条纹间距可以通过布拉格定律计算得出，并与标准值进行对比验证。

材料学意义：晶格条纹的观察对于研究金颗粒的结晶度、晶体缺陷以及生长取向等方面具有重要意义。例如，晶体缺陷(如位错、孪晶等)的存在可能会影响金颗粒的物理化学性质，如机械强度、电子迁移率等。而特定的晶体取向可能会导致金颗粒在某些方向上具有优先的性能表现，例如在催化反应中，某些晶面可能具有更高的催化活性，通过控制金颗粒的晶体取向可以提高其催化效率。

六、实验注意事项

(1)“F1”抬屏 CCD 曝光前一定要散开光斑，保持亮度 value < 3000，否则会烧坏 CCD 探头，无法维修。

(2)“F1”抬屏用 CCD 曝光后及时按“F1”落屏，尤其在高放大倍数，延长 CCD 使用寿命，切勿在使用 CCD 观察时进行数据分析和讨论。

(3)旋转插入或取出物镜 3 光阑时切勿用蛮力，发现旋转操作后无光阑显示及时与实验员汇报，勿擅自处理。

(4)实验结束后，确认无 4 光阑插入状态。

第七节　扫描电子显微分析实验

一、实验目的

(1)了解电子束在样品中产生信号的机制、反映的信息以及对应信号的收集捕获方式。

(2)了解扫描电子显微镜的设备构造、操作步骤和注意事项。

(3)掌握用扫描电子显微镜进行材料显微分析的方法。

二、实验原理

扫描电镜(scanning electron microscopy，SEM)是近代发展很快、用途日益广泛的重要电子光学仪器之一。大多数扫描电镜能同 X 射线波谱分析仪、X 射线能谱仪和自动图像分析仪等组合，使得它是一种对表面微观世界能够进行全面分析的多功能的电子光学仪器。利用电子束在样品表面激发出代表样品表面特征的信号(二次电子)成像，最常用来观察样品表面的形貌或切口分析，通过一些附件还可以测量样品表面的成分分布情况。

(一)电子束在样品中的作用过程

扫描电镜是利用电子枪发射电子束经聚焦后在试样表面作光栅状扫描，通过检测电子与试样相互作用产生的信号对试样表面的成分、形貌及结构等进行观察和分析。入射电子与试样相互作用将激发出二次电子、背散射电子、吸收电子、俄歇电子、阴极荧光和特征 X 射线等各种信息(如图 1 所示)。扫描电镜主要利用的是二次电子、背散射电子以及特征 X 射线等信号对样品表面的特征进行分析。

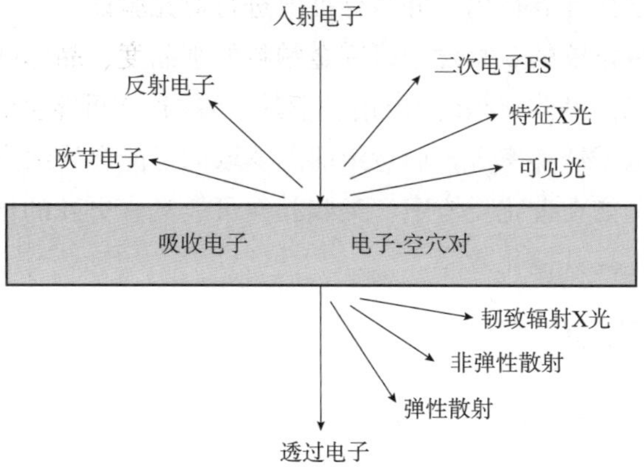

图 1　电子束与样品的作用

当一束具备较高能量(几千电子伏特到几万电子伏特)的电子入射到样品中时，在样品中原子(或离子)的作用下，电子的运动方向会被改变，其束斑会扩展，其能量会被传递给样品原子及电子，从而激发多种信号。

在诸多信号中，二次电子信号是最常用的信号。它是在入射电子束的激发下，从样品中产生并成功逃逸出样品的低能电子，通常其能量为几到几十电子伏特。由于倾斜表面较平整，表面会产生更至的二次电子，所以二次电子能够展示样品表面的高低起伏形貌。

二次电子是由 Everhart - Tbornley 探测器(简称 ET 探训器)来进行收集和分析的。在样品上方放置带有 200V 左右正电压的金属网栅，通过静电吸引，能有效地收集逃逸到真空中的自由电子到网栅内，经过 10kV 的高电压加速轰击到荧光板上激发荧光，随后经过光电倍增管将光信号转化为电信号。电子束在样品上逐点扫描，每个点上停留时间通常为 0. 3 ~ 100μs，此时间内激发的二次电子越多，则最终探测器得到的电信号越强，屏幕上对应点越亮。当电子束完成整个视野的扫描，探测器搜集到的信号强弱分布被反映成屏幕上图像的明暗分布，从而获知样品的表面形貌图像。

背散射电子是一种类似卢瑟福散射机制而产生的反向运动的高能电子，入射电子在样品中原子核的散射后反向运动、逃逸到真空中的电子。由于其部分能量传递给二次电子、内层电子跃迁等，故其能量低于入射能量。原子序数越高的原子核，其越容易产生背散射电子，所以背散射电子的强度通常反映的是样品表面轻重元素的分布。

背散射电子探测器有半导体型和荧光型，前者是捕获背散射电子在半导体中激发载流子从而获得背散射电子的强度，后者是根据背散射电子激发荧光材料(荧光粉或 YAG 等磁光晶体)发光，而后经光电倍增管增强转换为电信号。后者的信号强度和原子序数分辨率相对更好。

X 射线是由于在入射高能电子的激发下，样品上原子的内层电子受高能电子轰击被电离(脱离原子)，形成电子空位，此时外层电子会跃迁至内层空位，并以 X 射线释放出两个轨道之间的能量差。由于不同元素原子的电子轨道之间有特定大小的能量差，所以通过分析样品释放的 X 射线在不同能量区间的强度变化情况，即可定性半定量地去判断样品表层的元素成分及其比例。入射电子束随着入射深度的增加，其轨迹受到样品原子的扰动而改变，束斑直径会变大，同时能量衰减，少量入射电子会扭转为背散射电子逃离样品，大多数入射电子能量衰减为零后被样品吸收。但并非所有的信号都能穿透样品、被探测器所接收，通常大部分被样品吸收，小部分才被捕集利用。不同类型、不同能量的信号具有不同的穿透能力，从而具有不同的有效激发深度：1）俄歇电子由于在样品中的穿透能力极弱，所以只有表面几个原子层产生的俄歇电子才能被收集探测。2）二次电子的能量相对较弱，有效产生深度通常为距离表面 10nm 左右。3）背散射电子的能量高，所以其有效产生深度进一步增大，可达 1 ~ –2μm。4）X 射线由于是光子，相对于电子而言其穿透能力大幅增加，所以其具有最大的有效产生深度，可达到数微米。

以上信号的有效激发深度并非定值，因入射电子束能量和材料元素构成而变。有效激发深度越小的信号，其产生区域的直径越小，则表示该信号的空间分辨率越高，所以二次电子信号是最常用的信号。各种电子信号的用途、分析深度以及探测限如表 1 所示。

表 1　各种电子信号的用途、分析深度及探测限

电子信号	用途	分析深度	探测限
二次电子	表面形貌分析	<10nm	分辨率 3 ~ 6nm
背散射电子	表面形貌和成分分析	0.1 ~ 1μm	分辨率 50 ~ 200nm
特征 X 射线	元素分析	0.5 ~ 5μm	${}_4Be \sim {}_{92}U$（0.1wt% ~0.5wt%）

样品电流指的是样品在吸收入射电子、释放二次电子、背散射电子、俄歇电子后而在样品台上形成电流，对于导电且和样品台导通的样品而言，可用连接到样品台上的超灵敏电流表（皮安表）测量出具体数值。该电流随着入射电子束的能量、样品的元素成分、样品表面倾角、粗糙度而变化。通常电子束能量越高，样品的轻元素成分越多，则入射电子束在样品中的穿透深度越大，越有利于样品吸收入射电子束以及阻止背散射电子和三次电子逃逸出样品，因此样品会产生数值较大的负电流。如表面越平整，且和电子束入射方向越垂直，越不利于二次电子的逃逸，越会导致数值较大的负电流；反之，在低电压、重元素、侧表面或粗糙表面情况下，容易使样品发射出的电子多于其吸收的电子，从而在样品上出现正电流。对于不同情况的样品，都可以找到一个合适的入射电子束能量，使其样品的吸收电子数量和发射电子数量相同，从而使样品电流为 0。该值对于不导电样品的观测有意义。

（二）扫描电镜的基本原理

由于高能电子与物质的相互作用，结果在试样上产生各种信息。从试样中所得到各种信息的强度和分布与试样表面形貌、成分、晶体取向以及表面状态的一些物理性质（如电性质、磁性质）等因素有关。因此，通过检测器接收和处理这些信息，就可以获得表征试样形貌的扫描电子像，进行试样结构与成分分析。为了获得扫描电子像，通常是用检测器接收来自试样表面的信息，再经过信号处理系统和放大系统变成信号电压，最后传输至数字信号处理系统的灰度调制模块，通过数模转换（DAC）控制像素亮度值。因为数字扫描发生器同步控制镜筒电子束偏转与显示屏像素刷新，通过时钟信号实现亚微秒级同步，其亮度由试样所发回的信息的强度来调制，因而可以得到一个反映试样表面状况的扫描电子像，其放大系数定义为电子束在荧光屏上的扫描振幅和镜筒电子束在试样上扫描振幅的比值，即：

$$M = L/l = L/(2D\gamma)$$

式中，M 为放大系数；L 为荧光屏尺寸；l 为电子束在试样上扫描距离，它等于 $2D\gamma$；D 是扫描电镜的工作距离；2γ 为镜筒中电子束的扫描角。

真空系统对扫描电镜也同样重要，这是因为电子束只能在真空下产生和操纵。对于扫描电镜来说，通常要求真空度优于 $10^{-3} \sim 10^{-4}$Pa。任何真空度的下降都会导致电子束散射加大，电子枪灯丝寿命缩短，产生虚假的二次电子效应，使透镜光阑和试样表面受碳氢化合物的污染加速等，从而严重地影响成像的质量。因此，真空系统的质量是衡量扫描电镜质量的参考指标之一。

扫描电镜的分辨率主要取决于信噪比、电子束斑的直径和入射电子束在样品中的散射。此外，电源的稳定度、外磁场的干扰等也对分辨率有影响。一般扫描电镜的分辨率为 7mn 左右。图像放大倍数由数字显示屏幕和电子束扫描区域的尺寸之比来决定。当数字显示屏幕面积不变时，调节样品高度，改变镜筒内扫描线圈的扫描电流，就可以方便地改变图像的放大倍数。

$$放大倍数 = \frac{屏幕的分辨率}{电子束直径}$$

在扫描电镜中，电子束与样品相互作用，由于样品微区特征的差异，如形貌、原子序数与化学组分，晶体结构或取向等，产生的信号强度不同，导致荧光屏上出现不同亮度的区域，形成扫描图像的衬度。

表面形貌衬度主要是样品表面形貌决定的。一般情况下，入射电子能从试样表面下约 5nm 厚的薄层激发出二次电子，加速电压大时会激发出更深层内的二次电子，从而表面下薄层内的结构可能会反映出来，并附加在表面形貌信息上。原子序数衬度指扫描电子束入射试样时产生的背景电子、吸收电子、X 射线，对微区内原子序数的差异相当敏感，而二次电子不敏感。高分子中各组分之间的平均原子序数差别不大。所以只有一些特殊的高分子多相体系才能利用这种衬度成像。

扫描电镜是由电子枪所发射出来的电子束，在加速电压的作用下，经过三个电磁透镜（或两个电磁透镜），汇聚成一个细小的电子探针，在末级透镜上部扫描线圈的作用下，使电子探针在试样表面做光栅状扫描（光栅线条数目取决于行扫描和帧扫描速度）。改变入射电子束在样品表面的扫描速度，以获得不同放大倍率下的扫描图像。

（三）扫描电子显微镜的构造

扫描电镜主要由电子光学系统、信号收集及显示系统、真空系统、计算机控制系统等几部分组成，如图 2 所示。扫描电子显微镜与透射电子显微镜都是以电子束为光源，在磁透镜的作用下，将电子束缩小照射在样品上，分析样品对光束的影响。扫描电子显微镜的成像原理与透射电镜不同之处在于：扫描电子显微镜是利用电子束从固体表面得到的二次电子图像，在阴极摄像管（CRT）的荧光屏上扫描成像的。

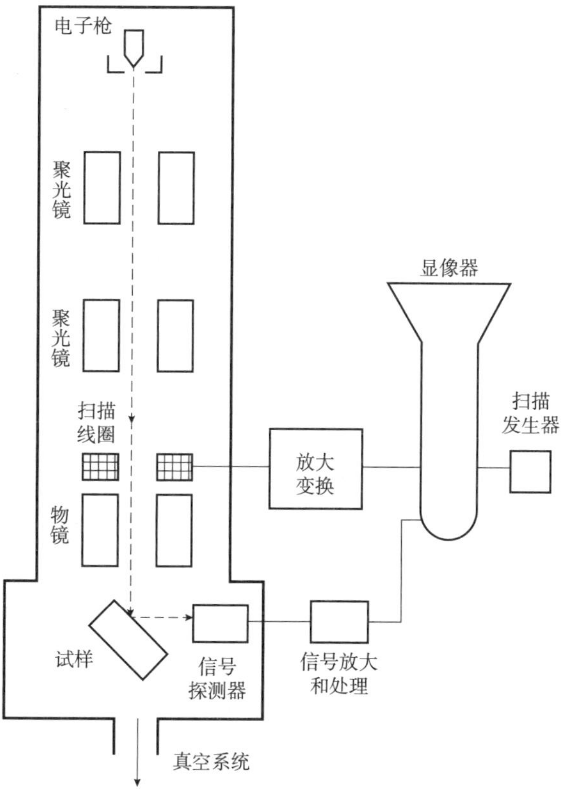

图2　扫描电子显微镜结构示意

1. 电子光学系统

电子光学系统由电子枪、电磁透镜、扫描线圈及试样室等部件组成。电子发射源通常被称为灯丝，是决定电镜性能的关键部件，其关键指标为亮度和单色性，有钨热发射灯丝、六硼化镧热场发射灯丝、肖特基场发射灯丝及冷场发射灯丝。①钨热发射灯丝：通过电流加热至2700～2900K发射电子，亮度约1×10^5A/(cm^2·sr·V)，用于普及型电镜。②六硼化镧(LaB_6)热场发射灯丝：工作温度为1600～1800K，将亮度提升至1×10^7A/(cm^2·sr·V)。③肖特基场发射灯丝：ZrO/W针尖在1800K下场致发射，亮度达1×10^8A/(cm^2·sr·V)。④冷场发射灯丝：钨针尖在室温下强电场(>3×10^9V/m)提取电子，亮度超5×10^8A/(cm^2·sr·V)，但需定期闪烁清除针尖吸附物。

由电子枪发射的高能电子束经两级电磁透镜聚焦后汇聚成一个几纳米大小的束斑，电子束在扫描线圈的作用下发生偏转并在试样表面和屏幕上做同步扫描，激发出试样表面的多种信号。电子束被发射后，经过加速、汇聚以及调整束流大小、束斑的形状及空间位置，最后被镜筒末端的物镜聚焦在样品表面。扫描电镜中的透镜通常为磁透镜，即通过线圈和导磁材料产生特定的空间强磁场分布从而实现汇聚电子束的效果。样品周围被放置了多种探头以实现对信号的收集和分析，从而获得样品的相关信息。

2. 信号收集及显示系统

电子束与样品室中的样品表面相互作用激发的二次电子，背散射电子首先打到二次电子探测器和背散射电子探测器中的闪烁体上产生光，再经光电倍增管将光信号转换为电信号，进一步经前置放大器成为有足够功率的输出信号，最终在阴极射线管(CRT)上成放大像。产生的X射线信号由斜插入样品室中的能谱仪(或波谱仪)收集，经锂漂移硅[Si(Li)]探测器、前置放大器和主放大器以及脉冲处理器在显示器中展示X射线能谱图(或波谱图)用于元素定性和定量分析。

3. 真空系统

扫描电镜需要高的真空度，高真空度能减少电子的能量损失，减少电子光路的污染并延长灯丝的使用寿命。为了创造出利于电子束激发及运动的真空环境，扫描电镜配有机械真空泵与涡轮分子泵组成的真空系统。如灯丝为场发射灯丝，则灯丝和镜筒处配有可获得更高真空度的离子泵。为了承载和移动样品，扫描电镜多配有 xyz 三坐标平移及样品旋转与倾斜功能的5轴样品台系统。根据扫描电镜类型(钨灯丝、六硼化镧、场发射扫描电镜)的不同，其所需的真空度不同，一般在 $10^{-3}\sim10^{-8}$Pa。

4. 计算机控制系统

扫描电镜有一套完整的计算机控制系统，方便测试人员对电镜进行控制和操作。扫描电镜对样品微区结构的观察和分析具有简单、易行等特点，是目前应用得最为广泛的一种试样表征方式。

(四)扫描电子显微镜的应用

扫描电镜二次电子产生的多少与电子束入射角度样品表面的起伏有关，所以，扫描电镜的图像具有很强的立体感，可用于观察样品的三维立体结构。相对于光学显微镜，扫描电镜的分辨率高出2~3个数量级，扫描电镜的物镜采用小孔视角、长焦距，所以具有大的景深；相对于透射电镜而言，扫描电镜的样品制备简单，适用面广；相对于原子力显微镜，扫描电镜具有视野可连续变化、扫描速度快、可分析元素成分、操作方便等优点，因此扫描电镜被广泛地应用在传统材料科学、纳米材料、生物学、医学、半导体产业等领域，是现代科学研究中不可缺少的重要工具。

扫描电子显微镜具有以下特点。

(1)能直接观察大尺寸试样的原始表面。扫描电镜的样品室较大，其能够直接观察尺寸可达到直径为100mm、高50mm或更大尺寸的试样，对试样的形状没有任何限制，粗糙表面也能观察，这便免除了制备样品的麻烦，而且能真实观察试样本身物质成分不同的衬度。扫描电镜的样品制备 相比透射电镜而言要简单得多，样品可以是断口、块体、粉体等。对于导电的样品只要大小合适即可直接观察，对于不导电的样品需在样品表面喷镀一层导电膜(通常为金、铂或碳)后进行观察。现代发展起来的低压扫描电镜和环境扫描电镜可以对不导电样品、生物样品等进行直接观察，极大地扩展了扫描电镜的应用范围。

(2)试样在样品室中可动的自由度非常大。由于工作距离大(一般大于15mm)，焦深长(比透射电子显微镜大10倍)，样品室的空间也大，因此，允许试样在三度空间内有6个自由度运动(即三度空间平移和三度空间旋转)，可动范围大，这对观察不规则形状试样的各个区域细节带来很大的方便。同时焦深长，图像富立体感，容易获得一对同样清晰聚焦的立体对照片，进行立体观察和立体分析。

(3)观察试样的视场范围大。在扫描电镜中，能同时观察试样的视场范围 F 由下式来确定：

$$F = L/M$$

式中，M 为观察时的放大倍数；L 为荧光屏尺寸。

因此，如果采用30cm的荧光屏，放大倍数为10倍时，其视场范围可达30mm。采用更大尺寸荧光屏，不难获得更大的视场范围。

(4)放大倍数的可变范围很宽，且不用经常对焦。扫描电镜的放大倍数范围很宽(从5万到20万倍连续可调)，且一次聚焦好后即可从低倍到高倍，或从高倍到低倍连续观察，不用由于改变倍数而重新聚焦。

(5)在观察厚块试样中，它能得到高分辨率和最真实形貌。扫描电镜的分辨率介于光学显微镜和透射电子显微镜之间。扫描电镜具有很高的分辨率，普通扫描电镜的分辨率为几纳米，场发射扫描电镜的分辨率可达1nm，已十分接近透射电镜的水平。光学显微镜只能在低倍率下使用，扫描电镜可以在几倍到几十万倍的范围内连续可调，弥补了从光学显微镜到透射电镜观察的一个很大的跨度，实现了对样品从宏观到微观的观察和分析。用扫描电镜观察厚块试样更有利，更能得到真实的试样表面资料。

(6)因电子照射而发生试样的损伤和污染程度很小。同其他方式的电子显微镜比较，它观察时所用的电子探针电流小(一般为$10^{-10} \sim 10^{-12}$A)，电子探针的束斑尺寸小(通常是5nm到几十纳米)，电子探针的能量也比较小(加速电压可以小到2kV)，而且不是固定一点照射试样，而是以光栅状扫描方式照射试样，因此，由于电子照射而发生试样的损伤和污染程度很小，对一些生物试样特别适合。

(7)能进行动态观察。在扫描电镜中，成像的信息主要是电子信息。根据近代的电子工业技术水平，即使高速变化的电子信息，也能毫不困难地及时接收、处理和储存，故可进行一些动态过程的观察。如果在样品室内安装有加热、冷却、弯曲、拉伸和离子刻蚀等附件，则可以通过连接电视装置观察相变、断裂等动态的变化过程。

(8)它可以从试样表面形貌获得多方面资料。在扫描电镜中，不仅可以利用入射电子和试样相互作用所产生各种信息来成像，而且可以通过信号处理方法，获得多种图像的特殊显示方法，可以从试样的表面形貌获得多方面资料。因为扫描电子像不是同时记录的，它是分解为近百万个像元依次记录构成的，使得扫描电镜除观察表面形貌外，还能进行成分和元素的分析。此外，采用三透镜式的扫描电镜还可以通过电子通道花样进行结晶学分析，选区尺寸可以从10μm到2μm。

由此可见，扫描电镜是一种多功能的仪器，它可以进行三维形貌的观察和分析，同时进行微区的成分分析与微区的结晶学分析。

三、实验方法与步骤

(一)实验仪器与材料

实验仪器与材料包括扫描电子显微镜、金纳米棒样品、MnO_2纳米线样品、TiO_2纳米线样品、SiO_2纳米线样品、导电胶带等。

(二)实验方法与操作步骤

1. 开机准备

在开始操作扫描电镜之前，首先需要做好开机准备。这包括检查电源、冷却水、真空泵等设备的连接是否正常，确认电压稳定且符合设备要求。同时，还需要确保扫描电镜的工作环境清洁无尘，以避免灰尘对样品和设备的污染。

2. 样品制备

样品制备是扫描电镜操作中至关重要的一步。样品的制备质量直接影响到观察结果的准确性和可靠性。扫描电镜样品需具有导电性，以便把照射到试样表面的电子束的电子传导出来。否则电子在试样表面集中，形成电荷积累而不能成像。与透射电子显微镜不同的是，由于透射电子显微镜样品杆的设计，通常一次只能放入一个样品进行测量。而对扫描电子显微镜来说，一般是将多个样品用导电胶粘在样品台上，再将样品台推送至样品室进行测量，一次能对多个样品进行测量。由于扫描电镜观察的是试样的表面，电子束不需透过试样，因此对试样的厚度没有太大要求。试样制备简单，试样尺寸可在几个毫米至几个厘米的范围。对一些薄膜或断口可直接观察。常用的制备方法有：

(1)金属涂层法。应用对象是导电性较差的样品，如高聚物、陶瓷等材料，在进行扫描电子显微镜观察之前必须使样品表面蒸发一层导电体，目的在于消除荷电现象和提高样品表面二次电子的激发量，并减小样品的辐照损伤。一般采用镀金的方法来提高材料的导电能力，金属涂层可以采用真空蒸发镀膜法和离子溅射法。

(2)离子刻蚀。应用对象是包含合晶相和非晶相两个组成部分的样品。它是利用离子轰击样品表面时，由于两相被离子作用的刻蚀程度不同，而暴露出晶区的细微结构。

(3)化学刻蚀法。应用对象同离子刻蚀法，包括溶剂刻蚀和酸刻蚀两种方法。酸刻蚀是利用某些氧化性较强的溶液，如发烟硝酸、高锰酸钾等处理样品表面，使其中一个相被氧化断裂而溶解，而暴露出晶相的结构，溶剂刻蚀是用某些溶剂选择溶解高聚物材料中的一个相，而暴露出另一相的结构。

3. 安装样品

将制备好的样品放置在样品台上，确保样品与台面接触良好。用导电胶带将样品固定在小样品台上，确保待观测区域和小样品台之间是导电的。安装好样品后，将样品台放入扫描电镜的样品室中，并关闭样品室门。样品室放入气体，约 2min 后缓慢拉开腔室门，将样品台放入腔室内的样品基座上。要注意样品最高点不能高于样品测高片的最高点。

4. 抽真空

在开启扫描电镜之前，需要使用真空泵抽取样品室内的空气，以确保样品室内的真空环境。真空度的要求根据具体设备而定，一般需要达到一定的真空度才能进行后续操作。将样品室缓慢闭合并压紧后，对样品室抽真空，3～5min 后，腔室对应的图标由橙色变为绿色，腔室真空度达到工作要求。

5. 设备启动与参数设置

启动扫描电镜设备，打开相关软件界面。在软件界面上设置扫描电镜的加速电压、放大倍数、扫描速度等参数。这些参数的设置需要根据样品的性质和观察需求进行调整，以获得最佳的图像质量和分辨率。

6. 对焦与校准

按下“HT”按钮，电镜的灯丝加热电流和电子束的加速高压会启动，将屏幕的显示窗口解除锁定后，可见图像出现。通过调节物镜和透镜，对样品进行对焦，使图像清晰可见。同时，还需要进行必要的校准操作，如调整电子束的扫描速度和扫描模式等，以确保图像的准确性和稳定性。双击屏幕移动样品台，找到样品，放大影像至1000倍左右，旋转聚焦旋钮，使图像清晰，然后再放大图像至所需倍数，旋转聚焦旋钮，使图像处于最清晰状态。

7. 观察与拍摄

通过升高样品台，将图像调整至最清晰状态，其方法是：先旋转聚焦旋钮，使图像处于无任何拉伸感的相对最清楚状态；然后旋转像散旋钮“stig x”，使图像处于相对最清楚状态；最后旋转像散旋钮“stig y”，至图像最清晰，此时电子束束斑最细、最锐利、弥散最小，图像达到最清晰状态。在调整好参数和对焦后，可以开始观察和拍摄样品。通过软件界面上的缩放和导航功能，可以调整图像的细节和位置，以获取所需的观察结果。在观察过程中，可以根据需要调整放大倍数和亮度等参数，以获得更清晰的图像。

8. 数据分析与保存

对观察到的图像进行数据分析，如测量尺寸、计算面积等。同时，将重要的图像和数据保存下来，以便后续分析和研究。

9. 设备关闭与维护

在完成观察和拍摄后，需要按照正确的步骤关闭扫描电镜设备。首先点击黄色的“HIT”按钮，系统会自动地降去镜筒里的高压和灯丝加热电流。2min后，点击“Vent”按钮，将样品室充入空气，约3min后缓慢打开腔室门取出样品。最后将缓慢腔室门关闭并压紧，点击“pump”对腔室抽真空。此外，定期对扫描电镜进行维护和保养也是非常重要的，以确保设备的长期稳定运行和延长使用寿命。

(三)实验注意事项

(1)打开和关闭腔室门时要慢，抽真空前要用力压紧腔室门，真空泵启动30s后才能松手。

(2)保持环境清洁：确保操作环境无尘、无震动、无电磁干扰，要注意保持样品台和腔室门密封圈的清洁，以保证扫描电镜的稳定性和准确性。样品的制备质量直接影响到观察结果，因此需要认真对待每一步制备过程，确保样品表面的清洁和完整性。

(3)参数设置合理：根据样品的性质和观察需求，合理设置扫描电镜的参数，以获得最佳的图像质量和分辨率。

(4)谨慎操作：在操作过程中要轻拿轻放，避免对设备和样品造成损坏。同时，要遵循设备的操作规程和安全要求，确保操作过程的安全性和可靠性。

(四)实验结果

扫描电镜可直接观察纳米材料的结构，颗粒、尺寸、分布、均匀度及团聚情况，结合能谱还能对纳米材料的微区成分进行分析，确定纳米材料的组成。图3(a)为利用扫描电镜观察到的金纳米棒；图3(b)为MnO_2纳米线；图3(c)为TiO_2纳米管；图3(d)为SiO_2纳米球。

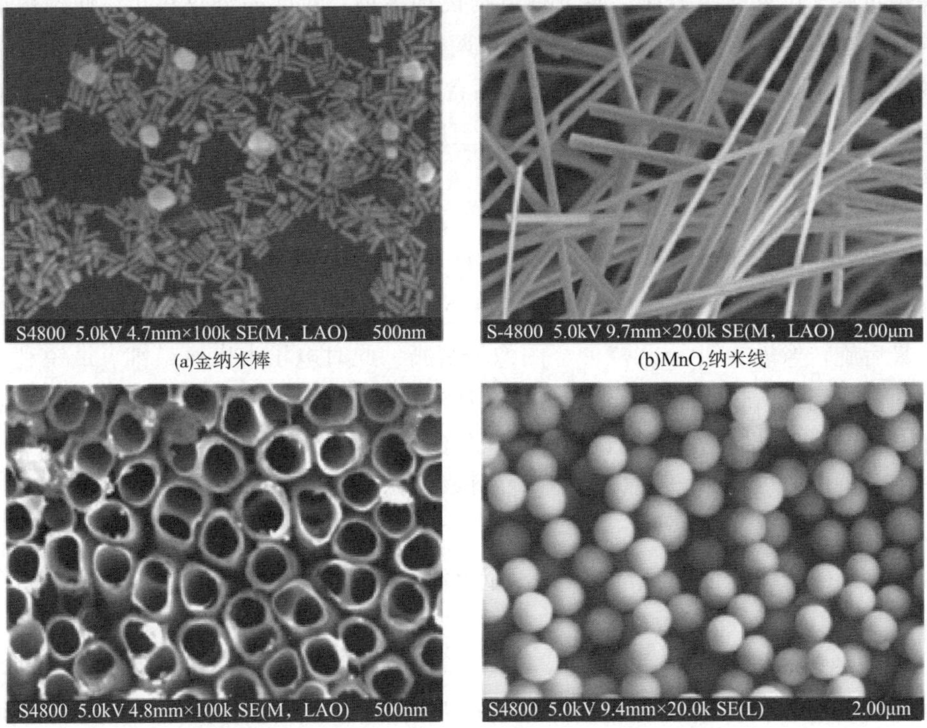

(a)金纳米棒　(b)MnO_2纳米线

(c)TiO_2纳米管　(d)SiO_2纳米球

图 3　纳米材料扫描电镜图

四、思考与分析

(1)为什么倾斜的样品表面较平整表面能产生更多的二次电子?

(2)高倍观测后可出现样品变黑现象，分析其产生的可能原因并给出改善办法。

(3)简要分析图 3 中样品的结构，颗粒、尺寸、分布、均匀度及团聚情况。

第八节　能谱仪的结构、原理及其操作方法

一、实验目的

(1)了解能谱仪的基本结构和工作原理。

(2)掌握能谱仪的操作方法，包括样品制备、仪器参数设置、数据采集与分析等。

(3)能够运用能谱仪对样品进行元素定性和半定量分析，提高实践动手能力和科学研究素养。

二、实验设备与材料

(1)能谱仪：包括主机、探测器、电子光学系统、信号处理系统、计算机控制系统等主要部件，以及配套的真空系统和样品台。

(2)标准样品：若干已知元素组成和含量的标准样品，用于仪器校准和验证分析方法

的准确性。

（3）待测试样：根据实验需求准备的不同类型的样品，如金属材料、矿物、陶瓷、生物样品等。

三、实验原理

能谱仪(Energy Dispersive Spectrometer，EDS)是一种基于X射线能量色散原理的分析仪器，用于对材料中的元素进行定性和定量分析。其工作原理如下：

当高能电子束轰击样品表面时，样品中的原子会被激发产生特征X射线。这些X射线具有不同的能量，其能量值与元素的原子序数有关。能谱仪中的探测器能够探测到这些特征X射线，并将其转换为电信号。经过信号处理和放大后，计算机系统对信号进行分析，根据X射线的能量和强度信息，确定样品中所含元素的种类及其相对含量。X－max80T能谱仪实物照片如图1所示。

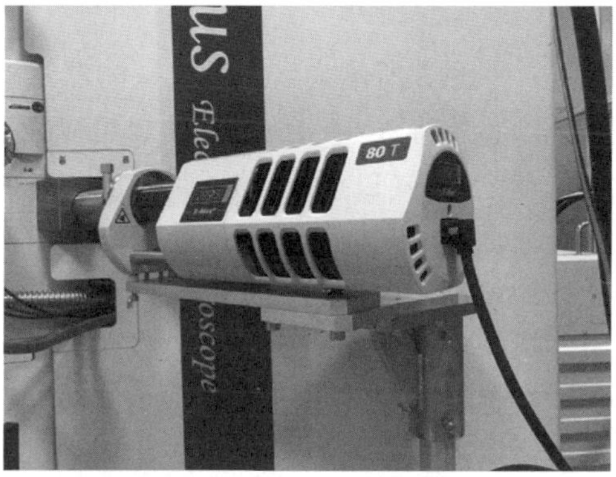

图1　X－max80T能谱仪实物照片

（一）能谱仪定性分析原理

特征X－Ray的产生：原子系统中电子遵从泡利不相容原理不连续地分布在K、L、M、N……等不同能级的壳层上。每个壳层排布的电子数：$2n^2$，各壳层能量关系：$E_K < E_L < E_M < E_N$……

连续X－Ray产生机理：

经典力学解释：高速运动的电子到达样品表面时，因突然减速产生很大的负加速度，这种负加速度一定会引起周围电磁场的急剧变化，产生电磁波。

量子理论解释：（韧致辐射）当能量为eV的电子与样品原子整体发生碰撞时，电子失去自己的能量，其中一部分以光子形式辐射出去，每碰撞一次产生一个能量为hv的光子。

连续X－Ray只形成能谱谱图的背底信号。

俄歇电子产生机理：K系激发后，外层电子(如L层)会跃迁到K层填充空位，此时多出来的能量$\Delta E=(EL-EK)$的释放方式有两种：①产生K系辐射，即K系特征X－Ray。② ΔE被包括空位层在内的邻近电子吸收，使其受激发逸出原子变成二次电子，即俄歇电子。俄歇电子产额随原子序数的增加而减小。

(二)能谱仪定量分析原理

试样中 A 元素的相对含量 C_A 与该元素产生的特征 X－Ray 的强度 I_A 成正比，即：

$$C_A = K\frac{I_A}{I_{(A)}}$$

式中，C_A 为某 A 元素的百分含量；K 为常数，不同校正方法 K 可用不同表达式表示；I_A、$I_{(A)}$ 分别为试样和标样中 A 元素的特征 X－Ray 强度。

四、能谱仪的结构

(1)电子光学系统：主要由电子枪、聚光镜、物镜等组成，其作用是产生高能电子束，并将其聚焦到样品表面的微小区域上，以激发样品产生特征 X 射线。

(2)探测器：通常采用半导体探测器，如 Si(Li)探测器或硅漂移探测器(SDD)。探测器的作用是将接收到的 X 射线光子转换为电脉冲信号，其能量分辨率和探测效率对能谱仪的性能具有重要影响。

图 2　X－射线探测器示意

图 2 所示为 X－射线探测器示意，能谱探测器是根据探测芯片将 X 射线信号转化成可以识别和分析的电信号。不过不论是 Si(Li)探测器还是硅漂移探测器，仅靠裸露的晶体芯片是无法完成测试的，能谱系统中的其他组件也扮演着重要的角色，包括芯片在内的一系列关键组件，都安装于能谱探指的前端，如图 3 所示。入射电子被样品散射之后，有可能在各个方向产生背散射电子，部分背散射电子有可能电离电镜舱内的极靴等部件，产生来自非样品的干扰 X 射线信号，误导最终的测试结果，为此能谱仪最前端装有准直器，目的是限制探测器可探测到的信号范围，确保只有来自样品区域的 X 射线被探测到，排除系统干扰信号，但准直器并不能对进入的信号类型进行筛选，除 X 射线以外，背散射电子也有可能穿过准直器直接到达探测芯片，导致能谱仪的背景噪声增大，能谱探测精度与灵敏度下降，所以紧接准直器之后会装有一对或一组永磁体，该组件称为电子陷阱，其作用是使通过准直器的带电粒子发生偏转，阻止电子进入探测晶体，减弱背散射电子的干扰。目前常用的半导体探测芯片是硅漂移(SDD)芯片，其阳极电容小，噪声相对少。但是室温下仍然会受到热噪声影响的是谱图失真，因此探测芯片必须在低温下工作，以减少反向漏电流，降低电信号噪声，因而紧接晶体后端会连接冷却系统。能谱在晶体前端装有超薄密封窗，常见的窗口由支撑架和超薄膜组成，密封窗的存在使得探测芯片和样品舱实现真空隔离，防止晶体污染。良好的窗口除需要高真空密封性和机械强度外，还需具有很好的 X 射线透光率。

探测器由以下部分组成：准直器(Collimator)、电子陷阱(Electron trap)、窗口(Window)、硅漂移探测晶体(Detector crystal)、场效应晶体管(FET)、冷指(Cold finger)、前置放大器(Preamplifier)、低温液氮罐(Liquid nitrogen reservoir－cryostat)、液氮液位传感器

(Cryostat)等，上述主要部件的特点如下。

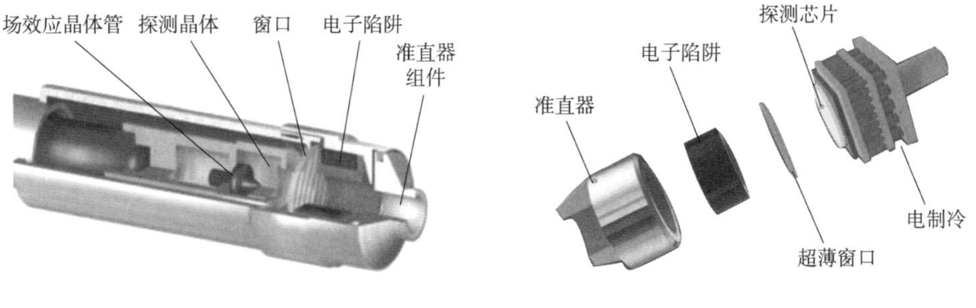

(a)整体　　(b)细节

图3　探测器系统构成示意

1)准直器：限制探头的 X－Ray 信号接收角度，防止杂散信号进入探头。

2)电子陷阱：应用于 ATW & SATW 窗口上，Be 窗不需要，两片磁铁提供磁场，偏转进入的电子，屏蔽电子信号防其轰击晶体而在谱图中产生噪声。

3)窗口：在晶体及样品室间提供真空密封，拥有足够的强度，对低能 X－Ray 吸收较轻，当前高分子膜窗为 0.3～0.5μm，检测范围是 Be_4～U_{92}，设计强度小于 1.3at，设计厚度为 0.3～0.5μm。

4)探测晶体：无须液氮制冷，晶体室温下不会变坏，可在高计数率下工作，分辨率好于 Si－Li 探测器，达到 123eV，总体尺寸可大于 Si－Li 晶体，晶体可频繁地进行冷热循环，不存在结霜问题。

5)场效应晶体管：将晶体产生的电荷转化为电压输出并初级放大。当未接到 X 射线时，由于晶体漏电流而产生斜波。当有 X 射线被探测到时，代表不同的 X 射线信号的台阶叠加到原来斜波上。晶体表面的电荷传送到电容 C 上并不断累积，FET 输出电压不断提高，饱和时电容放电。

6)冷指：FET 和锂漂移硅晶体安装于冷指末端传递液氮温度到晶体和 FET。

7)前置放大器：来自 FET 的电压脉冲送至后，被进一步放大，再由信号线送至脉冲处理器。

8)低温液氮罐：容量 7.5L，通过真空来隔热，内有分子筛以保持真空。

9)液氮液位传感器(LN2 Sensor)：探测液氮液位，低于一定值时，系统会发出警报声。

(3)信号处理系统：脉冲处理器(X－Stream)对探测器输出的电脉冲信号进行放大、整形、滤波等处理，优化信号的信噪比，排除堆积脉冲，并将其转换为数字信号，以便计算机进行数据采集和分析。图像处理器可以实现图像采集和电镜参数的读取。

(4)计算机控制系统：负责控制能谱仪的各个部件的工作参数，如电子束的加速电压、束流、探测器的工作状态等，同时对采集到的数据进行实时处理、存储、显示和分析，实现元素的定性和定量分析功能。

INCA 软件相关参数如下。

1)输入计数率(Input Rate)：从样品产生的 X－Ray 进入探头的速度，单位 CPS＝

Counts Per Second。

2)采集速率(Acquisition Rate)：有效统计到 EDS 谱图的 X - Ray 信号处理速度，单位 CPS = Counts Per Second。

3)处理时间(Process Time)：脉冲处理器用于鉴别和去除噪声脉冲的时间。共有 1 ~6 个处理时间可以选择，长的处理时间意味着谱分辨率好、计数率低；短的处理时间意味着谱分辨率差、计数率高。

4)活时间(Live time)：脉冲测量电路能检测 X 射线光子的时间。

5)死时间(Dead Time)：计数测量系统处理一个脉冲信号后，恢复到能处理下一个脉冲信号所需的时间，死时间 = (输入计数率 - 采集速率)/ 输入计数率 ×100% 。

6)实际时间(Real Time)：采集谱图实际所花费的时间，实际时间 = 活时间 + 死时间。

7)谱图范围(Spectrum Range)。

8)通道数(Number of Channels)。

9)杜安 - 亨特限(Duane - Hunt Limits) Oxford Instruments：X - 射线连续谱中的最大光子能量，对应于入射电子能量；若连续 X 射线谱能量上限低于 HV 对应的能量，则表明有荷电现象；荷电现象使有效加速电压降低；加速电压不正确将影响定量修正结果。

(5)真空系统：能谱仪工作时需要保持一定的真空度，以防止电子束与气体分子相互作用，保证电子光学系统的正常工作和探测器的性能稳定。真空系统通常包括机械泵、分子泵、真空阀门、真空柜等部件，能够将样品室和电子枪室的真空度维持在合适的范围内。

五、实验步骤

(一)实验前准备

(1)打开能谱仪主机电源和计算机电源，启动能谱仪操作软件，等待仪器初始化完成。

(2)检查真空系统的工作状态，确保样品室和电子枪室的真空度达到仪器要求的工作范围。如果真空度不足，需要启动真空系统进行抽真空操作，直到真空度稳定在正常水平。

(3)检查电子枪的灯丝电流和加速电压是否正常，根据实验样品的类型和分析要求，初步设置电子枪的工作参数(如加速电压一般设置在 5 ~20kV ，束流在几十纳安到几百纳安)。

(二)样品安装与定位

将制备好的样品插入带有能谱仪的透射电镜的样品室，透射电镜准备工作做好后，开灯丝，调节图像，找到想要测试的区域。

(三)能谱仪参数设置

(1)在能谱仪操作软件中，打开参数设置界面，根据样品的元素组成和分析要求，进一步优化电子枪的加速电压、束流、探测器的工作参数(如探测器的偏压、增益等)、数据采集时间、能量分辨率等参数。一般来说，对于轻元素分析，加速电压可适当降低，以提高轻元素的 X 射线产额和探测效率；对于复杂样品或需要高精度分析的情况，可适当延长数据采集时间，以提高信号的统计精度和分析结果的准确性。透射电镜准备工作做好后，开灯丝，调节图像，找到想要测试的区域。

(2)设置好参数后，点击“确认”按钮保存设置，并启动能谱仪的预热程序，让仪器稳定运行一段时间(一般为 10～30min)，以保证仪器各部件的性能稳定，减少测量误差。点击操作软件中的“样品描述”按钮。

(四)数据采集与分析

(1)预热完成后，点击操作软件中的“采集谱图”按钮，开始采集样品的能谱数据。在数据采集过程中，实时观察能谱曲线的变化情况，确保采集到的信号强度和稳定性符合要求。如果发现信号异常或噪声过大，可暂停采集，检查仪器参数和样品状态，排除故障后重新采集数据。

(2)数据采集完成后，软件会自动对采集到的能谱数据进行处理和分析，识别出样品中所含元素的特征峰，并根据峰的位置和强度计算出各元素的相对含量。在分析结果界面中，可以查看元素的种类、含量、特征峰的能量和强度等信息，并通过与标准谱库对比，进一步确认元素的定性结果。

(3)对分析结果进行评估和验证。计算成分，出 EDS 报告。如果有标准样品，可以使用标准样品在相同的实验条件下进行分析，将分析结果与标准样品的已知元素含量进行比较，计算误差范围，评估分析方法的准确性和可靠性。如果误差超出允许范围，需要检查实验操作过程、仪器参数设置、样品制备等环节，找出原因并进行相应的调整和改进。

(五)实验结束

(1)完成所有样品的分析后，停止能谱仪的数据采集和电子束发射，关闭能谱仪操作软件。

(2)将样品从样品室内取出。

(3)关闭能谱仪主机电源和计算机电源，以及真空系统、冷却系统等辅助设备的电源。

(4)整理实验数据和记录，撰写实验报告，包括实验目的、实验设备、实验步骤、实验结果、数据分析与讨论、实验结论等内容。

六、注意事项

(1)能谱仪是一种高精度的分析仪器，禁止对探头的敲击碰撞，在操作过程中要严格遵守操作规程，避免误操作对仪器造成损坏。

(2)样品制备的质量对能谱分析结果的准确性具有重要影响。在制备样品时，要确保样品表面平整、光洁、无污染，并且对于不导电的样品要进行适当的导电处理。同时，在样品研磨、抛光和清洗过程中，要注意避免样品的交叉污染和成分损失。

(3)在数据采集过程中，要避免外界干扰因素对仪器的影响，如电磁场干扰、振动干扰等。同时，要注意保持实验室环境的稳定，温度和湿度应控制在仪器要求的范围内。

(4)能谱仪的探测器对温度比较敏感，在使用过程中要注意探测器的冷却系统是否正常工作，避免探测器温度过高导致性能下降或损坏。如果发现探测器温度异常升高，应立即停止仪器运行，检查冷却系统故障并排除后再继续使用。

(5)泄真空速度要慢，不要随意调节 N_2 钢瓶气压表。

七、实验结果

金颗粒试样报告及其能谱图分别如表 1 和图 4 所示。

表 1　金颗粒试样能谱报告

元素	原子百分比/%
C	49.23
O	3.85
Na	0.50
Si	2.35
Cl	0.46
Ar	2.75
Ca	0.38
Cr	0.30
Cu	14.61
Br	0.34
Ag	24.40
Cd	0.05
Au	0.78
总量	100.00

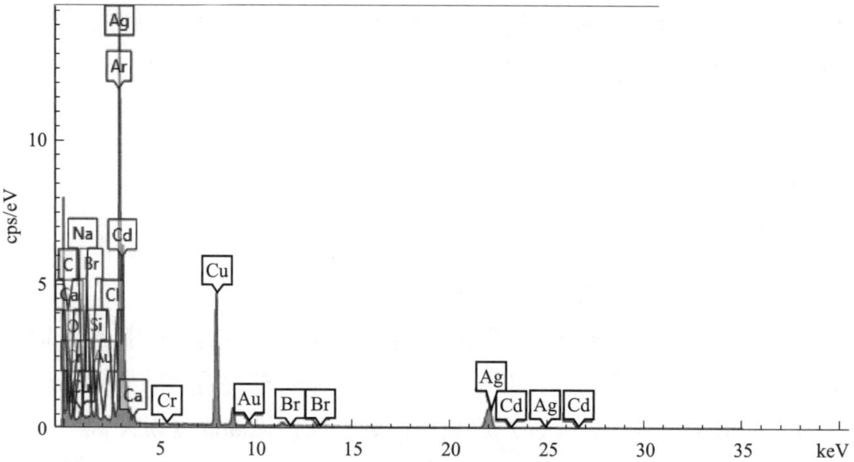

图 4　金颗粒试样的能谱图

银线试样能谱报告如表 2 所示。

表 2　银线试样能谱报告

元素	原子百分比/%	原子百分比标准偏差
C	12.76	0.40
O	1.33	0.10
Na	0.25	0.06
Si	1.43	0.07
Cl	0.35	0.07
Ar	2.37	0.32
Ca	0.33	0.05
Cr	0.34	0.04
Cu	20.04	0.28
Br	0.59	0.06
Ag	56.79	0.60
Cd	0.13	0.28
Au	3.31	0.17
总量	100.00	

八、思考与分析

(1)简述能谱仪与波谱仪在工作原理和性能特点上的主要区别?

(2)影响能谱仪能量分辨率的因素有哪些?如何提高能谱仪的能量分辨率?

(3)结合本次实验，分析能谱仪在材料科学、地质学、生物学等领域中的应用前景和局限性?

第九节　电子背散射衍射原理及操作实验

一、实验目的

(1)深入理解电子背散射衍射(EBSD)的基本原理，掌握其在材料微观结构表征中的应用。

(2)熟悉 EBSD 实验仪器的操作流程，能够独立完成样品制备、数据采集等实验步骤。

(3)学会使用专业软件对 EBSD 数据进行处理与分析，获取材料的晶体学信息，如晶粒取向、晶界特征等，并能够结合新能源材料特性进行深入解读。

二、实验原理

(一)电子背散射衍射产生机制

当一束高能电子束(通常由扫描电镜产生)入射到晶体样品表面时，电子在样品内部与原子相互作用发生散射。其中部分背散射电子在离开样品表面过程中，满足布拉格衍射条件，产生衍射现象，形成菊池花样。菊池花样携带了晶体的晶格类型、取向等信息，其几何特征与晶体的晶面间距、晶向夹角等直接相关。

(二)晶体取向测定原理

通过对菊池花样的特征点(如菊池线交叉点、菊池带边缘等)进行标定，结合已知的晶体学数据库，利用计算机算法可以计算出晶体在样品坐标系中的取向。多个测量点的取向数据组合，能够构建出样品微观区域内的晶粒取向分布，进而揭示材料的微观织构特征。

EBSD 分析系统如图 1 所示，整个系统由以下几个部分构成：电子束系统、样品台系统、SEM 控制器、计算机系统、高灵敏度的 CCD 相机以及图像处理器等。EBSD 的主要特点是在保留扫描电子显微镜的常规特点的同时进行空间分辨率亚微米级的衍射。该技术改变了以往织构分析的方法，并形成了全新的科学领域，称为“显微织构”，即将显微组织和晶体学分析相结合。电子背散射衍射仪的实物照片如图 2 所示。

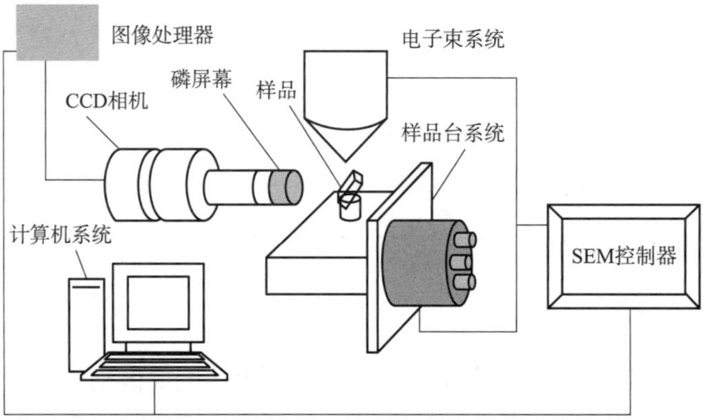

图 1　EBSD 分析系统示意

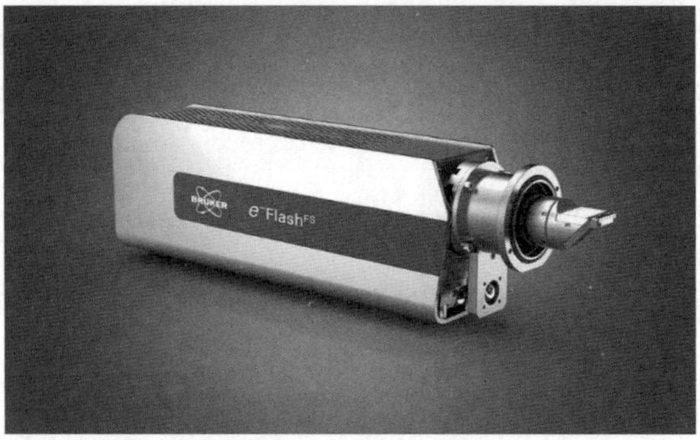

图 2　电子背散射衍射仪的实物照片

目前，EBSD 技术已经能够实现全自动采集微区取向信息，样品制备较简单，数据采集速度快(能达到 36 万点/h 甚至更快)，分辨率高(空间分辨率和角分辨率能分别达到 0.1 和 0.5)，该技术是快速、定量、统计研究材料显微组织的强大工具。

电子背散射衍射可以应用于以下方面。

(1)物相分析。

a. 物相鉴定：EBSD 花样可以提供晶体结构信息，从而鉴定物相种类。

b. 获取相分布：利用 EBSD 花样提供的晶体结构信息，将不同的物相赋予不同的颜色，从而显示相的分布图像。

c. 计算相含量：根据相分布图像，EBSD 软件可计算选择区域内的相含量。

(2)织构分析。

常见的多晶材料各个方向晶粒取向随机分布，因此总体表现为各向同性，当对材料进行某些处理后(如冲压或拉拔)，会导致多晶体取向分布出现优势取向，从而使材料物理、力学、电学、光学等性能出现各向异性，这种结构称为织构。

EBSD 分析法中织构有三种表示方法：①极图(PF)；②反极图(IPF)；③取向分布函数图(ODF)。

(3)取向分析。

EBSD 可以对织构进行定性和定量分析，其中定性分析是通过提取极图和标准极图进行比对；定量分析是通过取向成像图以及取向分布图各个晶粒取向进行织构定量统计。色彩表示平行于参考方向的晶向，此处参考方向为试样的 RD 方向。

(4)应变分析。

EBSD 分析微区应力应变状态具有较高的空间分辨率、角度分辨率和应变敏感性。根据衍射花样的质量可定性评价应变的大小。通常用菊池线质量形成形貌图来判断，图中亮的区域说明菊池线质量高，对应的应变较小，而应变越大的区域图像越暗。

(5)晶粒尺寸测量。

EBSD 技术是利用晶体学信息的方法，在样品表面构建各晶粒的取向图，空间分辨率可达数十纳米，能够自动标定晶界，统计晶粒度大小，数据客观真实。并且检测结果可视化。

(6)晶界、亚晶及孪晶性质的分析。

得到 EBSD 整个扫描区域相邻两点之间的取向差信息后，可进行研究的界面有晶界、亚晶、相界、孪晶界、特殊界面(重合位置点阵 CSL 等)。

三、实验仪器与材料

(1)扫描电子显微镜(SEM)配备 EBSD 系统：包括电子枪、电磁透镜、样品台、EBSD 探测器等组件，用于产生电子束、聚焦电子束、承载样品并采集背散射电子衍射信号。

(2)样品制备设备：如研磨抛光机，用于将新能源材料样品制备成平整、光洁的表面，满足 EBSD 测试要求，减少表面应力、划痕等对衍射信号的干扰。

(3)计算机及专业数据分析软件：安装有 EBSD 数据处理软件，如 Oxford Instruments 的 Channel 5 软件等，用于对采集到的数据进行可视化、取向分析、晶界识别等操作。

(4)实验材料：样品表面必须光滑且无应力。对金属材料，需机械抛光和电解抛光；对非导电材料，可能需要涂覆导电层。选择典型的新能源材料，如锂离子电池电极材料(如钴酸锂、磷酸铁锂等)、太阳能电池硅片等，制成合适尺寸的薄片样品，厚度一般在几十微米到几百微米之间。

四、实验步骤

(一)样品制备

1. 切割

使用精密线切割设备将块状新能源材料切割成尺寸约为 10mm×10mm 的小块，切割过程中注意控制切割速度，避免样品过热、产生裂纹等缺陷，确保样品完整性。

2. 研磨

依次使用不同粒度的砂纸(从粗砂纸如 200 目开始，逐步过渡到细砂纸如 2000 目)在研磨机上对样品进行研磨，使样品表面平整，每更换一次砂纸，需将样品清洗干净，防止粗颗粒残留划伤表面。研磨方向应尽量保持一致，以减少表面划痕的各向异性。

3. 抛光

采用化学机械抛光方法，选用合适的抛光液(如氧化铝抛光液)，在抛光机上对研磨后的样品进行抛光，去除表面细微划痕。抛光时间根据样品材料和初始表面状态而定，一般为 10~30min，中间需适时补充抛光液，保证抛光效果。

(二)实验仪器开机与参数设置

(1)开启扫描电镜主机电源，等待仪器预热 30min 左右，确保电子枪、各电磁透镜等部件达到稳定工作状态。

(2)打开 EBSD 探测器电源，启动控制软件，在软件界面中设置电子束加速电压(一般对于新能源材料，可设置在 15~25kV，依据材料导电性和所需分辨率调整)、束流(如 5~10nA，保证足够信号强度同时避免样品损伤)、扫描步长(对于初步观察，可选较大步长如 2~5μm，若需精细分析晶粒内部结构，步长可减小至 0.1~0.5μm)等参数。

(3)调节样品台高度、倾斜角度，使样品表面与电子束垂直，并将样品移动至合适的观测位置，在扫描电镜视场中聚焦清晰，可通过二次电子像观察样品表面形貌，确保无明显缺陷、污染等影响衍射信号采集的因素。

(三)数据采集

(1)启动 EBSD 数据采集程序，在设定的扫描区域内，电子束按预定的扫描步长逐点扫描样品表面，探测器同步采集每个扫描点的背散射电子衍射信号，实时生成菊池花样并传输至计算机存储。采集过程中注意观察信号强度、花样质量等指标，若出现信号过弱(表现为菊池线模糊、难以分辨)或过强(花样饱和、细节丢失)，可适当调整电子束参数或探测器增益。

(2)为提高数据准确性，可对同一区域进行多次重复采集(如 2~3 次)，取平均值或筛选高质量数据用于后续分析，同时记录采集过程中的环境参数(如实验室温度、湿度等，某些高精度实验可能受环境因素影响)。

(四)数据分析

1. 数据导入

打开专业 EBSD 数据分析软件，将采集到的原始数据文件导入软件工作区，软件会自动识别数据格式，解析菊池花样、扫描点坐标等信息。

图案质量过滤：排除低质量的基尔线图案(如噪声或失配区域)。

质量评价指标：图案质量(Pattern Quality)，如对比度、信噪比。

相标定(Phase Identification)：根据晶体学数据库匹配不同相的信息。若样品包含多晶相，需要预先定义各相的对称性和晶体结构。

2. 取向成像

利用软件功能生成晶体取向图(IPF 图)，通过不同颜色表征不同晶粒取向，直观展示样品微观区域内晶粒的取向分布，观察是否存在择优取向，分析其与新能源材料制备工艺、性能之间的关联。例如，在锂离子电池电极材料中，晶粒取向可能影响离子扩散通道的方向与连通性，进而影响电池充放电性能。

基尔线图案分析：利用自动化匹配算法，将实验图案与晶体学标准数据库进行比对，确定晶体取向。结果以欧拉角或 Miller 指数形式表示。

取向分布图(Orientation Map)：每个像素点通过颜色编码显示晶体取向。典型分析软件：EBSD 专用软件(如 Oxford Instruments 的 Aztec 或 TSL 的 OIM)。

织构分析：织构是指晶粒取向的统计分布，通过极图(Pole Figure)或取向分布函数(ODF)表征。

极图(Pole Figure)：显示特定晶面的取向分布。如分析 {111} 或 {100} 面的极点分布，研究样品的取向特性。

取向分布函数(Orientation Distribution Function，ODF)：三维统计分析所有晶粒的取向分布，用于研究宏观织构。

最大织构强度：表示某特定取向的占比，用于表征织构的显著性。

3. 晶界分析

通过设置晶界角度阈值(如 10°~15°定义为小角度晶界，大于 15°为大角度晶界)，软件自动识别并标记晶界，统计晶界类型、长度、分布密度等参数。研究晶界在新能源材料中的作用，如在太阳能电池硅片中，晶界作为载流子复合中心，其密度和特性对电池光电转换效率有重要影响，可结合实验数据提出优化晶界结构的思路。

(1)晶界类型。

低角度晶界(LAGB)：晶界取向差 $< 15°$，通常代表亚晶界。

高角度晶界(HAGB)：晶界取向差 $> 15°$，通常代表真实晶界。

晶界映射(Grain Boundary Map)：显示样品中晶界的位置、分布和角度。

特殊晶界：例如，孪晶界可以通过计算重合位点格(CSL)来识别。

(2)晶粒大小分布。

根据晶界检测的结果，统计分析样品的晶粒大小。

方法：使用面积法或截线法计算晶粒尺寸。

输出：晶粒分布直方图，或平均晶粒大小和标准差。

4. 相分析、应变与残余应力分析

对于多相材料，通过以下步骤进行解析。

图案匹配：根据每个相的标准基尔线图案数据库，确定每个像素点的相归属。

相分布图：不同相用颜色标识，直观显示相分布。

应变与残余应力分析：利用晶体取向和图案质量变化评估样品中的应变或残余应力分布：应变可以通过晶界弯曲、取向梯度等特征定量分析。结合 FWHM(全宽半高)或变形模式，可以研究样品中的应力累积情况。

5. 数据导出与报告撰写

将分析得到的关键数据(如晶粒尺寸分布、平均取向偏差、晶界统计数据等)以图表形式导出，结合实验原理、步骤撰写实验报告，阐述新能源材料样品的微观结构特征，分析结构与材料性能的内在联系，提出对材料改进或进一步研究的建议。

五、实验注意事项

(1)样品制备过程中，严格遵守操作规程，佩戴防护手套、眼镜等，防止样品碎屑伤人，同时避免不同粒度砂纸、抛光液交叉污染。

(2)操作扫描电镜与 EBSD 系统时，未经许可，不得擅自更改仪器关键参数，如高压电源、电子束聚焦透镜电流等，以免损坏仪器。若遇到异常情况(如电子束光斑漂移、探测器无信号等)，应立即停止操作，报告指导教师。

(3)数据采集与分析过程中，注意数据备份，防止因计算机故障、软件崩溃等原因导致数据丢失。同时，对分析结果的解读要基于可靠的晶体学理论与实验事实，避免主观臆断。

六、思考与分析

(1)对比不同新能源材料样品，EBSD 分析结果显示的微观结构差异对其在能源存储或转换过程中的性能有何影响？举例说明如何通过优化微观结构提升材料性能。

(2)在 EBSD 实验中，如何进一步提高晶体取向测量的精度？从样品制备、仪器参数优化、数据处理等方面提出至少两种可行方法，并阐述原理。

参考文献

[1]李丹，卿志和，夏姣云，等．大学化学实验教程[M]．北京：化学工业出版社，2024.

[2]黄鹏，孙建林，刘亚东，等．金相实验教学标准试样的研制与应用[J]．实验室研究与探索，2020，39(9)：171－174.

[3]王建斌，徐振，张媛，等．超高纯铝的大塑性变形及再结晶行为[J]．辽宁科技大学学报，2022，45(4)：258－264. DOI：10. 13988/j. ustl. 2022. 04. 003.

[4]徐素鹏．液相直接沉淀法制备纳米氧化锌研究进展[J]．广东化工，2020，47(19)：255－256＋254.

[5]屠佳佳．太阳能电池性能参数测试系统的试验研究[D]．杭州：中国计量大学，2013.

[6]白煜磊，王潇，张志向．电化学法研究金属防腐的新进展[J]．天津化工，2018，32(1)：3－5.

[7]张文远. 锂离子电池硅基负极材料制备及电化学性能研究[D]．北京：北京科技大学，2023. DOI：10. 26945/d. cnki. gbjku. 2023. 000383.

[8]张上铨．高能量密度超级电容器的制备及性能研究[D]．桂林：桂林电子科技大学，2023. DOI：10. 27049/d. cnki. ggldc. 2023. 000706.

[9]李其聪，王赶强，陈晓达，等．钙钛矿光伏电池标准现状与展望[J]．信息技术与标准化，2024(10)：25－27.

[10]陈治明，雷天民，马剑平．半导体物理学简明教程[M]．北京：机械工业出版社，2011.

[11]唐伟忠，薄膜材料制备原理、技术及应用[M]．北京：冶金工业出版社，2007.

[12]史济群，PERL 硅太阳能电池的性能与结构特点[J]．太阳能学报，1994，15(2)：97－99.

[13]Mullgan W P，Rose D H，Cudzinovic M J，et al. Manufacture of solar cells with 21% efficiency[C]// 19th European Photovoltaic Solar Energy Conference. Paris：SunPower Corporation，2004：1－3.

[14]Zou X X，Zhang Y. Noble metal－free hydrogen evolution catalysts for water splitting [J]. Chen. Soc. ReV.，2015，44：5148－5153.

[15]黄孝瑛．材料微观结构的电子显微学分析[M]．北京：冶金工业出版社，2008.

[16]余凌竹，鲁建．扫描电镜的基本原理及应用[J]．实验科学与技术，2019，17(5)：85－93.

[17]王疆，岳俊伟，郦剑，等．电子背散射衍射试样的制备技术[J]．热处理，2013(4)：71－74.

[18]Aimo W，Gert N. Chirality determination of quartz crystals using Electron Backscatter Diffraction[J]. Ultramicroscopy，2015，149，58－63.